全国大中学生

海洋知识竞赛

参考书

国家海洋局宣传教育中心 编

U0190005

中国海洋大学出版社
·青岛·

图书在版编目（CIP）数据

全国大中学生海洋知识竞赛参考书／国家海洋局宣传
教育中心编. —青岛：中国海洋大学出版社，2018.6
ISBN 978-7-5670-1456-5

Ⅰ．① 全⋯ Ⅱ．① 国⋯ Ⅲ．① 海洋—青少年读物
Ⅳ．① P7-49

中国版本图书馆 CIP 数据核字（2017）第 144166 号

出版发行	中国海洋大学出版社		
社　　址	青岛市香港东路23号	邮政编码	266071
出 版 人	杨立敏		
网　　址	http://www.ouc-press.com		
电子信箱	94260876@qq.com		
订购电话	0532-82032573（传真）		
责任编辑	孙玉苗	电　　话	0532-85901040
印　　制	青岛国彩印刷有限公司		
版　　次	2018年6月第1版		
印　　次	2018年6月第1次印刷		
成品尺寸	185 mm × 260 mm		
印　　张	13.25		
字　　数	295千		
印　　数	1~2 000		
定　　价	48.00元		

发现印装质量问题，请致电 0532-88194567，由印刷厂负责调换。

前 言
Preface

海洋,是生命的摇篮、资源的宝库、文化交流的通路、经贸往来的航道、国家安全的屏障。在陆地空间和资源承受着人类社会、经济发展巨大压力的当今,海洋在政治、经济、军事等方面的地位进一步突显。"向海而荣,背海而衰"。世界沿海各国竞相开发蓝色经济,对海洋权益的争夺日趋激烈。十八大报告明确提出,我国应"提高海洋资源开发能力,发展海洋经济,保护生态环境,坚决维护国家海洋权益,建设海洋强国"。习近平总书记强调:"要进一步关心海洋、认识海洋、经略海洋,推动我国海洋强国建设不断取得新成就。"

建设海洋强国,首先要增强全民海洋意识。正如有学者所说,海洋意识"不仅是国家软实力的重要内容,海上力量发展的助推剂,更是实施海洋强国战略、实现中华民族伟大复兴的思想基础,对国家和民族发展有着持久而深远的影响"。

青少年承载着中华民族复兴的希望。而有研究调查显示,青少年对海洋知识的了解不够,海洋科学意识不强,适应时代发展的海洋观有待树立。需要大力普及海洋知识,弘扬海洋文化,加强全民族尤其是青少年的海洋意识,为其投身于海洋强国建设打下坚实的思想和知识基础。

全国大中学生海洋知识竞赛由国家海洋局、共青团中央、海军政治工作部联合主办,每年举办一届。该活动激发了青少年学习海洋知识的热情,引发了大中学生关心海洋、认知海洋的热潮,对于海洋知识的普及、海洋意识的提升、海洋人才培养起到了积极的作用。

为了更好地开展竞赛,我们根据历年全国大中学生海洋知识竞赛题目,筛选、整理出了1 800余条知识点,内容涉及物理海洋、海洋生物、海洋地质地理、海洋化学、海洋生态、海洋资源、海洋气象、法律法规、海岛管理、海洋经济、海洋科技、海洋调查、极地科考、防灾减灾、环境保护、海洋国际合作、海洋权益与维护、海洋文化教育18个板块，汇编成《全国大中学生海洋知识竞赛参考书》。本书内容难易适中，可为参赛的大中学生提供参考，也可为普通民众认知海洋提供基础资料。

在本书编写过程中，我们聘请了相关领域的专家对本书的知识点进行了审核。中国海洋大学王秀芹教授、董树刚教授、李安龙副教授、李铁副教授、孙即霖教授、张亭禄教授、董胜教授、赵成国教授分别审核了物理海洋、海洋生物、海洋地质地理、海洋化学、海洋气象、海洋科技、防灾减灾、海洋文化教育板块的内容；汝少国教授审核了海洋生态、海洋资源、环境保护板块的内容；马英杰教授审核了法律法规、海岛管理、海洋权益与维护板块的内容；戴桂林教授审核了海洋经济、海洋国际合作板块的内容；赵进平教授审核了海洋调查、极地科考板块的内容。谨向各位专家表示诚挚的谢意！

由于编者水平有限，不妥之处在所难免，敬请指正！

编者

2018 年 5 月

目　录
Contents

物理海洋

知识点 1

海洋海域尺度,其宽度远大于其深度,海洋深度一般是水平宽度的千分之一左右,亦即海洋垂直尺度与水平尺度比约为 10^{-3}。

知识点 2

水色是海洋、湖泊、河流中的水在现场所呈现的颜色,即太阳光经水体吸收、散射后,可见光和近红外辐射计监测到的散射光的颜色。影响海洋水色的三要素为总悬浮物、叶绿素和黄色物质。

知识点 3

透明度,即海水透光的程度。将一个直径 30 cm 的白色圆盘(透明度盘)垂直沉入海水中,直到刚刚看不见为止。这一深度叫海水的透明度。

知识点 4

光进入海水在其中传播时,大部分波段的光都会被吸收而衰减,且海水对光的吸收有选择性,与光的波长有关。在纯净的海洋中,海水对波长在 480 nm±30 nm 波段的蓝绿光吸收系数最小,此波段的蓝绿光在海水中衰减最小,穿透能力最强,所以海洋有"蓝色窗口"之称。也因此,在利用可见光进行海洋探测时一般选用蓝绿波段。海水混浊度增加,"窗口"会向长波方向转移。

知识点 5

海水的比热容是 1 kg 海水温度升高 1 ℃所吸收的热量。海水比热容较大,是空气的4 倍。由于海水的密度远大于空气的密度,1 m³ 海水温度变化 1 ℃所吸收或释放的热量,能使大约 3 100 m³ 大气产生 1 ℃的变化。因此,海水温度较气温变化缓慢、滞后,水温日变化幅度远小于气温的日变化幅度。

知识点 6

中国近海表层海水温度,冬季南北温差大,同纬度沿岸表层水温低于外海;夏季南北温差小,同纬度沿岸表层水温高于外海。月平均最高值在 8～9 月,最低值在 2～3 月,比气温的变化一般滞后 1～2 个月。

知识点 7

在夏季北冰洋海冰边缘区,海水温度在 20 m 左右深度达到极大值,称之为次表层暖水,该水团的形成机制是太阳辐射加热和海冰覆盖共同作用的结果。

知识点 8

海洋中某一深度的海水微团,绝热上升到海面［压力为一个标准大气压($1.013×10^5$ Pa)］时,由于压力减小,海水微团体积会增大,海水对外做功消耗能量会导致温度降低。此时海水微团所具有的温度称为该深度海水的位温。

知识点 9

在大洋某一深度,存在一个铅直方向温度梯度较大的水层,称为大洋主温跃层。其常年存在,与季节性跃层相比,也称之为永久跃层。该跃层在低纬度海域沿纬向从西向东深度逐渐变浅。其深度沿经向呈 W 形变化,热带 200～300 m,随纬度升高逐渐加深,副热带海区最深,一般可达 800 m 左右。其后深度逐渐变浅,到亚极地海域跃升至海面形成海洋极锋。

知识点 10

中国四大海区内,海洋环境各种参数的跃层种类较多。其中以温跃层最具代表性,既有季节性跃层,也有常年性跃层。季节性温跃层主要发生在黄渤海海区和东海北部,南海海区季节性温跃层不显著。

知识点 11

黄海冷水团是指在夏季存在于黄海中部洼地温跃层至海底的低温水团。夏半年,上层水因增温降盐而层化,下层水仍保持其低温(6 ℃～12 ℃)高盐(31.6～33.0)特性,因而形成冷水团。黄海冷水团的形成、发展和消亡是与温跃层的演变同步进行的。春季 5 月,随着温跃层的出现,黄海冷水团亦开始形成。至春末的 6 月,随着温跃层的发展,冷水团则完全成型。7～8 月为温跃层的强盛期,亦是冷水团的鼎盛时期。从 9 月开始,温跃层上界深度明显加深,强度减弱,冷水团亦处于衰消期。至 12 月,温跃层和冷水团几乎同时消失。

知识点 12

海水盐度是海水中含盐量的一个标度,指海水中全部溶解的固体溶质质量与海水质量之比,通常以每千克海水中所含的无机盐总克数表示。世界大洋的平均盐度约为 35。盐度、温度和压力,是研究海水物理过程和化学过程的基本参数。

表层海水盐度是指位于海面以下 0.5 m 处海水的盐度。

世界各大洋表层海水盐度主要与蒸发和降水有关,与蒸发和降水之差的分布特征基本一致。等盐度线基本呈东西走向,即相同纬度盐度差异较小。经向呈双峰型分布,即副热带海区盐度最高,低纬度和高纬度海区盐度相对较低。随着深度的增加,不同纬度间盐度差异减小。深层海水的盐度主要受海洋环流和湍流混合等物理过程所控制。受蒸发、降水、结冰、融冰和陆地径流的影响,海水盐度分布不均匀,最高和最低值均出现在边缘海。

四大洋海水平均盐度,大西洋的最高,约为 34.90;印度洋的次之,约为 34.76;太平洋的约为 34.62;北冰洋的约为 32.0,是四大洋中盐度最低的大洋。各个海区含盐量悬殊也很大。对于大洋表层海水的盐度,平均而言,北大西洋的最高(35.5),南大西洋、南太平洋的次之(35.2),北太平洋的较低(34.2),而北冰洋表层海水的盐度是四大洋中盐度最低的。

赤道地区降水丰富。除南太平洋秘鲁寒流北部的赤道地区年降水量在 100 mm 左右外,大部分海区年降水量在 2 000 mm 左右,特别是赤道与北回归线之间的太平洋海区,大部分年降水量在 3 000 mm 以上,年平均蒸发量为 1 050 mm 左右。因赤道地区降水丰富,降水量大于蒸发量,所以盐度较低,低于世界大洋平均盐度。

知识点 13

决定海水密度的主要因素是海水温度和盐度。盐度低、温度高的海水密度小,盐度高、温度低的海水密度大。海洋水温对海水密度一般起决定性作用。大洋表层温度从赤道向两极递减,因此密度由赤道向两极递增。

海水密度在表层与深层之间存在着较大的差异。由于浮力作用,密度小的海水位于在密度大的海水上面,使海水呈层分布。沿垂直方向海水密度突然变大的水层叫密度跃层。

知识点 14

海洋热液喷口环境以高温、硫化氢含量高、含氧量低和 pH 低为主要特征,并且这些参数有较大变化。

知识点 15

根据海冰密集度和船舶通航情况可将海冰分为散冰、稀疏冰、密集冰和密闭冰等。描述海冰的参数有冰速、冰内压强、冰温、海冰盐度、海冰密度、海冰密集度和冰厚。

冰厚是指海冰的厚度。依据海冰厚度的不同可以将海冰分为厚冰和薄冰,其中厚度超过 30 cm 的冰称为厚冰。

海冰力学主要研究海冰的抗压强度,影响海冰抗压强度的因素有海冰的盐度、温度和冰龄。新冰抗压强度大,低盐度海冰的抗压强度大,温度越低抗压强度就越大。

海冰的力主要有 4 种:推力、胀压力、冲击力和上拔力。

影响海冰上表面热平衡的通量包括净的长波辐射、短波辐射、感热通量和潜热通量。

知识点 16

浮冰又称流冰,是所有自由漂浮于海面、能随风和海流漂移的冰的总称。海面上的浮冰并不是一时能够形成的,按照它的形成过程可分为油脂冰、初生冰、冰皮、尼罗冰、莲叶冰、灰冰、灰白冰,以及白冰、一年冰、多年冰几个阶段。浮冰的流速单位是米每秒,记为 m/s;浮冰的流向以地理方位北为参考,指浮冰流去的方向。

知识点 17

海洋锋是指特性明显不同的两种或几种水体之间的狭窄过渡带。它们可用温度、盐度、密度、速度、颜色、叶绿素等要素的水平梯度,或它们的更高阶微商来描述。在锋带附近各种参数的梯度明显增大,具有强烈的水平辐合(辐散)和垂直运动,因而是不稳定的。

知识点 18

潮汐是海洋中普遍存在的自然现象,是海水在天体(主要是月球和太阳)引潮力作用下所产生的周期性运动。习惯上把海面的升降称为潮汐,而海水在水平方向的周期性流动称为潮流。引潮力的大小与天体的质量成正比,与地球和天体之间距离的立方成反比。虽然太阳质量远大于月球,但因为月球距地球比距太阳近得多,月球引潮力约为太阳引潮力的 2.17 倍。其他天体引潮力远远小于月球和太阳引潮力。所以地球上的潮汐现象主要与月球有关。

阴历每个月月初(朔)和中旬(望)附近,即月相为新月、满月时,月球、太阳和地球在一条直线上,月球和太阳的引潮力方向相同,所引起的潮汐椭球,其长轴方向一致,因此潮高相互叠加,潮差出现极大值,称为天文大潮或朔望潮。在农历初七和二十二左右,即月相为上、下弦月时,地球、月球、太阳形成直角,月球和太阳引潮力方向接近正交,几乎没有叠加效应,故潮差达极小值,称为小潮或方照潮。实际上,在较多地方,大潮发生的时间稍有延后现象,因此,大潮发生的时间是在满月和新月之后一天或两天。

对于地球上任何一个地点,相邻两次面对太阳的时间间隔称为天或日,采用平太阳日(24 h)为一天的时间间隔。相邻两次面对月球的时间间隔称之为太阴日,时间间隔比太阳日长,约为 24 小时 50 分。在一个太阴日内,发生 1 次高潮和 1 次低潮的称为全日潮或日潮,发生 2 次高潮和 2 次低潮的称为半日潮。若半日潮中 2 次高潮潮高相差很小,称之为正规半日潮,若 2 次高潮潮位相差较大,称之为不正规半日潮。

某海区潮汐类型,通常根据 1 个朔望月内潮汐发生情况分为半日潮、全日潮和混合潮 3 类。根据 1 个朔望月的潮汐特征,若大多数日子每天均发生 2 次高潮 2 次低潮的为半日潮海区;若多数日子每天发生 1 次高潮 1 次低潮的为全日潮海区;若有些日期发生的是 1 次高潮 1 次低潮,其他日期是 2 次高潮 2 次低潮,则为混合潮海区。

中国最早开始潮汐观测的有塘沽(1895)、青岛(1898)、厦门(1905)等地。

在港口工程规划设计中,必须调查工程所在地区的潮汐特征,以此为依据确定港口高、低水位等相关参数,作为工程设计标高的参考依据。

知识点 19

来自太平洋的潮波系统主导了中国大部分海域的潮汐运动。在渤海,大部分海域属于不正规半日潮海区,只有秦皇岛和黄河口附近为正规全日潮,其附近外围环状区域为不正规全日潮;黄海大部分海域属于正规半日潮海区;而南海大部分海域为不正规日潮海区。

知识点 20

海面上涨到最高位置时的高度叫作高潮高,下降到最低位置时的高度叫低潮高,相邻的高潮高与低潮高之差,也就是潮汐涨落所形成的水位差,叫潮差。

根据平衡潮理论,由月球引起的潮高最高为 36 cm,最低为 -18 cm,最大潮差为 54 cm;由太阳引起的潮高最高为 16 cm,最低为 -8 cm,最大潮差为 24 cm。两者叠加,理论最大潮差为 78 cm。

实际潮汐很复杂。加拿大芬迪湾的最高潮差记录达到了 18 m,是世界上潮差最大的地区。中国沿岸潮差普遍有数米之多,杭州湾的最大潮差接近 9 m。大洋潮差与根据平衡潮理论计算的潮差较为接近。

大洋中的潮差不大,一般只有几十厘米至 1 m 左右。近海潮差差异较大,喇叭状海岸或河口地区潮差一般都比较大。例如,加拿大的芬迪湾、法国的塞纳河口、中国的钱塘江口、英国的泰晤士河口、巴西的亚马孙河口、印度和孟加拉国的恒河口等,都是世界上潮差较大的地区。

知识点 21

根据 Kelvin 波传播的理论,北半球沿波前进方向右侧的潮差大于左侧,一个很好的例子是朝鲜半岛的潮差和黄海中国沿岸的潮差均比海洋内部大。

知识点 22

浙江杭州的钱塘涌潮每年都会吸引各地游人前来观看,其与南美洲的亚马孙潮、南亚的恒河潮并称为世界三大强涌潮。钱塘涌潮的最佳观赏时期是农历的八月十八左右。

知识点 23

大陆架高盐水团随潮汐涨潮沿着河口的潮汐通道向上推进,咸淡水混合造成上游河道水体变咸,当盐度达到或超过 25 时,即形成咸潮(或称之为咸潮上溯、盐水入侵)。咸潮一般发生在冬季。中国咸潮入侵主要发生在长江口、钱塘江口和珠江口等河口区域。

知识点 24

描述海水运动的方法有 2 种:一种是研究水质点运动,即跟踪水质点以描述它的时空变化,称之为拉格朗日方法;另一种是研究各时刻质点在流场中的变化规律,即以流场作为对象研究流动,称之为欧拉方法。通常多用欧拉方法来测量和描述海流,即在海洋中某些站点同时对海流进行观测,依观测结果,用矢量表示海流的速度和方向,绘制流线图来描述流场中速度的分布。

知识点 25

在各种动力因素的综合作用下,海水不断地发生混合。混合是海水的一种普遍运动形式。混合的过程就是海水各种特性(如热量、浓度、动量等)逐渐趋向均匀的过程。海水混合的形式有 3 种:分子混合、涡动混合和对流混合。海水混合具有区域性,可分为界面混合和内部混合,其中界面混合主要发生在海气界面、海底层、海洋锋区。降温或增盐效应会导致海水密度增大,引起海水对流混合。海洋上层(海 - 气界面)是海水混合最强烈的区域,因为海气界面上存在着强烈的动力和热力过程。例如,风使海水产生海流和海浪,它们所具有的速度梯度和破碎都会引起海水的混合。

知识点 26

海洋中,影响物质长期输运的主要是海流作用。

知识点 27

科里奥利力,简称为科氏力,是地球在转动中出现的惯性力之一。在地球北(南)半球上的物体沿径线运动时,受到向右(左)的科氏力的作用,使其物体运动方向不断向右(左)偏移。

在水平压强梯度力的作用下,海水将在该力的方向上产生运动。与此同时科氏力便相应起作用,改变海水流动的方向。随着流速的增大,科氏力逐渐增大,流向逐渐偏转,直至科氏力与水平压强梯度力大小相等、方向相反取得平衡时,海水的流动达到稳定状态。若不考虑海水的湍应力和其他能够影响海水流动的因素,这种水平压强梯度力与科氏力取得平衡时的定常流动,称为地转流。地转流的流向与压强梯度力的方向垂直。在北半球,当观测者顺流而立时,右侧等压面高,左侧等压面低。

知识点 28

引起海流运动的因素可以是风,也可以是热盐效应造成的海水密度分布的不均匀性。前者表现为作用于海面的风应力,后者表现为海水中的水平气压梯度力。海流按照成因分为密度流、风海流和补偿流;按照运动方向分上升流、下降流;按照与周围海水温度的差异分为暖流和寒流;按照海流发生位置分为西边界流、东边界流、赤道流等。

知识点 29

海流的观测包括流向和流速两项。流向指海水流去的方向,即顺时针旋转,至海流流去的方向形成的夹角(流向角),单位为度(°)。正北为 0°,顺时针旋转,即正东为 90°,正南为 180°,正西为 270°。

知识点 30

风向和海流的流向规定正好相反,风指风吹来的方向,海流指流去的方向,俗称"风来流去"。北风指的是北面吹来的风;北流指的是从南向北流的流。

知识点 31

南大洋的海流主要有南极绕极流和南极沿岸流。这两支流分别由南大洋盛行的西风和南极沿岸地区的东风驱动,也被称为西风漂流和东风漂流。

知识点 32

南极绕极流大部分穿过德雷克海峡,成为地球上唯一东西贯穿的大型洋流,即世界大洋唯一一支不受边界限制而贯通整个纬圈的海流,流程长达 22 000 km。

知识点 33

惯性流是在引起海流的外力停止后,由于惯性仍沿一定方向流动的海流。其特点是具有时间性,当各种摩阻力导致海流能量逐渐消失时,惯性流也就消失了。当忽略摩擦力作用,只考虑科氏力作用,海水流动方向逐渐偏转,流动轨迹为圆,惯性流的周期 $T = 2\pi/f$。

知识点 34

索马里海流为特殊的西边界流,地处印度洋季风作用区域。冬季沿索马里沿岸南流,称之为索马里暖流;夏季西南季风盛行,沿索马里海岸向东北流动,由于海水离岸输送导致该海域出现上升流,形成索马里寒流。

知识点 35

太平洋和大西洋上层南北副热带海区均存在一反气旋式水平环流,在亚北极海域存在一气旋式水平环流。在副热带环流中,大洋的西边界处出现海流流幅变窄、流速增大和流层加厚的现象,称之为西向强化。该处的海流称之为西边界流,是大洋西侧沿大陆坡从低纬度向高纬度的强流。与近岸水相比,西边界流具有高温、高盐、高水色和高透明度等特征。北半球的西向强化现象比南半球更为显著,即北半球的西边界流强于南半球。

大洋西边界流有北太平洋的黑潮、南太平洋的东澳海流、北大西洋的湾流、南大西洋的巴西海流和南印度洋的莫桑比克海流。大洋东边界流有太平洋的加利福尼亚海流、秘鲁海流,大西洋的加那利海流、本格拉海流,印度洋的西澳海流。南太平洋和南大西洋西边界流分别为东澳大利亚暖流和巴西暖流。

斯托梅尔在 1948 年建立了一个考虑底摩擦效应、封闭大洋中的漂流模式。其结果指出了科氏参数随纬度变化是产生大洋环流西向强化的基本原因。

知识点 36

黑潮和湾流分别是北太平洋和北大西洋西边界流,也是两大洋中最强的洋流。其携带大量的热量从热带流向高纬度海区,对高纬度地区的气候有很大的影响。南、北半球的陆海分布不平衡。太平洋和大西洋的北半球西边界流都非常强大,号称两大洋流;而南半球的西边界流则较弱。

通常把由北赤道流和南赤道流跨过赤道的部分组成的、沿南美北岸的海水流动称为圭亚那流和小安的列斯流。小安的列斯流经尤卡坦海峡进入墨西哥湾以后称为佛罗里达流。佛罗里达流经佛罗里达海峡进入大西洋后与安的列斯流汇合视为湾流的起点。此后它沿北美陆坡北上,到 35°N 附近,离岸向东,直到 45°W 附近的格兰德滩以南,海流都保持在比较狭窄的水带内。此段称之为湾流。湾流是海洋中流速最大、影响深度最深的暖流。

黑潮是海洋中第二大海流,居于湾流之后。黑潮是太平洋北赤道洋流遇大陆后的向北分支,是沿北太平洋西边界的一支由南向北的强大暖流。黑潮起源于菲律宾群岛的吕宋岛以东海区,经中国台湾一带海域进入东海沿陆架向东北流动,东到日本以东,与北太平洋漂流相接,为世界著名的暖流。黑潮具有高温、高盐、水色高、透明度大的水文特征,以及流幅窄、流速大、影响深度深(可达 1 000 m 左右)的流场特征。这支强大暖流对邻近的东亚地区的航海、渔业生产、海洋环境以及气候均有显著影响。日本的海洋性气候温暖宜人,对此有重大影响的海流即为黑潮。

其实,黑潮的水并不黑,甚至比一般海水更为清澈透明。由于黑潮海水浊度极低,易吸收阳光中的红色、黄色光波,偏重散射蓝色光波,所以人们看向海面时,该海域海水颜色深于其他海域颜色,看起来为蓝黑色,故被称为黑潮。

知识点 37

北欧与中国漠河相比,漠河寒冷、干燥,但北欧的气候温暖、湿润,是因为受一支海流的影响。这支海流就是由湾流携带的暖水与高纬度海域南下的冷水混合后,在北大西洋西风作用下形成的北大西洋暖流。

知识点 38

由风引起的海水流速和流向各层各不相同。表层流速最大,流向与风向呈 45° 夹角,在北半球偏右,南半球偏左。随深度增加,流速呈指数衰减,北半球流向逐渐右偏。到某一深度,流向与表层流向相反,流速仅为表层流速的 4.3%,几乎可以忽略不计。该深度即为风海流的影响深度,称之为摩擦深度。但是从表层到底层积分得到的海水体积输运与风矢量的方向垂直,在北半球指向右方,在南半球指向左方。

知识点 39

由于南大洋是东西贯通的,其海洋锋面大体与纬线平行,与气候带有比较好的对应关系。

知识点 40

南海处于东亚季风区,南海环流表现出明显的季风特性,是太平洋中季风环流最显著的海域。其总特征是西南季风期间盛行东北向漂流,东北季风期间则为西南向漂流。

知识点 41

北印度洋季风洋流在夏季受西南季风影响,海水呈顺时针方向流动。

知识点 42

南森于 1898 年观测到北冰洋中浮冰随海水运动的方向与风吹的方向不一致,他认为这是地球自转的效应所引起的。1905 年瑞典著名物理学家艾克曼(Ekman)从理论上进行了论证,提出了著名的漂流理论。漂流理论成功地解释了风海流现象:风海流的流动方向与盛行风向不一致;且随深度增加,流向逐渐偏转,流速迅速减小。

知识点 43

太平洋中的北赤道流位于 10°N ~ 20°N 范围内,是一支稳定的由信风引起的风生漂流,它自东向西流动,是由风和浮力通量驱动的浅层环流。北赤道流到达菲律宾沿岸后,受地形阻隔发生分叉,形成向北流动的黑潮和向南流动的棉兰老流。

知识点 44

在海峡、水道或狭窄港湾内的潮流,因受地形条件的限制,一般为往复式潮流。

知识点 45

电影《后天》讲的是温室效应导致全球变暖引发世界大洋环流中断,从而地球迎来新的冰期的灾难性故事。其中世界大洋环流中断的起始点位于北大西洋的拉布拉多海域,这里是湾流与拉布拉多海流的交汇处,是全球大洋深层水的生成源地。

知识点 46

亚热带盛行的信风将大陆西岸的上层海水离岸输送向海洋,当近岸上层海水离开后,深层的低温海水向上涌升,补偿被风输送走的缺失部分,这样形成的向上涌升的海流称作上升流,属于补偿流。上升流把海底的养分带到海水上层,吸引鱼类在此聚集形成富饶的渔场。在世界著名的渔场中,秘鲁渔场即属于上升流形成的渔场。而北海道渔场、纽芬兰渔场和北海渔场则属于寒暖流交汇形成的渔场。

知识点 47

纽芬兰渔场是世界四大著名的渔场之一。拉布拉多寒流和湾流在纽芬兰岛附近海域交汇,海水扰动引起营养盐上泛,为鱼类提供了丰富的饵料,鱼类在此大量繁殖。寒暖流交汇造成这一海域经常大雾弥漫及温水性鱼群和冷水性鱼群相汇聚。

知识点 48

秘鲁渔场是世界四大著名渔场之一。秘鲁沿岸处在东南信风带内。东南信风在南美大陆附近海域从南向北吹送,使沿岸表层海水离岸而去,底层海水便上升补充而形成上升补偿流。该上升补偿流导致深层海水上泛,把海底丰富的营养盐带到大洋表层,浮游生物大量繁殖,为鱼类提供了充足的饵料,鱼类在此聚集从而形成世界著名的渔场。

知识点 49

北海道渔场位于黑潮暖流与亲潮寒流交汇处。由于海水密度的差异,密度大的冷水下沉,密度小的暖水上升,使海水发生扰动。上泛的海水将深层的营养盐带到海洋表层,使得浮游生物繁盛,进而为鱼类提供丰富的饵料,渔业资源丰富,从而使该海区成为世界著名的渔场。

知识点 50

海洋的中尺度涡旋在水平移动的过程中会携带流体与其一同移动,中尺度涡旋是通过在等密度面上形成闭合等位涡线的机制来实现这一过程的。

知识点 51

湍流运动是海洋空间尺度非常小的运动,可以调整海洋物质、能量的分布,对能量输送的作用远高于分子热运动。

知识点 52

在仅知道大潮最大流速时,往复流的小潮最大流速一般取大潮最大流速的一半。

知识点 53

热盐环流是全球海洋热量的输送带。如果全球持续变暖,极端情况下,将导致北极附近冰山融化,使得北大西洋高纬海域盐度降低,海水密度减小以至于无法下沉,大洋深层环流中断,使得全球海洋与大气环流系统产生巨大的变异,低纬向高纬输送热量停止,从而温度剧降,整个北半球被冰雪所覆盖,新冰河时代来临。大约 12 800 年前,曾发生过类似的短期急剧降温事件,称为"新仙女木事件"。

知识点 54

风吹过海面会产生波浪,海面变得粗糙产生阻力,在中、低风速下,阻力系数随风速增大而增大。但风速超过 25 m/s 后,波浪剧烈破碎,在海气之间形成一个沫滴悬浮层,使得阻力系数随风速增大反而减小。

知识点 55

在北半球的太平洋和大西洋低中纬度海区,海水顺时针方向流动。低纬盛行东北信风,海水向西流称之为北赤道流;遇到大陆后,海水主流向北流,在中纬度地区盛行的西风的影响下,海水向东流;遇到大陆后,一部分向北流,一部分向南流。向南的流动与北赤道流相接形成了顺时针环流。在北半球高纬海区海水则形成逆时针环流。

知识点 56

大洋中西风漂流包括北太平洋漂流、北大西洋漂流及南极绕极流。

知识点 57

南极底层水的温度低于 0 ℃,密度很大,只能沉在海底,不能穿过较浅的德雷克海峡,因此它不是绕极循环的,但它可以沿着最深的海盆中向北扩散,进入各大洋底层。这样,在南极边缘海沿陆坡下沉的高密度水成为世界大洋底层水的主要来源。

知识点 58

全球的大洋环流构成一个循环往复的大输送带。极地海水受到最强的冷却,密度增大;冬季海水结冰时,海水中的盐分被留在水中,此即结冰析盐过程。结冰析盐过程增大了海水盐度,也会使海水密度增大。低温高盐的极地海水具有较大的密度。在大西洋北部,表层水以下的低温高盐海水下沉后形成北大西洋深层水;在南极边缘海,则形成南极底层水。这两个过程成为整个大洋输送带的主要驱动器。

知识点 59

当流体内部密度垂直分布呈现稳定层化结构时,流体内部也会出现波动,这种波称作内波。内波和表面波不同,最大的振幅发生在海洋内部。海洋内波的恢复力远小于表面波的恢复力。这种波动传播缓慢,小于表面波波速;振幅则通常大于表面波的振幅。通常内波的振幅为几米,甚至可达百米;波长近百米至几十千米,周期几分钟至几十小时。它是引起海水混合、形成细微结构的重要原因。

知识点 60

南海是全球五大内波高发区之一,其内波振幅能达到 200 m 左右。

知识点 61

潜艇"掉深"是指潜艇在航行中,由于浮力状况突然改变,使潜艇在垂直方向上失去控制,导致潜艇快速下沉。海洋内波,特别是大振幅海洋内波,能使海水等密度面发生起伏,潜艇在航行中遭遇海洋内波就可能发生潜艇"掉深"。

知识点 62

到达地球大气上界的太阳辐射能量称为天文太阳辐射量。全球海洋吸收的太阳辐射量约占进入地球大气顶的总太阳辐射量的 70%。海洋吸收的太阳辐射能绝大部分储存于海洋的表层（混合层）水中。通过海面以蒸发潜热、海面有效回辐射（长波辐射）和感热交换的形式将能量从海洋输送给大气，驱动大气的运动。

知识点 63

当大洋中的潮波传播到近岸浅水区域时，由于非线性作用使潮波发生变形，形成浅水分潮。浅水分潮的角频率为原分潮角频率的和、差或者倍数乘积。角频率为原线性潮波偶数倍的浅水潮波称之为倍潮波。

知识点 64

海浪是风作用在海面上，其所带来的压力及摩擦力使海面产生扰动，在海面形成周期性起伏。海浪是海水的表面运动，是发生在海洋表面上的表面波，即沿着水与空气界面间传行的一种波动，其恢复力是重力，因此海浪属于重力波。

知识点 65

波浪具有波动的一般性质，相邻两个波峰之间的距离叫作波长；从波峰到相邻波谷之间的铅直距离叫波高，通常以 H 表示。海浪波高表示法很多，通常使用有代表性的波高，如平均波高、均方根波高、最大波高、有效波高等。有效波高是一个统计学概念，是将海上固定点连续观测到的波高按照从大到小的顺序排列，取总数的前 1/3 个的波高做平均，即 1/3 部分大波的平均波高，称有效波高。

波浪能是指海洋表面波浪所具有的动能和势能。它是由风把能量传递给海洋而产生的。波浪能与波高的平方、波浪的运动周期以及迎波面的宽度成正比。

波浪在海洋传播到近岸浅海区域，随着水深变化，波速、波长、波高和波向都会发生变化，但是波周期基本不变。

波浪类型按波形传播分为前进波、驻波，按照成因可分为风浪、涌浪和近岸浪 3 种。风浪指的是一直在风的直接作用下海面的波动状态。此时的海面波动常是杂乱无章的，其波高、波长和周期都为随机量。当海面的风力迅速减小、平息或风向改变后，海面上遗留下来的波动不会立即消失。它们在原来海区继续传播，甚至传至其他海区，经过漫长路程和时间而慢慢消衰，这种失去外力作用的波浪称为涌浪。也就是说，涌浪指的是风停后或风速风向突变区域内存在下来的波浪和传出风区的波浪。近岸浪指的是由外海的风浪或涌浪传到海岸附近，受地形作用而改变波动性质的海浪。

风浪的周期一般只有数秒量级，最长可达二十几秒。涌浪的周期要长于风浪周期，长者可达几十分钟。风浪波面粗糙，波长和周期短，波峰陡峭，波峰线短，常出现波浪溢浪（"白帽"）现象。涌浪典型波面特征为波面光滑，波峰线长，波长和周期长于风浪。

决定风浪大小的因素包括风速（风力大小）、风时（风的作用时间长短）、风区（风的作用区域大小）。

知识点 66

当波浪遇到比较陡峭的海岸时,会发生反射而形成驻波,在港湾、码头常会见到这种情况,但范围不会太大。当波浪遇到障碍物时,如岛屿、海岬、防波堤等,它可以绕到障碍物遮挡的后面水域去,这种现象称为绕射。

知识点 67

中国 1966 年 8 月 15 日正式开始填绘第一幅海浪图。

知识点 68

海洋中的波浪自深水向岸边传播进入浅水时,波浪的传播方向将发生偏转,波峰线也将随着海底地形而变得弯曲,最终趋向于与海岸线相适应或接近平行,这种波浪传播变形现象称为波浪的折射。波浪经过折射后,基本以垂直岸线的方向涌上沙滩或岸滩。

知识点 69

根据波峰的形状、峰顶的破碎程度和浪花出现的多少,可将海况分为 10 级,如海况等级表所示:

海况等级表

海况等级	海面征状
0	海面光滑如镜,或仅有涌浪存在
1	波纹或涌浪或小波纹同时存在
2	波浪很小,波峰开始破裂,浪花不显白色而仅呈玻璃色
3	波浪不大,但很触目,波峰破裂,有些地方形成白色浪花——俗称白浪
4	波浪具有明显的形状,到处形成白浪
5	出现高大波峰,浪花占了波峰上很大面积,风开始削去波峰上的浪花
6	波峰上被风削去的浪花,开始沿着波浪斜面伸长成带状,波峰出现风暴波的长波形状
7	风削去的浪花布满了波浪斜面,有些地方到达波谷,波峰上布满了浪花层
8	稠密的浪花布满了波浪的斜面,海面变成白色,只有波谷某些地方没有浪花
9	整个海面布满了稠密的浪花层,空气中充满了水滴和飞沫,能见度显著降低

知识点 70

海啸是由海底地震、火山爆发、海底滑坡等产生的破坏性海浪,是从海底到海面整层水体的波动或起伏。海啸波高在茫茫的大洋里不足 1 m,但当到达海岸浅水地带时,波长减短而波高急剧增高,可达数十米,形成含有巨大能量的"水墙"。海啸同海浪的成因不同,波长不同,传播速度不同,激发的难易程度不同。

知识点 71

红海位于非洲东北部与阿拉伯半岛之间,呈现狭长形,长约 2 250 km,最宽处 355 km,均深 490 m,最深 3 040 m(在萨瓦金槽中央),面积约 438 000 km²。其西北面通过苏伊士运河与地中海相连,南面通过曼德海峡与亚丁湾相连。盐度为 36.0 ~ 41.0,平均 40.0,是世界海洋中盐度最高的海。

知识点 72

黄海是太平洋西部的一个边缘海,位于中国大陆与朝鲜半岛之间。黄海平均水深约 44 m,最深约 152 m。黄海的名称来源于水域水色,由于历史上黄河有七八百年的时间注入黄海(目前黄河入海口位于渤海海域),河水中携带的大量泥沙将黄海近岸海水染成了黄色故而得名。

知识点 73

海岸带是指海洋和陆地相互作用的地带,即海洋和陆地的过渡地带,通常可划分为 3 个部分:① 潮上带,指平均大潮高潮线以上至特大潮汛或风暴潮作用上界之间的地带。常出露水面,蒸发作用强,地表呈龟裂现象,有暴风浪和流水痕迹,生长着稀疏的耐盐植物,常被围垦。亦称海岸。② 潮间带,指平均大潮低潮线至平均大潮高潮线之间的地带。此带周期性地被海水淹没和露出,侵蚀、淤积变化复杂,滩面上有水流冲刷成的潮沟和浪蚀的坑洼,是发展海水养殖业的重要场所。亦称海滩。③ 潮下带,指平均大潮低潮线以下的潮滩及其向海的延伸至波基面部分,水动力作用较强,沉积物粗。亦称水下岸坡。

知识点 74

海洋初级生产力的分布很不均匀,北半球温带亚极区较高,南北两半球的热带、亚热带大洋区较低,北冰洋海区初级生产力最低。

知识点 75

声波在空气中的传播速度受温度影响,15 ℃时约为 340 m/s;而在海水中它的传播速度却达到 1 500 m/s 左右,大约是空气中传播速度的 4 倍多。

人们经过反复测试,发现声波在海水中传播的速度会受温度、盐度和压力影响而改变,随这些因素的增大而加快。其中,温度对声速影响最大。水温每升高 1 ℃,声速大约增大 4.6 m/s。

知识点 76

风对海洋有着重要的影响,在海洋学研究中,科学家通常用的风速为海表面上方 10 m 处的风速,称之为 U10。

知识点 77

测风应选择在空旷、不受建筑物影响的位置进行。仪器安装高度以距海面 10 m 左右为宜。

知识点 78

海平面上升是由全球气候变暖导致极地冰川融化、上层海水受热膨胀等原因引起的全球性现象。研究表明,从 20 世纪 50 年代开始,海平面平均每年上升几毫米。

知识点 79

《2014 年中国海平面公报》显示,1980 ～ 2014 年,中国沿海海平面上升速率为 3.0 毫米 / 年。

海洋生物

知识点 1

地球的原始时期，由于大气中没有氧气，也没有臭氧层，紫外线可以直达地面。靠海水的保护，生物首先在海洋里诞生。

知识点 2

世界上的生物种类繁多，为了更好地研究、认识生物，人们常根据生物之间的亲缘关系，将生物划分 7 个基本的分类阶元：界、门、纲、目、科、属、种。

知识点 3

生物多样性是生物及其与环境形成的生态复合体，以及与此相关的各种生态过程的总和，由遗传多样性、物种多样性、生态系统多样性 3 个层次组成。

知识点 4

根据海洋生物的生活习性、运动能力及所处海洋水层环境的不同，可将其分为浮游生物、游泳生物和底栖生物。

浮游生物是指在水流运动的作用下，被动地悬浮在水层中的生物。这类生物缺乏发达的运动器官，没有或者仅有微弱的游泳能力，不能远距离游动，也不足以抵拒水流的作用。德国浮游生物学家亨森首先用"plankton"专指浮游生物，该词来自希腊文，意为漂泊流浪。

游泳生物在水层中能克服水流阻力，自由游动，具有发达的运动器官，是海洋生物中一个重要生态类群。

知识点 5

海洋生物群落中的碎屑食物链有两种，一种是红树植物碎屑—碎屑取食者（双壳类、腹足类等）—肉食者（荔枝螺、玉螺等），另一种是动物残肢碎屑—碎屑取食者（线虫、多毛类等）—小型肉食动物（鲻科小鱼等）—大型肉食动物。

知识点 6

海洋浮游生物根据体型的大小可以分为：微微型浮游生物，$< 2 \ \mu m$；微型浮游生物，

2～20 μm；小型浮游生物，20～200 μm；中型浮游生物，200～2 000 μm；大型浮游生物，2～20 mm；巨型浮游生物，>20 mm。

知识点 7

Pratt 和 Gairns（1985）根据营养关系及食性，将微型生物划分为 6 个功能营养类群，其中光合自养型属于初级生产者，含叶绿素、叶绿体，能进行光合作用。

海洋上升流区通过富含营养盐的深层水涌升过程，使表层水变得肥沃，从而提高生物的生产力，上升流区生活的游泳生物（主要是鱼类）生命周期较短，偏向于 r 选择类型。

知识点 8

生活在深海的动物 90% 都能发光。科学家经过研究发现动物发光的作用可能有 3 种：掩护自己，躲避敌害；诱捕猎物；作为求偶的信号。

知识点 9

发声是许多动物的重要行为功能，许多海洋动物也会发出人耳听到、听不到（次声或超声）的声音，如龙虾、虾蛄等许多甲壳类，黄鱼等石首科鱼类，鲸类等哺乳动物等。它们发出的声音有重要的科学研究和军事应用价值。

知识点 10

在众多的海产品中，燕窝、海参、鱼翅、鲍鱼、鱼肚、干贝、鱼唇、鱼子，被视为宴席上的上乘佳肴，俗称"海鲜八珍"。

知识点 11

中国传统四大海产是大黄鱼、小黄鱼、带鱼、乌贼。

知识点 12

蚤状幼体是所有十足目动物共同经过的幼体期，腹部分节，但通常腹肢尚未发育，眼柄长成。

知识点 13

桡足类隶属于节肢动物门甲壳纲桡足亚纲。为小型甲壳动物，营浮游与寄生生活，分布于海洋、淡水或半咸水中。在生殖季节，一般雄性都用第 1 触角或第 5 胸足抱握雌性。

知识点 14

由于有孔虫主要以浮游藻类、海洋微生物等为食，是大多数海洋生物的重要食物来源之一。有孔虫个体小但数量巨大，现已广泛应用于科研领域，被称作"大海里的小巨人"。

知识点 15

海绵动物的骨骼一般为硅质、钙质以及角蛋白组成的骨针和骨丝，极少种类的骨针是由硫酸锶构成的。水沟系统是海绵动物的主要特征之一，对海绵动物的固着生活方式十分重要。海绵动物的成体没有运动能力，其呼吸、摄食、排泄、生殖等生理机能都是依靠水沟系统中的水流来实现的。

海绵的受精卵发育成为囊胚,称为中实幼虫;继续发育,其动物极的一端为具鞭毛的小细胞,而植物极的一端为不具鞭毛的大细胞,这个发育期称为两囊幼虫。它离开母体后,在海中营浮游生活,不久即营固着生活。

偕老同穴是六放海绵纲偕老同穴属海绵,又名"维纳斯花篮"(或"天女之花篮"),因其精致的白色网络状形体而得名。其活体外表有一薄层细胞。体弯曲,管状,基端窄,有一簇纤维附着海底。取食自体表小孔进入中央腔的有机碎屑和微生物。其形体的残骸为珍品。在日本,人们认为它是永恒爱情的象征。

知识点 16

腕足动物海豆芽外形像豆芽,有两个分离的钙质或几丁磷灰质壳,在壳口方向有触手冠,自寒武纪就已出现。现生种 300 多种。

知识点 17

棘皮动物门的特点是辐射对称,具独特的水管系统。海参、海胆、海百合等都属于棘皮动物门。综合目前的资料,所有的棘皮动物仅在海水中出现。尚未发现有生活于淡水的棘皮动物。

知识点 18

海胆类口部的咀嚼器由约 30 个骨状物和牵动此骨状物的肌肉即降肌和提肌组成。

知识点 19

海参是海参纲的一类棘皮动物的统称,又名海黄瓜。其具代表性生物应激反应有吐脏、夏眠、自溶、再生修复。海参在受到攻击或者环境极度恶化的情况下会发生吐脏现象,环境条件好转后,内脏能够重新长好。呼吸树是海参的呼吸器官。随着人们生活水平的不断提高,海参逐渐进入百姓餐桌。海参有"海底人参"之称,含有多种生物活性成分,其中较为突出的是海参皂苷、海参多糖、海参脑苷脂和海参多肽。

知识点 20

海星再生的条件是必须含有中央盘的残肢。海星在进食的时候会把贲门胃翻出体外,包裹住食物进食。海星也以海参为食,所以大量的海星会对海参养殖业造成巨大的损失。海星是依靠体表的皮鳃进行呼吸的。

知识点 21

腔肠动物具有网状神经系统,具有世代交替,具有原始的消化道,只具有两胚层——外胚层和内胚层,不具有中胚层。

知识点 22

水母大家族属于刺胞动物门(又叫腔肠动物门),包括自育水母纲、水螅水母纲(两纲共约 1 086 种)、方水母纲(约 36 种)、十字水母纲(约 50 种)和钵水母纲(约 200 种)的动物,共有 1 300～1 400 种。水母体内的含水量高达 95% 以上,堪称含水量最高的生物。

知识点 23

北极霞水母是个体最大的一种浮游动物,伞径可达 2 m 以上,触手伸长超过 30 m。

知识点 24

僧帽水母属于腔肠动物门水螅水母纲管水母目僧帽水母科。僧帽水母为热带和亚热带大洋性种类,在中国主要分布在东海和南海。僧帽水母由于形态上的特殊结构和生理上的特殊机能而漂浮于海洋表层,其地理分布主要受风、海流的影响。虽然其主要分布在热带和亚热带的大洋区,但是也有报道称北美洲芬迪湾和苏格兰西部的赫布里底群岛有发现,而强风也可以把僧帽水母吹上海滩。僧帽水母不是单一一只水母,而是一个包含水螅体及水母体的群落。上面为浮囊体,具有漂浮作用,而下面有营养体(有口,负责摄食)、指状体(形似营养体,无口)和繁殖体(发挥繁殖功能),分工明确,合作紧密。

知识点 25

珊瑚礁生态系统有着极高的生物多样性和生产力水平,素有"海洋中的热带雨林"之称。珊瑚是腔肠动物门珊瑚虫纲的海生无脊椎动物,具有石灰质、角质或革质的内骨骼或外骨骼。造礁珊瑚共生有大量的虫黄藻(为单细胞藻),正是这些虫黄藻为珊瑚"染"上了绚丽的色彩。虫黄藻 80% 的光合产物会提供给珊瑚,维持珊瑚的生存。海水升温、酸化等使珊瑚释放掉与其共生的虫黄藻,产生"白化现象"。

知识点 26

石芝珊瑚为单生的珊瑚类动物,表面呈褶襞状。

知识点 27

在烟波浩渺的海洋中,有着一年四季盛开不败的"海菊花",它就是海葵,属于腔肠动物门,无骨骼,雌雄异体。

知识点 28

环节动物具有疣足和发达的真体腔,闭管式循环,具有索状神经。

知识点 29

沙蚕在分类学上属于环节动物门多毛纲游走目沙蚕科,俗称海虫、海蛆、海蜈蚣,是原口动物。中国的沙蚕种类有 80 多种。群舞是沙蚕集体进行交配的一种现象,以提高交配的成功率。

知识点 30

单环刺螠,俗名海肠、海肠子,属于螠虫动物门螠纲无管螠目刺螠科。体呈长圆筒形,吻圆锥形;腹刚毛 1 对,粗大;肛门周围有一圈 9～13 条褐色尾刚毛。分布于俄罗斯、日本、朝鲜和中国渤海湾等,是中国北方沿海泥沙岸潮间带下区及潮下带浅水区底栖生物的常见种。

知识点 31

软体动物种类繁多,是仅次于节肢动物的动物界第二大类群。软体动物适应力强,分布广泛,陆地、淡水和海洋中都有大量分布,像蜗牛、河蚌、贻贝、牡蛎、乌贼等都是我们熟悉的代表生物。

知识点 32

万宝螺、唐冠螺、大法螺和鹦鹉螺并称"世界四大名螺",具有相当高的观赏性和收藏价值。鹦鹉螺被称作海洋中的"活化石"和海洋中的"夜游神"。鹦鹉螺属于软体动物门头足纲,是现存唯一一类具有外壳的头足类动物,曾经称霸过奥陶纪海洋。

知识点 33

腹足类动物左右不对称,神经扭转成"8"字形,有些种类又有反扭转现象,多具螺旋形的壳。研究发现,早期的腹足类是两侧对称的,不对称的体形是在进化过程中经扭转而形成的。身体扭转后,其一侧的器官如鳃、心耳、肾等发育受到阻碍而退化消失。即使后鳃类腹足动物如海牛、海兔等的内脏又发生了反扭转,但其消失的器官不能重新发生,所以尽管外形两侧对称,但内脏器官仍然是左右不对称的。

知识点 34

扭转是腹足类面盘幼虫的壳和内脏团在头-足上方逆时针旋转180°的现象。扭转有时可在短暂的几分钟内完成。扭转会导致其不对称的体形,如形成了一个螺旋形的外壳,消化管、神经索被扭成"8"字形等。另外,还有些种类,在扭转后又有反扭转,结果使鳃、外壳和外套膜也消失。

知识点 35

马氏珠母贝又称合浦珠母贝,是重要的海水养殖贝类和生产珍珠的主要母贝。

知识点 36

牡蛎,双壳纲牡蛎目牡蛎科生物的统称,有生蚝、海蛎子等别名,分布广泛。牡蛎是中国、也是世界上养殖范围最广、养殖产量最大的海产贝类。中国沿海主要养殖种类有近江牡蛎、褶牡蛎、长牡蛎、大连湾牡蛎和密鳞牡蛎等。中国科学院海洋研究所张国范研究员团队主导完成了国际上首个贝类(牡蛎)全基因组序列图谱绘制,该成果于2012年在国际著名期刊 *Nature* 上发表。

知识点 37

虾夷扇贝为冷水性贝类,生长适温范围 5 ℃～23 ℃。

知识点 38

花蛤,即菲律宾蛤仔,是市场上常见的贝类海产品,是中国四大养殖贝类之一。

知识点 39

砗磲是软体动物门瓣鳃纲砗磲科生物的统称,有2属10种,广泛分布于热带珊瑚礁海域。其形如蚌蛤,壳大而厚。此类动物的外壳上有深大的沟纹,如车轮的外圈,故被命名为砗磲。

知识点 40

鲍鱼一种原始的海洋贝类,属于单壳软体动物,壳坚厚、扁而宽。鲍鱼是中国传统的名贵食材,位居四大海味之首。海洋中药石决明,为鲍科动物的贝壳。

知识点 41

鱿鱼的胴部呈圆筒状,较为细长,末端呈长枪的枪头样;有 10 条腕。乌贼的胴部呈袋状,有 10 条腕。而章鱼的胴部为球形,有 8 条腕。另外,我们常吃的"笔管鱼",其实是鱿鱼中的一种。

知识点 42

章鱼具有高度发达的含色素的细胞,通过改变色素细胞能极迅速地改变体色。

知识点 43

海洋中药海螵蛸为乌贼科动物无针乌贼或金乌贼的干燥内壳。

知识点 44

节肢动物是动物界种类最多、数量最大、分布最广的一门动物。它们体外被有一层几丁质的甲壳,身体有明显的分节现象,且为异律分节。节肢动物在发育过程中常有变态现象,其生长过程常伴有蜕皮现象。

知识点 45

鲎是肢口纲的节肢动物,因其头胸甲形如马蹄,又名马蹄蟹。鲎是名副其实的远古遗民,有"活化石"之美称。现生种类只有 1 目 1 科 3 属 4 种,全部生活于海洋中。除美洲鲎分布于北美洲和中美洲沿海外,其余 3 种中国鲎、圆尾鲎、南方鲎都分布于东南亚沿海。鲎有 4 只眼睛,包括 2 只单眼、2 只复眼。头胸甲前端的单眼仅有 0.5 mm 长,对紫外光敏感,可以用来感知亮度。在鲎的头胸甲两侧有一对大复眼,每只眼睛由若干个小眼睛组成。鲎的血液中含有铜离子,呈蓝色。从鲎的血液中提取"鲎试剂"可以准确、快速地检测人体内部组织是否因细菌感染而致病,被广泛用于制药、临床以及科研等领域。中国鲎是国家二级保护野生动物,被《中国物种红色名录》列为濒危物种,禁止任何单位和个人捕捉、驯养繁殖、经营利用、收购、出售中国鲎及其产品。

知识点 46

对虾全身由 20 节组成,头部 5 节、胸部 8 节、腹部 7 节。除尾节外,各节均有附肢 1 对。有 5 对步足,前 3 对呈钳状,后 2 对呈爪状。头胸甲前缘中央突出形成额角。额角上、下缘均有锯齿。

知识点 47

南极磷虾的肉富含蛋白质,被誉为"人类未来的蛋白资源仓库",具有巨大的经济价值。南极磷虾具有较为特殊的产卵机制,其卵需在南大洋水域下沉至千米以深水层孵化,随后开始上浮至表层,并在上浮过程中不断发育,至近表层后开口摄食。因此,南大洋只有特定的水域才能形成南极磷虾的产卵场。南极磷虾眼柄腹面、胸部及腹部的附肢基部都具有球状发光器,可发出磷光。

知识点 48

日本蟳为梭子蟹科蟳属的动物,俗称石甲红,在我四大海区日本、马来西亚、朝鲜半岛等地有分布,一般生活于低潮线、有水草或泥沙的水底,或潜伏于石块下。

知识点 49

有一类海洋生物往往会把海螺壳当自己的居所。在它们长成后,会找一个适合当作自己房子的海螺壳。它们钻进去,用几条短腿撑住螺壳内壁,长腿伸到壳外爬行,用大螯守住壳口。沿海渔民俗称这类海洋生物为"白住房"。这类海洋生物就是寄居蟹。

知识点 50

七鳃鳗和盲鳗是无颌鱼形动物,是迄今所知最早出现的脊椎动物;而海鳗、鳗鲡等则是有颌鱼类,在进化上比七鳃鳗更高等。无颌鱼形动物是一类最古老的脊椎动物,发生于距今 5 亿年前后的奥陶纪,在演化史中曾经繁盛过,后来在生存竞争中大量灭绝了。因此,如今生存的少数种类只是古老无颌类的孑遗。

知识点 51

中国鱼种最多的海区是南海海区。

知识点 52

日常生活中,有好多被称为"鱼"的生物并不是真正生物学定义的鱼,例如,鲍鱼是贝类,鲸鱼是海洋哺乳类,文昌鱼是脊索类。鱼类的主要特征如下:终生生活在海水或淡水中,大都具有适于游泳的体形和鳍;用鳃呼吸,以上、下颌捕食;心脏分为一心房和一心室,血液循环为单循环,为变温动物。而上述动物并不具备这些特征,不属于鱼类。

知识点 53

鱼类洄游是鱼类因生理要求、遗传和外界环境因素等影响,而发生的周期性的定向往返移动。鱼类洄游的分类方法很多。按鱼类不同的生理需求,可分为产卵性、索饵性和越冬性洄游,按所处生态环境不同,可分为海洋鱼类的洄游、溯河性鱼类的洄游、降海性鱼类的洄游和淡水鱼类的洄游 4 种。中华鲟的生殖洄游按生态环境分类属于溯河性鱼类的洄游。

知识点 54

鱼类的产卵习性是多种多样的,有的鱼为了寻求适宜的产卵条件,保证鱼卵和幼鱼能在良好的环境中发育,常常要进行由深海、外海游向浅海或近岸的洄游(鲐等),或由海洋向江河的溯河洄游(大麻哈鱼、鲥鱼等),或由江河向海洋的降海洄游(鳗鲡等),其中后两种更为人们所熟知。

知识点 55

鱼类的生殖方式有卵生、卵胎生、胎生。

卵生:受精卵被包裹在卵壳内于体内或体外孵化成个体。卵生鱼类多行体外受精,成熟的雌鱼把卵直接产在水中,雄鱼同时排精,在水中完成受精,胚胎发育的营养完全来自卵黄,因受环境限制和缺乏保护,受精率会受到一些影响。大多数鱼类都以卵生方式繁育后代。

卵胎生:鱼类的卵在雌鱼体内受精,受精卵在生殖道内进行发育,与母体在营养上无联系,完全靠自身的卵黄提供营养,只是胚胎的呼吸依靠母体进行。

胎生:受精卵没有类似于蛋壳的外壳,在母体内生长成个体。这种类型胚胎与母体发生营养联系,前期营养由本身的卵黄提供,后期卵黄囊壁伸出许多褶皱嵌入母体,形成卵黄囊胎盘,胚胎营养从母体中获得。

鲨鱼中,上述3种生殖方式皆存在。

知识点 56
我们通常用鱼的鳞片或耳石来确定一条鱼的年龄。科学家还可以根据脊椎骨来判断鲨鱼的年龄。

知识点 57
鱼类生长最迅速时期一般在性成熟以前。

知识点 58
许多以浮游生物或者小型鱼类为食而又生活在外海的鱼类,往往有大规模集群生活的现象。

知识点 59
鱼类发出的声音多数是由骨骼摩擦、鱼鳔收缩引起的,还有的是靠呼吸或肛门排气等发声。有经验的渔民能够根据鱼类所发出声音的大小来判断鱼群数量的大小,以便下网捕鱼。

知识点 60
鲨鱼长有 5～6 排牙齿,其一生需要更换上万颗牙齿。

知识点 61
鲨鱼属于软骨鱼类,没有鱼鳔,调节沉浮主要靠肝脏。科学家们的研究表明,鲨鱼的肝脏依靠比一般甘油三酯轻得多的二酰基甘油醚的增减来调节浮力。

知识点 62
鳐鱼体扁平,尾巴细长,有些种类的鳐鱼的尾巴上长着一条或几条边缘带锯齿的毒刺。它们的胸鳍宽大,由吻端扩伸到细长的尾根部。有些种类具有尖吻。

知识点 63
电鳐是软骨鱼纲电鳐目鱼类的统称。背腹扁平,头和胸部在一起,尾部呈粗棒状,像团扇,一对小眼长在背侧面前方的中间,栖居在海底。电鳐的发电器是由鳃部肌肉变异而来的,电流方向由腹方向背方。电鳐有"海底电击手"之称。

知识点 64

所谓鱼翅，就是鲨鱼鳍中的细丝状软骨，是用鲨鱼的鳍加工而成的一种海产品，并没有太高的营养价值。

知识点 65

盾鳞是软骨鱼类所特有的鳞片，由棘突和基板两部分组成，呈对角线排列。各棘突均向后伸，以手由后向前抚摸鱼体皮肤，则如摸砂纸一样。棘突外被一层釉质；基板埋在真皮内，内有髓腔，有神经和血管通入腔内。在发生上，釉质来自外胚层，由表皮细胞所分泌；内层的齿质来自中胚层，由真皮乳突的细胞所产生。盾鳞和牙齿是同源器官，牙齿同样是由釉质和齿质形成，其内也有髓腔。

知识点 66

硬骨鱼类大多数都有鳔。鳔是通常位于肠管背面的囊状器官，内壁为黏膜层，中间是平滑肌层，外壁是纤维膜层。鱼鳔内的气体主要是氮气、氧气和二氧化碳。鳔内含氧量随鱼活动水层下降而升高，生活在浅水水域的鱼类鳔内含氧量不高。在缺氧的环境中，鱼鳔可以作为辅助呼吸器官，为鱼提供氧气。但鱼鳔的主要功能是通过收缩和膨胀调节鱼身体的密度，使鱼悬浮在限定水层中。

知识点 67

生活在不同水环境下的鱼类，体液的渗透压不同。海水硬骨鱼类体液的渗透压低于海水。

知识点 68

鲅鱼也叫蓝点马鲛，在不同地方又有马鲛、条燕、燕鱼、板鲅、竹鲛、青箭等称呼，属于硬骨鱼纲鲈形目鲅科。蓝点马鲛体呈纺锤形；吻稍尖，口裂大。分布于北太平洋西部，中国渤海、黄海、东海、台湾海域均有。鲅鱼栖息于近海中上层，具有洄游习性，为北方经济鱼种之一。

知识点 69

发光细菌常和鱼类共生。角鮟鱇等动物具有共生有发光杆菌的发光器，利用共生发光细菌发出的光来照明和觅食，而发光细菌又靠从动物体中得到营养来维持生命。

知识点 70

石斑鱼属于鲈形目石斑鱼亚科，栖息于海洋岩礁、珊瑚礁区，是一类凶猛的食肉性鱼类。石斑鱼为雌雄同体，具有性别转换特征。首次性成熟时全为雌性，雌鱼达一定年龄及大小时可发生性转换，变为雄鱼。石斑鱼鱼肉细嫩洁白，类似鸡肉，素有"海鸡肉"之称。石斑鱼是低脂肪、高蛋白的上等食用鱼，被港澳地区推为中国四大名鱼之一，是高档筵席必备之佳肴。"中国石斑鱼之都"是漳州的荣誉称号，得此殊荣，正是缘于石斑鱼是漳州市当前水产养殖的主导品种，其养殖规模、贸易流通量均居全国前列。

知识点 71

大菱鲆属于硬骨鱼纲鲽形目鲆科,俗称欧洲比目鱼,在中国称"多宝鱼",原产于欧洲大西洋海域,后由雷霁霖院士引入中国。

知识点 72

鳕形目鳕科鳕属里有 3 种鱼,分别是大西洋鳕鱼(*Gadus morhua*)、格陵兰鳕鱼(*Gadus ogac*)和太平洋鳕鱼(*Gadus macrocephalus*)。只有这 3 种,才能称得上真正的鳕鱼。

知识点 73

鳗鲡属共包含 15 种鳗鱼,中国有 6 种——日本鳗鲡、双色鳗鲡、花鳗鲡、孟加拉鳗鲡、云纹鳗鲡和西里伯鳗鲡。鳗鲡嘴巴宽大,鳃孔小且左右分离;没有腹鳍,背鳍、臀鳍与尾鳍相连为一体。鳗鲡作为一种降河性洄游鱼类,原产于海中,溯河到淡水内长大,后回到海中产卵。鳗鲡肉质细嫩,味美,肉和肝的维生素 A 的含量高,具有相当高的营养价值。江苏、浙江一带将其列为上等鱼品,福建、广东、四川则视之为高级滋补品,称之为"水中人参"。福建省省会——福州市地处闽江流域,是鳗鲡资源分布的主要地区之一,也是中国重要的鳗鲡养殖及烤鳗出口基地,被中国渔业协会授予"中国鳗鲡之都"的称号。

知识点 74

弹涂鱼属于鲈形目虾虎鱼科。弹涂鱼胸鳍鳍基肉柄状,能在陆地上爬行或跳行。栖息于河口咸淡水水域、近岸滩涂处或烂泥底质的低潮区,对较差的水质环境耐受力强。

知识点 75

䲟鱼,又名吸盘鱼,喜欢吸附在鲨鱼、海龟等大型海洋生物身上,有着"免费旅行家"的称谓。

知识点 76

人们口头上常说"左鲆右鲽,左舌鳎右鳞",就是说比目鱼中,凡两眼在身体左侧者是鲆类和舌鳎类,两眼在身体右侧者是鲽类和鳞类。比目鱼刚从卵孵化出来的时候,两只眼分别在身体左右两侧,是对称的。但是随着发育,慢慢沉到海底,一只眼开始向左或向右移动,经过一系列变态之后,变得和成体一样,营底栖生活。

知识点 77

飞鱼科多为暖水性上层鱼类,以太平洋赤道及热带水域中最多。它强有力的尾鳍,帮助它跃出水面,同时其胸鳍特别发达。飞鱼有时在空中滑翔可达 10 s 以上,飞过 100 m 以上的距离。

知识点 78

金枪鱼,又称为鲔鱼、吞拿鱼,是大洋暖水性洄游鱼类,主要分布在太平洋、大西洋、印度洋热带、亚热带和温带的广阔水域。广义上,鲭科中金枪鱼属、细鲣属、舵鲣属、鲔属、鲣属 5 个属的鱼都可称为金枪鱼。狭义上,金枪鱼指的是金枪鱼属中的 8 个种:太平洋蓝鳍金枪鱼、大西洋蓝鳍金枪鱼、南方蓝鳍金枪鱼、黄鳍金枪鱼、大眼金枪鱼、长鳍金枪鱼、黑鳍金枪鱼、青干金枪鱼。金枪鱼有强劲的肌肉、发达的皮肤血管系统。

知识点 79

海洋里最大的鱼是鲸鲨,鲸鲨科鲸鲨属的唯一种。鲸鲨栖息于水域上层,滤食小型甲壳类和小鱼等。卵生,卵椭球状。鲸鲨广布于全球热带、亚热带海域。

知识点 80

南极犬牙鱼为生活在南大洋的一种稀有深海鱼类。因为生长速度较慢,且在过去一段时间内被大规模开发,资源量迅速下降,从而导致该鱼种的捕捞量非常低,由此被人称之为"海中白金"。目前,负责管理南极海洋生物资源的南极海洋生物资源养护委员会对该鱼种进行了非常严格的管理,但非法捕捞现象仍极为严重。

知识点 81

海龟产完卵后,爬回海中,没有护卵的习性。幼海龟需要数十天才会破壳而出,在夜晚成群爬出窝巢,利用光线的引导很快地爬向大海,但是幼海龟成活的概率只有千分之一。

知识点 82

棱皮龟,又称革龟,是龟鳖目中体型最大者,主要分布在热带太平洋、大西洋和印度洋,偶尔也见于温带海洋。

知识点 83

鸟类皮肤上没有分泌油脂的腺体,全身只有尾脂腺分泌油脂,所以鸟类需要经常用嘴将油脂从尾脂腺挤出然后涂抹在羽毛上,看起来就像梳理羽毛一样。

知识点 84

帝企鹅也称皇帝企鹅,是企鹅家族中个体最大的。帝企鹅是群居动物,于冬季在南极繁殖后代。雌企鹅产卵后去海里觅食,雄企鹅负责孵卵。

知识点 85

加拉帕戈斯企鹅是所有企鹅中分布最靠北的,也是唯一一种分布在赤道附近的企鹅。它们生活在位于太平洋海域、属于南美洲的科隆群岛。

知识点 86

信天翁是世界上最大的海鸟。目前,信天翁有 4 个属。

知识点 87

在海鸟中,海燕身体小巧玲珑,体长一般 140 ~ 254 mm,体重 20 ~ 50 g,是最小的海鸟。海燕属于鹱形目海燕科。

知识点 88

海洋哺乳动物是前肢特化为鳍状、体温恒定、胎生哺乳和用肺呼吸的海洋脊椎动物,又称海兽。它们都是由陆上返回海洋的,属于次水生生物。一般包括鲸目、鳍脚目、海牛目的所有动物,以及食肉目的海獭和北极熊。

知识点 89

儒艮,被称为"美人鱼",是海牛目儒艮科的一种海洋哺乳动物。儒艮分布在南北纬 27° 之间印度－西太平洋水域,分布范围并不连续,全球 37 个热带与亚热带国家与地区均有儒艮的踪影。儒艮主要生活在海草丛生的浅海。在中国,儒艮主要分布在广西、广东、海南和台湾沿海。儒艮是海洋中唯一的草食性哺乳动物。

知识点 90

鲸类有胎生、哺乳、恒温和用肺呼吸等特点,和鱼类完全不同。

鲸的种类很多,一般可将它们分为两类。一类口中有须无齿,称为须鲸。须鲸的种类虽少,但个体都很大。另一类口中有齿无须,叫作齿鲸。齿鲸种类较多。

鱼的尾鳍的方向是垂直的,而鲸的尾鳍是水平的。

知识点 91

蓝鲸,又叫蓝长须鲸,属须鲸科,体长可达 33 m,体重可达 181 t,是生活在海洋中最大的哺乳动物。虽然其体型巨大,却以体型很小的南极磷虾等为食。

知识点 92

抹香鲸是齿鲸中个头最大的一种,广泛分布于全世界不结冰的海域,由赤道一直到两极都可发现它们的足迹,主要栖息于南、北纬 70° 之间的海域。其头部特别大,占体长的 $1/4 \sim 1/3$;上颌齐钝,远远超过下颌,因此又被称为"巨头鲸"。抹香鲸具有动物界中最大的脑。抹香鲸头部巨大的脂肪体能起到浮力调节器的作用,帮助它从深海区迅速上升,减少沉浮时间。抹香鲸超大的肺活量可使它们潜到 2 000 m 深的海底,是公认的鲸类中潜水深度最大的。抹香鲸的怀孕期长达 14 ～ 16 个月。抹香鲸身上的三大宝物是体油、脑油和龙涎香,具有很高的经济价值。其中龙涎香是抹香鲸肠道内难以消化的固体物质经很长时间的复杂变化而形成的,这是一种极好的保香剂。抹香鲸的名字也是由此而来的。

知识点 93

白鲸被称为"海洋中的金丝雀"。每年夏季,成千上万头白鲸从北极地区出发,开始它们的迁徙。灰鲸是鲸类中洄游距离最远的一种。

知识点 94

海豚睡觉时会保持自然游动。

知识点 95

中华白海豚是鲸豚类哺乳动物。中华白海豚身上的颜色随着年龄的增长而变化,通常把中华白海豚的一生分成 6 个年龄段,分别是婴儿期(体铅灰色)、幼儿期(体浅灰色)、少年期(身上布满灰点)、青年期(身体灰、白两色各半)、壮年期(身上有少量灰点)和老年期(浑身纯白色或粉红色)。

知识点 96

海豹和海狮区别如下:海豹科没有外耳,因此只有没有外耳的海豹(seal)才是真正的海豹(true seal);海狮科有一对小小的外耳。特别是,有一类鳍脚目动物英文为 fur seal(海狗),它们也是有外耳结构的,因此属于海狮科。海豹科的前鳍肢毛茸茸,虽然短小,但是每个趾头上都有爪子;海狮科的前鳍肢较大且毛发少。由于前鳍肢弱小,海豹科在水中游泳主要依靠其后鳍肢,但由于后鳍肢不够灵活,海豹科在岸上的行动十分不便,一般靠扭动整个身体前行;相比而言,海狮科在岸上行动要灵活得多,其依靠后鳍折叠在陆地上"行走",这也是为什么海狮能常见于各类海洋馆的表演中。

知识点 97

威德尔海豹出没于海冰区。极地科学家利用海豹在海冰上留下的冰洞采集海冰样品及放置仪器。人们把威德尔海豹称为"打孔巨匠"和"海洋学家的有力助手"。

知识点 98

1963 年,Redfield 等提出了 Redfield 比值:海洋浮游植物光合作用对磷、氮、碳的需求比为 1∶16∶106。

知识点 99

原核藻类主要指蓝藻,细胞直径较真核藻类小。原绿藻是由美国藻类学家 Lewin 在加利福尼亚海湾的海鞘类动物的泄殖腔中发现的。该藻在藻类进化上具有非常重要的意义。原绿藻是含有叶绿素 a 和叶绿素 b,不含藻胆素的原核生物,因此被认为是介于原核藻类与真核藻类之间的一个类群。真核藻类细胞直径一般在 10 μm 以上,包括隐藻、甲藻、金藻、黄藻、硅藻、褐藻、裸藻、绿藻、轮藻和红藻等。

知识点 100

海藻是生长在海洋中的藻类,其主要特征如下:无维管束组织,没有真正根、茎、叶的分化现象;不开花,无果实和种子;生殖器官无特化的保护组织,常直接由单一细胞产生孢子或配子;无胚胎的形成。藻类分类的主要依据是光合色素和辅助色素的种类,以及贮存养分的种类,其次是细胞壁的成分、鞭毛着生的位置、鞭毛类型、生殖方式和生活史等。

知识点 101

蓝藻是最早存在的光合放氧生物,对地球表面的大气环境从无氧变为有氧起了巨大的作用。有不少蓝藻(如鱼腥藻)含有固氮酶,可以直接固定大气中的氮。

知识点 102

螺旋藻隶属于蓝藻门蓝藻纲颤藻科。联合国粮食及农业组织(FAO)在 1974 年曾宣布螺旋藻是"未来最佳食品"。

知识点 103

红海束毛藻是红海中重要的浮游藻,虽属于蓝藻类,但体内的藻红素含量很高。它们大量繁殖时,成群成团地漂浮在海面,可以把海水"染"成红色,红海因而得名。

知识点 104

夜光藻是甲藻门的一类单细胞藻,世界各海域均有分布。细胞近乎圆球形(直径为

150 ～ 2 000 μm)，有一条能轻微活动的触手。成熟的夜光藻横沟不明显，仅在腹面留下一点痕迹。在腹面纵沟内有一条短的鞭毛。夜光藻原生质呈淡粉色。当其大量聚集时，白天一般呈粉红色，浓度高时还呈褐红色。夜光藻的游动能力十分微弱，不能主动摄食，捕食主要依靠上浮过程中与食物的碰撞。它利用分泌黏液的触手末端粘住碰撞到的食物，并将其送入泡口，在细胞内形成食物泡进行消化。它的食物种类范围很广，包括浮游藻类、桡足类的卵、鱼卵、原生动物以及一些细菌。夜光藻细胞受刺激时，细胞内发生化学反应，才会发出荧光。夜光藻在密度低的时候，它们发出的光不足让人发现；当它们以罕见的密度聚集，受到刺激，就会发出很亮的蓝光。然而，夜光藻是一种危害很大的有毒赤潮藻类。它们暴发性繁殖并聚集在一起，可形成赤潮，对渔业危害很大。夜光藻等藻类的衰败过程需要大量耗氧，来不及游走的鱼或者贝类等底栖生物就会因缺氧而大面积死亡。夜光藻还会黏附于鱼鳃上，阻碍鱼类呼吸。夜光藻本身并无毒性，但其吞食浮游生物之后，体内会存有高浓度的氨，这些氨渗出或排出至附近水域后，有些特殊藻类（如亚历山大藻）能将之转化为神经毒素，危害鱼、虾的呼吸系统。

知识点 105

在光照和水温适宜时，甲藻能够在短时期内大量繁殖，与硅藻一样为海洋动物的主要饵料，故有"海洋牧草"之称。

知识点 106

硅藻是很重要的一类浮游藻类，是浮游藻中研究最详尽的类群，且往往是高纬度和温带地区占优势的浮游藻类，是近海初级生产力的主要贡献者。硅藻是浮游动物的主要食物来源，通过食物链最终影响渔业产量。因此，硅藻在近岸海洋生态系统中具有非常重要的地位。硅藻一般通过细胞分裂进行营养繁殖，也可以通过复大孢子生殖。硅藻细胞进行分裂繁殖时，所产生的 2 个子细胞中，一个以母细胞的上壳为上壳，故与母细胞同大；一个以母细胞的下壳为上壳，故略小于母细胞。所以，经过多代细胞分裂后，部分后代细胞变得越来越小。这种变化趋势对物种的生存不利。硅藻在长期进化过程中产生了一种与此有关的适应方式，即较小的硅藻细胞通过形成复大孢子，使缩小的细胞恢复到该种细胞的最大体积。复大孢子形成过程因种类而异，但都和有性繁殖过程相关。

知识点 107

隐藻为单细胞藻，不具有细胞壁。多数种类具有鞭毛，能运动。

知识点 108

果胞是红藻的雌性生殖器官，为单个细胞，基部膨大部分含一卵核，顶端有一细长的受精丝。低等红藻的受精丝较短，系果胞一端或两端的稍微隆起或延伸。受精后，高等红藻的果胞在母体上发育成为一种称为囊果（亦称果孢子体）的二倍体结构，由囊果内产孢丝上的果孢子囊产生果孢子。低等红藻的果胞在受精后，合子经多次有丝分裂形成果孢子囊，成熟的果孢子自果孢子囊中放散出来。

知识点 109

角叉藻是红藻的一种,藻体丛生,叶状体薄。新鲜的角叉藻质地如软骨,从绿黄色到暗紫色不等;晒干脱色后,呈微黄色,半透明,角状,质硬。

知识点 110

紫菜属于红藻门红毛菜纲红毛菜目红毛菜科紫菜属,生长在潮间带海域。中国紫菜产量居世界首位,南方以养殖坛紫菜为主,北方以养殖条斑紫菜为主。在中国的养殖藻类中,紫菜的产量仅次于海带,但经济产值却高于海带。紫菜营养丰富,其蛋白含量超过海带,并且含有较多的胡萝卜素、核黄素,具有"神仙菜""长寿菜"的美称。

海苔是由紫菜加工而成。紫菜烤熟之后质地脆嫩,特别是经过调味处理之后,添加了油脂、盐和其他调料,就变成了美味的海苔了。

"霞浦,大海已然成为种植紫菜的一座水上农场。"2012 年,风靡全国的饮食文化专题纪录片《舌尖上的中国》第 4 集介绍了"中国紫菜之乡"霞浦海边味道香浓的紫菜,虽然只有短短 4 分钟的亮相,却使"霞浦紫菜"一夜之间闻名于海内外。

知识点 111

冷温带大陆架区硬质底上生长着大型褐藻,与其他海洋生物群落共同构成的一种独特的近岸海洋生态系统,称之为海藻场。

知识点 112

细基江蓠是提取琼胶的重要原料,生长在有淡水流入的内湾泥沙滩上,附生在沙粒和各种贝壳上,为中国南方人工养殖的藻类品种。

知识点 113

琼胶,又称冻粉,是从石花菜及其他红藻中提取出来的一种经济价值较高的藻胶,可作冷食和细菌的培养基。

知识点 114

绿藻有约 8 000 种,约 90% 分布于淡水,10% 分布于海洋。石莼目和管藻目的种类以海生为主。

知识点 115

大叶藻为多年生沉水草本高等植物,不是藻类。有根状匍匐茎,节上生须根;茎细,有分支。大叶藻在山东沿海地区是建造海草房的主要材料。

知识点 116

"红海滩"是大自然孕育的一道奇观。造就"红海滩"的是翅碱蓬,一种可以在盐碱土质上存活的植物。

知识点 117

红树林是生长在热带、亚热带海岸潮间带的木本植物群落。其木材呈略红色,而树皮提炼出的丹宁可以用作红色染料。福鼎是中国维度最高的红树林自然生长地。

知识点 118

某些海洋贝类体内含有毒素,它并非由贝类自身产生的,而是由被其摄食的微藻(主要是甲藻,其次是硅藻)或菌类所产生。贝类毒素在贝类的体内毒素积聚至足够浓度后,人类若食之则会发生中毒事件。贝类毒素传统上被划分为四大类:麻痹性贝类毒素、腹泻性贝类毒素、遗忘性贝类毒素和神经性贝类毒素。其中麻痹性贝类毒素和腹泻性贝类毒素是中国贝类中毒事件的主要"凶手"。

麻痹性贝类毒素主要由涡鞭毛藻、莲状原膝沟藻、塔马尔原膝沟藻等甲藻产生,是世界上毒性最强、引起中毒事件频率最高的贝类毒素。有一种石房蛤毒素,毒性竟是眼镜蛇毒素的 80 倍。当人们食用含有这种毒素的贝类后,会发生神经性中毒的症状。中毒后的半小时内,人会感觉嘴唇刺痛或麻木,这种感觉会逐渐扩散到面部和颈部,并伴随头晕、恶心、腹泻等症状。严重的,还会出现肌肉麻痹、呼吸困难,甚至死亡。

迄今发现有 10 余种腹泻性贝类毒素,主要由鳍藻属和原甲藻属中的有毒甲藻产生。当人们食用含有这种毒素的贝类后,会出现腹泻、腹痛、呕吐等症状。有一些腹泻性贝类毒素通过作用于人体的酶类系统而影响生理功能,有一些则会对肝脏或心肌造成损害。慢性接触腹泻性贝类毒素甚至会促使消化系统肿瘤的形成。

知识点 119

海水中的二甲基硫主要来源于海洋藻类。

知识点 120

副溶血性弧菌(*Vibrio parahaemolyticus*)广泛存在于海水和海产品中,是导致中国沿海地区人们食物中毒的常见病原菌。

知识点 121

据不完全统计,全世界已报道的赤潮生物有 300 多种,分别隶属于细菌门、蓝藻门、绿藻门、裸藻门、金藻门、黄藻门、硅藻门、甲藻门、隐藻门和原生动物门 10 个门类,除了原生动物红色中缢虫外,其他的赤潮生物都属于浮游藻类,其中已经确定的有毒赤潮生物 83 种。中国沿海海域的赤潮生物 150 多种,其中 30 种在中国海域形成过有害赤潮。

知识点 122

1988 年上海市甲型肝炎流行。根据调查发现,居民习惯生食已被甲肝病毒污染的毛蚶是造成甲肝流行的最主要因素,毛蚶是此次甲肝大流行的罪魁祸首。

知识点 123

1977 年,美国深潜器"阿尔文"号在加拉帕戈斯裂谷区 2 500 m 深处中央海脊的火山口周围首次发现热液口。热液口生物主要依靠化能合成作用生产有机物质。

知识点 124

裸藻门既具有植物性特征又具有动物性特征。具植物性特征是指其具有载色体,能进行光合作用;具动物性特征是指其具有感光性眼点,不具有细胞壁,会动物式吞食固体。

海洋地质地理

知识点 1

由内力作用引起地壳或岩石圈结构改变并使其内部物质发生变化的机械运动称为构造运动,按其运动方向可分为水平运动和垂直运动。

知识点 2

地质上所谓的岩石圈是地球上部相对于软流圈而言的坚硬的岩石圈层,包括地壳和上地幔顶部。地震学界所说的岩石圈是指上部具有高 Q 值的介质。

知识点 3

大洋岩石圈年龄越老,厚度越大。

知识点 4

莫霍面是地壳同地幔间的分界面,是克罗地亚地震学家莫霍洛维奇于 1909 年发现的。在该界面附近,纵波的速度从 7.0 km/s 左右突然增加到 8.1 km/s 左右,横波的速度也从 4.2 km/s 突然增至 4.4 km/s。莫霍面出现的深度平均为 33 km。

知识点 5

古登堡界面是地幔圈与外核流体圈的分界面。

知识点 6

奠定了海岸基本轮廓和地貌形态格架的是构造运动。

知识点 7

古海洋学是研究地质时期海洋环境及其演化的科学,又称历史海洋学。它利用现代地质学和海洋学知识,通过对海洋沉积物的分析和研究,了解古海洋表层及底层环流的形成、演化及其地质作用,阐明海水成分在地质历史中的变化,浮游生物和底栖生物的演化,生产力和生物地理发展史及其对沉积作用的影响,以及海洋沉积作用的历史。深海钻探和同位素地球化学等方面的古海洋学研究,揭示了大洋演化中的一系列重大事件。

知识点 8

微体古生物法是古海洋学最主要的研究手段之一。

知识点 9

洋壳较陆壳年轻,一般不超过 2 亿年,而大部分陆壳至少为 10 亿年。因此大陆地层可以记录比大洋地层年代更久的地质信息。但陆壳远没有洋壳构造活动剧烈。

知识点 10

洋壳形成于大洋中脊轴部,并从中脊轴部向两侧运移,经过深洋盆,最后在海沟处向下俯冲并消亡于地幔之中。

知识点 11

洋壳岩石主要是地幔物质活动的产物,也是许多海底矿产的物源,与成矿的关系十分密切。它们在时间、空间上的变化,记录了洋壳形成和演化的历史,是当前深海钻探中引人注目的一个研究领域。

知识点 12

大陆彼此之间以及大陆相对于大洋盆地间的大规模水平运动,称为大陆漂移。《海陆的起源》是阿尔弗雷德·魏格纳阐述其"大陆漂移"理论的经典著作,大陆漂移学说认为,地球上所有大陆在中生代以前曾经是统一的巨大陆块,称为泛大陆或联合古陆,中生代开始分裂并漂移,逐渐达到现在的位置。

知识点 13

海底扩张学说是关于海底地壳生长和运动扩张的一种理论,是对大陆漂移说的进一步引申和发展。它是 20 世纪 60 年代,由美国科学家赫斯(Hess)和迪茨(Dietz)提出的。

知识点 14

通常用扩张速率来表示海底扩张作用的强度,一般以单侧的速率来表示。太平洋的扩张速率为每年 5 ~ 7 cm,大西洋的扩张速率为每年 1 ~ 2 cm。

知识点 15

地体是地壳物质的碎块,它或者在一个板块上形成,或者由一个板块断裂而成,后来增生到另一个板块之上。

知识点 16

板块构造学说是在大陆漂移学说和海底扩张学说的基础上提出的。根据这一新学说,地球表面覆盖着不变形且坚固的岩石圈,岩石圈被构造活动带分割成大小不等的板状块体,被称为岩石圈板块,简称板块。这些板块以每年 1 ~ 10 cm 的速度移动。板块边界分为 3 种类型:① 彼此接近的汇聚型板块边界;② 彼此远离的分离型板块边界;③ 彼此交错的转换型板块边界。

知识点 17

汇聚型板块边界,其两板块间的应力场以挤压作用为主,边界两侧板块相对运动向一起聚合汇集。其地震活动以逆掩断层为主。

知识点 18

分离型板块边界也称生长边界,伴随洋壳新生和海底扩张。特点是两板块做背离运动,向两侧分离、散开。分离型板块边界发生的地震以正断层型为主。

知识点 19

板块边界为不稳定地带,地震活动几乎全部发生在板块的边界上,火山也多发生在边界附近,其他如张裂、岩浆上升、热液活动、大规模的水平错动等,也多发生在边界线上,其中地震活动是板块划分的首要标志。

知识点 20

如果地幔内的流体上升到巨大的大陆之下并向左右扩散时,那么大陆块就会从这里裂开,并向两侧推移,这就是地幔对流。洋中脊属于地幔对流的上升区,由此推动板块水平运动,在海沟处汇聚下沉。

知识点 21

地球六大板块分别是亚欧板块、非洲板块、美洲板块、太平洋板块、印度–澳大利亚板块和南极板块。板块运动及其相互作用导致了目前海陆的分布格局。

知识点 22

在地球表面上,大陆和洋底呈现为两个不同的台阶面,陆地大部分地区海拔高度在 0～1 km,洋底大部分地区深度在 4～6 km。整个海底可分为三大基本地形单元:大陆边缘、大洋盆地和大洋中脊。

知识点 23

从地形变化和地壳结构的角度来说,大陆边缘是一个巨大而复杂的斜坡带,也是大陆地壳和大洋地壳之间的过渡带,包括大陆架、大陆坡、大陆隆等海底地貌单元,平行于大陆–大洋边界延伸千余至万余千米,宽几十至几百千米。大陆边缘按构造活动分为稳定型和活动型两大类。稳定型大陆边缘位于板块内部,被动地随着板块运动,缺乏海沟俯冲带,故无强烈的地震、火山活动和造山运动,发育有巨厚的沉积物。活动型大陆边缘有强烈的地震和火山活动。

知识点 24

海沟是由大洋板块和大陆板块碰撞形成的。海沟是位于海洋中的两壁较陡、狭长的、水深大于 5 000 m（如毛里求斯海沟 5 564 m)的沟槽。大多数海沟有不对称的 V 形横剖面。海沟多分布在大洋边缘,而且与大陆边缘相对平行。

知识点 25

深渊一般指深度超过 6 500 m 并一直延伸到 11 000 m 的轮廓清楚的海沟。世界上深渊的面积约 4.5 万平方千米,约占全球深海海底面积的 1.7%。

知识点 26

边缘海盆地是岛弧靠大陆一侧的深海盆地,水深 2 000 ~ 5 000 m,与海沟、岛弧组成沟弧盆系。边缘海盆地与火山岛弧相连,故其热流值一般较高。

知识点 27

马里亚纳海沟位于菲律宾东北、马里亚纳群岛附近的太平洋洋底,亚洲大陆和澳大利亚之间,北起琉磺列岛、西南至雅浦岛附近。马里亚纳海沟是目前所知地球上最深的海沟,最深处在挑战者海渊,为 11 032 m,是地球的最深点。

知识点 28

大陆架又叫陆棚或大陆浅滩。大陆架是大陆周围被海水淹没的浅水地带,是大陆向海洋的自然延伸,其范围是从低潮线起以极其平缓的坡度延伸到坡度突然变大的地方为止,通常被认为是陆地的一部分。大陆架有丰富的矿藏和海洋资源,其中已探明的石油储量是整个地球石油储量的 1/3,素有海洋资源的"聚宝盆"之称。

知识点 29

在国际法上,沿海国的大陆架包括其领海以外依其陆地领土的全部自然延伸,扩展到大陆边外缘的海底区域的海床和底土。沿海国有权为勘探和开发自然资源的目的对其大陆架行使主权权利。北冰洋 2/3 以上的面积属于大陆的水下边缘,即在北冰洋的周围具有非常宽阔的大陆架,最宽达 1 200 km 以上。

知识点 30

中国相邻四海总计 470 多万平方千米,其中可管辖海域约 300 万平方米;岛屿 11 000 余个。大陆架宽广,黄海、渤海全部位于大陆架上,东海大陆架宽 200 ~ 600 km,南海大陆架宽 180 ~ 250 km,大陆架总面积在世界上排名第七位。

知识点 31

1873 年,英国"挑战者"号调查中,利用测深锤测量深度,发现了大西洋中部有一条南北向的山脊。这是首次发现大洋中脊。

知识点 32

洋中脊,又称中央海岭。在地貌上,洋中脊是一条在大洋中延伸的地球上规模最大的海底山脉系列;在地质上,洋中脊是一条巨型构造带,断裂特别发育,火山和地震活动频繁。其纵贯太平洋、大西洋、印度洋和北冰洋,总长约 6.5 万千米,宽 1 500 ~ 3 000 km,高出洋底 2 ~ 3 km,其露出洋面以上的部分成为岛屿,如冰岛、亚速尔群岛、科隆群岛和复活节岛等。

知识点 33

Frederick Vine 和 Drummond Matthews 通过研究洋壳岩石的磁异常特征而提出了新生洋壳产生于洋中脊的论断。

知识点 34

东非大裂谷是世界大陆上最大的断裂带,从卫星照片上看犹如一道巨大的伤疤。

知识点 35

大洋盆地是地表最为低凹的地区,"条条江河归大海",从陆地上风化剥蚀出来的大量碎屑物质源源不断地被江河搬运,最后输入海洋。海洋成为物质的最终沉积场所。

知识点 36

菲律宾板块对亚洲大陆板块俯冲,欧亚古陆反向蠕散,其边缘部分上层软流圈上拱,导致岩石圈拉长碾薄而张裂,形成裂谷,前部的琉球弧陆块渐渐裂离,裂谷处形成弧后盆地,发展成目前的冲绳海槽,位于东海大陆架与琉球岛弧之间。

知识点 37

世界上80%的火山爆发发生在海底。据统计,全世界共有海底火山2万多座(太平洋就拥有一半以上)。这些火山中有的已经衰老死亡,有的正处在年轻活跃时期,有的则在休眠。现有的活火山,除少量零散分布在大洋盆地,绝大多数分布在岛弧、大洋中脊的断裂带上,总体呈带状分布,统称海底火山带。

知识点 38

海伦火山是一座著名的活火山,是喀斯喀特山脉(Cascade Range)的一部分,是由胡安德富卡板块俯冲到北美板块之下而形成的。

知识点 39

20世纪50年代开始,贝尼奥夫等人在研究海沟附近的地震时,发现了贝尼奥夫地震源带,岛弧下的中、小型地震震源呈带状分布。一般在海沟附近发生的为浅源地震。

知识点 40

日本位于亚欧板块与太平洋板块碰撞处,因此是典型的地震带,地震频发。

知识点 41

因为大洋板块与大陆板块汇聚,应力不断集中,一般在30 km左右深度形成特大型地震,所以目前观测到的大地震均发生在环太平洋。

知识点 42

海啸是由海底地震、火山爆发、海底滑坡或气象变化产生的破坏性海浪,它的波长长,传播速度快,波高在茫茫的大洋里不足1 m。但当到达海岸浅水地带时,波长减短而波高急剧增高,可达数十米,形成含有巨大能量的"水墙"。地震海啸通常由震源在海底50 km以内、里氏震级6.5以上的海底地震引起。

知识点 43

沧海桑田是指海洋会变为陆地,陆地会变为海洋。因为地球内部的物质总在不停地运动着,因此会促使地壳发生变动,有时上升,有时下降。靠近大陆边缘的海水比较浅,如果地壳上升,海底便会露出,成为陆地;相反,海边的陆地下沉,便会变为海洋。有时海底发生火山喷发或地震,形成海底高原、山脉、火山,它们如果露出海面,也会成为陆地。

知识点 44

威尔逊旋回即大陆岩石圈在水平方向上的彼此分离与拼合运动的一次全过程,包括萌芽阶段、初始阶段、成熟阶段、衰退阶段、残余阶段和消亡阶段。在陆壳基础上因拉张开裂形成大陆裂谷,尚未形成海洋环境,如东非裂谷。陆壳继续开裂,开始出现狭窄的海湾,局部已经出现洋壳,如红海、亚丁湾。由于大洋中脊向两侧不断增生,海洋边缘又出现俯冲、消减现象,所以大洋迅速扩张,如大西洋。大洋中脊虽然继续扩张增生,但大洋边缘一侧或两侧出现强烈的俯冲、消减作用,海洋总面积渐趋减小,如太平洋。随着洋壳海域的缩小,终于导致两侧陆壳地块相互逼近,其间仅残留小型洋壳盆地,如地中海。海洋消失,大陆相碰,使大陆边缘原有的沉积物强烈变形隆起成山,如喜马拉雅山山脉。

知识点 45

加勒比海(Caribbean Sea)是大西洋西部,南、北美洲之间的一个海。西部与西南部是墨西哥的尤卡坦半岛和中美洲诸国;北部是大安地列斯群岛,包括古巴;东部是小安地列斯群岛,南部则是南美洲。

知识点 46

里海位于辽阔平坦的中亚西部和欧洲东南端、高加索山脉以东,制约着中亚巨大、平坦的土地,是世界上最大的湖泊,也是世界上最大的封闭性的内陆海。

知识点 47

珊瑚海位于太平洋西南部海域,澳大利亚和新几内亚以东,新喀里多尼亚和新赫布里底岛以西,所罗门群岛以南,南北长约 2 250 km,东西宽约 2 414 km,面积 4 791 000 km²,是世界上最大的海。

知识点 48

阿拉伯海为印度洋的一部分,位于亚洲南部的阿拉伯半岛同印度半岛之间。其北部为波斯湾和阿曼湾,西部经亚丁湾通红海,北界为巴基斯坦和伊朗,西沿阿拉伯半岛和非洲之角,南面即印度洋。

知识点 49

红海位于非洲东北部与阿拉伯半岛之间,呈狭长形,其西北面通过苏伊士运河与地中海相连,南面通过曼德海峡与亚丁湾相连。红海海水多呈蓝绿色,局部地区因红色海藻生长茂盛而呈红棕色,红海一称即源于此。红海是世界上海水温度最高的海,也是世界上最咸的海。红海长约 2 250 km,最宽 355 km,均深 490 m,最深 2 211 m,面积 438 000 km²。

知识点 50

白海长年被雪白的冰层覆盖,加上有机物含量少,海水也呈现白色,故而得名。注入白海的河流有奥涅加河、北德维纳河、梅津河等。白海深入俄罗斯西北部内陆,是北冰洋的边缘海,靠近科拉半岛,以狭长的咽喉海峡与北面的巴伦支海相连,二者以卡宁诺斯角与圣诺斯角之间的连接线为分界线。北极圈从白海穿过。

知识点 51

黑海是古地中海的一个残留海盆。

知识点 52

中国大陆边缘四海是渤海、黄海、东海和南海。其中最浅的是渤海,最深的是南海。渤海是中国唯一的半封闭内海。在冬季,渤海的平均温度最低。渤海海峡口宽 59 n mile,有 30 多个岛屿,其中较大的有南长山岛、砣矶岛、钦岛和皇城岛等,总称庙岛群岛或庙岛列岛。黄海从胶东半岛成山角到朝鲜的长山串之间海面最窄,习惯上以此连线将黄海分为北黄海和南黄海两部分。东海,亦称东中国海,是指中国东部长江口外的大片海域,南接台湾海峡,北临黄海,东临太平洋,以琉球群岛为界,濒临中国的沪、浙、闽、台。东海的面积是 70 余万平方千米,平均水深在 349 m,多为水深 200 m 以内的大陆架。南海是中国面积最大的海。

知识点 53

渤海:被辽东半岛与山东半岛、庙岛群岛包围;黄海:被中国大陆与朝鲜半岛、日本九州岛包围,南至长江入海口一线;东海:被中国大陆与日本岛、琉球群岛包围;南海:中国、越南、菲律宾、印度尼西亚等国围成的海。

知识点 54

中国近海总面积 470 多万平方千米,包括渤海、黄海、东海、南海以及台湾以东海域。渤海与黄海的界线,一般以辽东半岛西南端的老铁山岬经庙岛群岛至山东半岛北部的蓬莱角连线为界;黄海与东海的界线,以长江口北岸的启东嘴与韩国济州岛西南角连线为界;东海与南海的分界线为中国广东南澳岛与台湾南端猫头鼻连线。

知识点 55

渤海三面环陆,在辽宁、河北、山东、天津三省一市之间,它有辽东湾、渤海湾和莱州湾三个主要海湾。具体位置在 37°07′ ~ 41°0′N、117°35′ ~ 121°10′E。

知识点 56

南海有中国最大的珊瑚岛——永兴岛,在 16°50′N、112°20′E,属于西沙群岛的宣德群岛,西北距海南岛榆林港约 182 n mile,是南海诸岛交通枢纽,也是海南省西沙、中沙、南沙群岛的行政中心,现为海南省三沙市党政机关驻地。

知识点 57

南海素有"亚洲地中海"之称,是两大洋和三大洲的海上枢纽,战略地位十分重要,是中国联系东南亚、南亚、西亚、非洲及欧洲的必经之路。

知识点 58

基于板块构造学说,最为古老的大洋是太平洋。

知识点 59

印度洋位于亚洲、大洋洲、非洲和南极洲之间。包括属海在内,面积为 7 411.8 万平方千米,若不包括属海,面积为 7 342.7 万平方千米。印度洋约占世界海洋总面积的 21.1%。印度洋板块形成于 9 000 万年以前的白垩纪,在地质年代上是地球上最年轻的大洋。

知识点 60

在印度洋海底中部,分布着"入"字形的中央海岭,把印度洋分为东部、西部和南部三大海域。东部区域被东印度洋海岭分隔为中印度洋海盆、西澳大利亚海盆和南澳大利亚海盆。这些海盆都比较广阔,海水较深。西部区域海岭交错分布,分隔出一系列海盆,主要有索马里海盆、马斯克林海盆、马达加斯加海盆和厄加勒斯海盆。这些海盆面积较小,海水较浅。南部区域地形较为简单,有克罗泽海盆、大西洋 - 印度洋海盆和南极东印度洋海盆。

知识点 61

大西洋是世界第二大洋,占地球表面积的近 25.4%。位于欧洲、非洲、南美洲、北美洲和南极洲之间。东西较狭窄、南北延伸,轮廓略呈 S 形,自北至南全长约 1.6 万千米。大西洋的赤道区域宽度最窄,最短距离约 2 400 km。

知识点 62

北冰洋大致以北极为中心,介于亚洲、欧洲和北美洲之间,为三洲所环抱。北冰洋跨经度 360°,是世界上跨经度最广的大洋。

知识点 63

西北航道是指从北大西洋经加拿大北极群岛进入北冰洋,再进入太平洋的航道,它是连接大西洋和太平洋的捷径,它以巴芬湾以北为起点。

知识点 64

在北冰洋欧亚大陆一侧,大陆架从海岸一直向北延伸 1 100 km,最宽处可达 1 700 km,西伯利亚海域的大陆架宽度可达到 900 km。北冰洋在世界大洋中拥有最大的大陆架。

知识点 65

弗拉姆海峡是北冰洋联系大西洋的通道,也是北冰洋联系其他大洋最深的通道。

知识点 66

北冰洋整个深海区被 3 条海岭分为两大部分,靠近欧亚大陆一侧的为欧亚海盆,靠近北美洲一侧的为加拿大海盆。这 3 条海岭基本平行,分别为门捷列夫海岭、罗蒙诺索夫海岭和南森海岭。

知识点 67

南森海岭,起自勒拿河口附近,向西北延伸到格陵兰海的北部,再折向南,到冰岛附近同北大西洋海岭相接,被认为是北冰洋中的大洋中脊。

知识点 68

南极辐合带是一条非常明显的自然地理边界,其位置在 48°～62°S,是一个很不规则的圆圈,在各大洋的位置也不尽相同:在印度洋、大西洋一侧约在 50°S,在太平洋一侧在 55°～62°S。它的南部边界是南极洲 24 000 km 长的海岸线。

知识点 69

图们江发源于长白山东南部的石乙水,流经中朝边界,向东北又折向东南,最终流入日本海。

知识点 70

苏伊士运河 1869 年通航,沟通地中海与红海,提供从欧洲至印度洋和西太平洋附近土地的最近的航线。它是世界上使用最频繁的航线之一,也是亚洲与非洲的交界线,是亚洲与非洲、欧洲人民来往的主要通道。

知识点 71

巴拿马运河位于中美洲国家巴拿马,连接太平洋和大西洋,是重要的航运要道,被誉为世界七大工程奇迹之一的"世界桥梁"。

知识点 72

亚马孙河位于南美洲北部,是世界上流量、流域最大,支流最多的河流,最终流入大西洋。

知识点 73

额尔齐斯河是中国唯一流入北冰洋的河流,源自中国阿尔泰山西南坡。

知识点 74

中国入海河流中的第一大河是长江,它也是亚洲、中国的第一长河,全长 6 403 km;它发源于青藏高原唐古拉山脉,是世界第三长河,仅次于亚马孙河与尼罗河;水量也是世界第三。

知识点 75

黄河入海口,位于山东省东营市垦利县黄河口镇境内,地处渤海湾与莱州湾的交汇处,1855 年黄河决口改道而成。

知识点 76

莫桑比克海峡是西印度洋的一条水道,是世界上最长的海峡,长达 1 670 km;东为马达加斯加岛,西为莫桑比克。

知识点 77

德雷克海峡位于南美洲南端与南设得兰群岛之间。德雷克海峡是世界上最宽的海峡,其最宽处宽 970 km,最窄处也有 890 km。同时,德雷克海峡又是世界上最深的海峡,其最大深度为 5 248 m。对航海者来说,德雷克海峡被称为"航海家的坟墓",该处风大浪高,有时还有冰山漂浮。

知识点 78

英吉利海峡是分隔英国与欧洲大陆的法国,并连接大西洋与北海的海峡,是世界上最繁忙的海峡,每年通过该海峡的船舶达 20 万艘之多,居世界各海峡之冠。

知识点 79

直布罗陀海峡位于西班牙最南部和非洲西北部之间(5°36′W、35°57′N),长 58 km;最窄处在西班牙的马罗基角和摩洛哥的西雷斯角之间,宽仅 13 km;是沟通地中海与大西洋的唯一通道,和地中海一起构成了欧洲和非洲之间的天然分界线,被誉为西方的"生命线",是大西洋与地中海以及印度洋、太平洋间海上交通重要航线。

知识点 80

马六甲海峡西岸是印度尼西亚的苏门答腊岛,东岸是西马来西亚和泰国南部,面积为 65 000 km²。海峡长度为 800 km,状似漏斗,其南口宽只有 65 km,向北渐宽。马六甲海峡是沟通太平洋与印度洋的咽喉要道,通航历史达 2 000 多年。它是亚、非、澳、欧沿岸国家往来的重要海上通道。由于海运繁忙以及独特的地理位置,马六甲海峡被誉为"海上十字路口"。另外,由于马六甲海峡是日本与南亚、西亚、非洲、欧洲各国进行海上贸易的必经之地,因此也被誉为日本的"海上生命线"。

知识点 81

白令海峡是连接太平洋和北冰洋的水上通道,也是亚洲和北美洲、俄罗斯和美国、阿拉斯加半岛和楚克奇半岛的分界线。国际日期变更线也从白令海峡的中央通过。

知识点 82

霍尔木兹海峡是连接波斯湾和印度洋的海峡,亦是唯一一条进入波斯湾的水道。海峡的北岸是伊朗,有阿巴斯港。海峡的南岸是阿曼。海峡中间偏近伊朗的一边有一个大岛——格什姆岛,隶属于伊朗。

知识点 83

琼州海峡,又称雷州海峡,亦称雷琼海峡,是海南琼州岛与广东雷州半岛之间所夹的水道,为中国三大海峡之一。琼州海峡东西长约 80 km,南北平均宽 29.5 km,最宽处直线距离为 33.5 km,最窄处直线距离为 18 km 左右。

知识点 84

台湾海峡是福建与台湾之间连通南海、东海的海峡,北起台湾台北县富贵角与福建平潭岛连线,南至福建东山岛与台湾鹅銮鼻连线,被称为"海上走廊"。

知识点 85

吕宋海峡是连接南中国海和菲律宾海的一系列海峡,北起台湾岛南至吕宋岛,长达 320 km。

知识点 86

波斯湾有"石油海"之称。

知识点 87

墨西哥湾以及巴西、南非周边海域被称为世界深海油气勘探和开发的"金三角"。

知识点 88

哈得孙湾是北冰洋最靠南的海域,最南端几乎到了 50°N,是一个近乎封闭的大型海湾。

知识点 89

亚丁湾是位于也门和索马里之间的一片阿拉伯海水域,通过曼德海峡与北方的红海相连,以也门的海港亚丁为名。

知识点 90

孟加拉湾位于印度洋北部,西临印度半岛,东临中南半岛,北临缅甸和孟加拉国,南在斯里兰卡至苏门答腊岛一线与印度洋本体相交,经马六甲海峡与暹罗湾和南中国海相连。宽约 1 600 km,面积 217 万平方千米,水深 2 000 ~ 4 000 m,南部较深;盐度 30 ~ 34,是世界面积最大的海湾。

知识点 91

胶州湾位于中国山东半岛南部,有南胶河注入。胶州湾口窄内宽,面积 446 km^2,为伸入内陆的半封闭性海湾,属于构造湾。

知识点 92

海州湾是南黄海最西面的开敞海湾,位于江苏东北端的黄海之滨,东以岚山头与连云港外的东西连岛的连线为界与黄海相通,面积约 820 km^2。

知识点 93

海洋中的岛屿面积大小不一,按成因可分为大陆岛、火山岛、珊瑚岛和冲积岛。大陆岛是因地壳运动引起陆地下沉或海面上升,部分陆地与大陆分离而形成的岛,格陵兰岛、台湾岛、海南岛等都是典型的大陆岛。火山岛是由海底火山作用而产生的喷发物质(主要是熔岩)堆积而成的岛。珊瑚岛是由造礁珊瑚和石灰藻等的遗骸堆积而成的岛。太平洋中的夏威夷岛是典型的火山岛,而澳大利亚的大堡礁是典型的珊瑚岛,中国南海诸岛中的多数岛屿为珊瑚岛。冲积岛是由河流、湖泊中的泥沙堆积而成,长江口的崇明岛就是中国最大的冲积岛。

知识点 94

格陵兰岛位于北美洲的东北部,在北冰洋和大西洋之间,全岛面积为 216.6 万平方千米,海岸线全长 3.5 万多千米,是世界上最大的岛屿,比西欧和中欧的面积总和还要大,因此也有人称之为格陵兰次大陆。

知识点 95

新几内亚岛是太平洋第一大岛屿和世界第二大岛(仅次于格陵兰岛),位于太平洋西部,澳大利亚北部。新几内亚岛也是世界上地势最高的岛屿。

知识点 96

世界上最年轻的火山岛是位于北大西洋的苏特塞岛。

知识点 97

大不列颠岛是欧洲第一大岛屿,位于欧洲大陆西侧的大西洋中,是大不列颠群岛的主岛之一,面积为 209 331 km^2。

知识点 98

布干维尔岛是西南太平洋上所罗门群岛中的最大岛,是著名的"铜岛"。20 世纪 60 年代发现丰富的铜矿资源,蕴藏量 8 亿吨以上。在以新兴矿业城镇潘古纳为中心的铜矿产区,有外资经营开采的露天采矿场。自 1972 年投产以后,所产矿石经精选后由管道送往东岸港口输出,成为巴布亚新几内亚的首要出口商品。

知识点 99

南太平洋上的新喀里多尼亚岛素有"镍岛"之称,镍矿储量居世界第一位,约占世界储量的 25%,同时新喀里多尼亚是世界上最重要的铁镍生产地区。

知识点 100

自 1710 年以来,邦加岛屿一向是世界上首要的锡产地,锡产量占印度尼西亚全国总产量一半以上,是世界著名的"锡岛"。

知识点 101

复活节岛最早的居民称之为拉伯努伊岛(Rapa Nui)或赫布亚岛(Te Pito te Henua,意即"世界之脐")。最早登上该岛的欧洲人是荷兰人,他们为该岛取名帕赛兰(Paaseiland),意即"复活岛",以纪念他们到达的日子。复活节岛位于东南太平洋上,在 27°S 和 109°W 交会点附近,面积约 117 km^2,现属智利共和国的瓦尔帕莱索地区。

知识点 102

吕宋岛位于菲律宾群岛的北部,它是菲律宾面积最大、人口最多、经济最发达的岛屿。吕宋岛盛产稻米、椰子,吕宋雪茄闻名于世。吕宋同时也是菲律宾三大政区(吕宋、维萨亚、棉兰老)之一。中国古籍称吕宋岛为"小吕宋"。

知识点 103

在中国的台湾岛与菲律宾的吕宋岛之间宽 200 n mile 的海域内,分布着巴坦、巴布延 2 片群岛,形成了巴士、巴林塘和巴布延 3 个沟通南海与太平洋的水道。

知识点 104

巴厘岛是印尼 13 600 多个岛屿中最耀眼的一个,位于印度洋,爪哇岛东部,大致呈菱形,主轴为东西走向,岛上东西宽 140 km,南北相距 80 km,全岛总面积为 5 620 km^2。

知识点 105

广西涠洲岛是中国最大、地质年龄最年轻的火山岛。

知识点 106

灵山岛位于胶南市东南灵山湾中,与大珠山遥相对峙,是中国的第三高岛。

知识点 107

火山岛是由火山喷发物堆积而成的,在环太平洋地区分布较广。火山岛的面积一般都不大,既有单个的火山岛,也有群岛式的火山岛。著名的火山岛群有阿留申群岛、夏威夷群岛等。火山岛按其属性分为两种:一种是大洋火山岛,它与大陆地质构造没有联系;另一种是大陆架或大陆坡海域的火山岛,它与大陆地质构造有联系,但又与大陆岛不尽相同,属大陆岛与大洋岛之间的过渡类型。

知识点 108

珊瑚岛是由海洋中造礁珊瑚的钙质遗骸和石灰藻等的遗骸堆积形成的岛屿,由于珊瑚生长、发育需要温暖的水温,因此,珊瑚岛只分布在南、北纬30°之间的热带和亚热带海域。

知识点 109

美济礁是中国南沙群岛中一个珊瑚环礁,中国渔民称之为双门或双沙。其战略地位极其重要,隶属于海南省三沙市。

知识点 110

马来群岛,也叫南洋群岛,是世界上最大的岛群。它位于亚洲东南部。该群岛由2万多个岛屿组成。总陆地面积 2 475 249 km²,约占世界岛屿面积的 20%。马来群岛沿赤道延伸 6 100 km,南北最大宽度 3 500 km。

知识点 111

太平岛是南沙群岛中最大的岛屿,位于南沙群岛北部中央郑和群礁的西北角。

知识点 112

夏威夷群岛是由火山喷发形成的,几乎位于太平洋正中部,是波利尼西亚群岛中面积最大的一个二级群岛。该群岛呈弧状跨北回归线,包括 8 个大岛和 124 个小岛,绵延 2 450 km,形成新月形岛链。夏威夷岛为其最大岛,岛上有 2 座活火山,气候终年温和宜人,降水量受地形影响较大。

知识点 113

加拿大群岛是位于北美大陆以北和格陵兰岛以西的众多岛屿的总称,其中面积最大的是巴芬岛,它是世界第五大岛,约有 51 万平方千米。

知识点 114

南海诸岛包含东沙群岛、西沙群岛、南沙群岛、中沙群岛。东沙群岛是中国南海诸岛中位置最北的一组群岛,共有 3 个珊瑚环礁即东沙环礁(东沙岛和东沙礁)、南卫滩环礁(暗礁)及北卫滩环礁(暗礁)。它是南海诸岛中离大陆最近、岛礁最少的一组群岛。南沙群岛是中国南海诸岛四大群岛中位置最南、岛礁最多、散布南沙群岛最广的群岛,主要包括太平岛、南威岛、永暑岛、渚碧礁、万安滩等。中沙群岛主要部分由隐没在水中的暗沙、滩、礁、岛所组成。黄岩岛属于中沙群岛并且是中沙群岛中唯一露出水面的岛屿。

知识点 115

曾母暗沙是一座位于中国南海的暗沙,为南沙群岛的一部分。

知识点 116

百慕大群岛位于北大西洋,是英国的海外自治领地,距北美洲约 900 km,距美国东岸佛罗里达州迈阿密东北约 1 100 n mile,距加拿大新斯科舍省哈利法克斯东南约 840 n mile。

知识点 117

所罗门群岛是西南太平洋的一个岛国,位于澳大利亚东北方,巴布亚新几内亚东方,是英联邦成员之一。

知识点 118

托克劳群岛是太平洋中南部岛群,是世界上最小的群岛,由法考福环礁、阿塔富环礁、努库诺努环礁 3 个珊瑚环礁组成。

知识点 119

法罗群岛由位于北大西洋中的 18 个岩石岛屿所组成,是丹麦王国的海外自治领地。地理位置在挪威西方约 602 km、苏格兰西北方约 310 km 处。

知识点 120

阿拉伯半岛南靠阿拉伯海,东临波斯湾、阿曼湾,北面以阿拉伯河口至亚喀巴湾顶端为界,与亚洲大陆主体部分相连,位于印度洋板块。半岛南北长约 2 240 km,东西宽 1 200 ～ 1 900 km,总面积达 322 万平方千米,是世界最大的半岛。

知识点 121

山东半岛与辽东半岛、雷州半岛合称"中国三大半岛",为寿光羊口镇小清河口同江苏与山东交界处的绣针河口两点连线以东的部分。胶东半岛是其一部分。山东半岛三面临海,北面与辽东半岛隔渤海相望,东部与韩国隔海相望。因为地理上的原因,山东半岛地区与东北和韩国联系紧密。

知识点 122

瑙鲁共和国位于南太平洋中西部的密克罗尼西亚群岛中,有"天堂岛"之称。瑙鲁面积只有 24 km^2,是世界上最小的岛国。

知识点 123

放射性同位素测年法可以测得样品的绝对年代。

知识点 124

海底沉积物为陆地河流和大气输入海洋的物质以及人类活动中落入海底的物质,包括泥沙等碎屑物质、灰尘、动植物的遗骸、宇宙尘埃等,因此,海底沉积物在靠近陆地的海域较厚,在远洋较薄。

知识点 125

远洋沉积物就是沉积在大洋底表面的物质。在沉积之前,长期悬浮于海水中;沉到海底之后,成为一层软泥。它的主要成分是红土的微粒,含钙、硅的浮游生物(放射虫和硅藻)的残骸,以及火山灰、宇宙尘埃和化学物质等。

知识点 126

半深海沉积物为水深 200 ～ 2 000 m 的海底沉积物,相当于陆坡区的沉积物,主要是青泥、红泥、珊瑚泥、火山泥等细粒物质。

知识点 127

浅海沉积物是水深为 20 ～ 200 m 的海底沉积物,主要分布在大陆架区,也称陆架沉积。浅海沉积物主要来自大陆,沉积时间较短,不适于研究古气候。

知识点 128

钙质软泥在大洋中分布最广。根据所含的主要钙质生物遗骸,分为有孔虫软泥、颗石藻软泥、翼足虫软泥等。

知识点 129

浊积岩是浊流沉积形成的各类沉积岩的统称,常见的有硬砂岩质浊积岩、碎屑灰岩质浊积岩,还有多种浊流成因的岩石类型。

知识点 130

希腊位于欧洲东南部的巴尔干半岛南端,北部与保加利亚、马其顿、阿尔巴尼亚接壤,东北与土耳其接壤,西南濒临爱奥尼亚海,东临爱琴海,南隔地中海与非洲大陆相望。

知识点 131

伊斯坦布尔是一个同时跨越欧、亚两大洲的名城,位于黑海和马尔马拉海之间的博斯普鲁斯海峡纵贯其中。

知识点 132

塔林,爱沙尼亚共和国首都,是爱沙尼亚最大的城市和经济、文化中心,位于波罗的海芬兰湾南岸的里加湾和科普利湾之间。

知识点 133

汉堡市位于不来梅东北部易北河岸,是德国北部一座美丽的港口城市,是德国第二大城市,仅次于柏林。

知识点 134

芬兰地处 60° ～ 70°N,面积为 338 145 km²,是欧洲第七大国。其位于欧洲北部,北面与挪威接壤,西北与瑞典为邻,东面是俄罗斯,西南濒临波罗的海。

知识点 135

马耳他是位于地中海中部的岛国,由地中海一些岛屿组成,有"地中海心脏"之称,是一处著名的休闲度假胜地。

知识点 136

百慕大三角地处北美佛罗里达半岛东南部,具体是指由百慕大群岛、美国的迈阿密和波多黎各的圣胡安三点连线形成的一个东大西洋三角地带,每边长约 2 000 km。由于这片海域常发生人们用现有的科学技术手段,或按照正常的思维逻辑及推理方式难以解释的现象,因而成了不可理解的各种失踪事件的代名词,故又被称为"魔鬼三角"。

知识点 137

澳大利亚位于南太平洋和印度洋之间,由澳大利亚大陆、塔斯马尼亚岛等岛屿和海外领土组成。它东濒太平洋的珊瑚海和塔斯曼海,西、北、南三面临印度洋及其边缘海。是世界上唯一一个独占一个大陆的国家。

知识点 138

马德拉群岛有"大西洋明珠"的美誉,它位于非洲西海岸外,面积 796 km^2,属亚热带气候。

知识点 139

大嶝位于福建省厦门市翔安区东南海面,由大嶝岛、小嶝岛、角屿岛 3 个岛组成,其中角屿岛与大金门岛最近,距离仅 1 800 m。

知识点 140

福建距离台湾岛最近的距离是从福建平潭岛到台湾新竹,总距离约为 130 km。

知识点 141

辽宁省长海县海域面积约 10 324 km^2,海岸线总长约 359 km,是中国东北地区距离日本、韩国最近的区域,也是东北地区唯一的海岛县和中国唯一的海岛边境县。

知识点 142

东兴镇是广西壮族自治区东兴市城关镇,位于中国大陆海岸线最南端,与越南芒街市隔江相望。

知识点 143

上海港位于长江三角洲前缘,居中国 18 000 km 大陆海岸线的中部,扼长江入海口,地处长江东西运输通道与海上南北运输通道的交汇点,是中国沿海的主要枢纽港,也是中国年吞吐量最大的港口。

知识点 144

海底热液活动普遍发生在大洋中活动的扩张型板块边界以及板块内其他扩张活动中心,被称为人类认识地球深处活动的窗口。从分布区域上看,海底热液系统多集中在太平洋。

海底热液流体是由海水沿着海底裂隙下渗,被下部岩浆加热、反应后沿着通道涌出海底形成的,海水、沉积物中的孔隙水、岩石中的结晶水以及岩浆中释放的流体组分都可构成热液流体的物源。

海底热液口环境是以高温、高硫化氢含量、低含氧量和低 pH 为主要特征的。

根据海底热液温度及喷出的矿物成分，一般将海底热液烟囱划分为：①"黑烟囱"，热液温度为 320 ℃～400 ℃（高温型），以硫化物为主；②"白烟囱"，热液温度为 100 ℃～320 ℃（中温型），以硫酸盐（重晶石、硬石膏），非晶质二氧化硅及闪锌矿为主；③低温喷口，热液温度低于 100 ℃（低温型），主要为碳酸盐或非晶质二氧化硅。

海底"黑烟囱"含有大量的硫化物，很适合嗜硫生物的生长。"黑烟囱"通常出现在洋中脊轴附近。洋壳内热液的循环作用与距离洋中脊的远近有关。随着距中脊轴越来越远，洋壳内的热液循环作用会逐渐变弱。

知识点 145

科学家们经过研究发现，热液矿床主要形成在洋中脊的裂谷中。因为这里地壳较薄，熔融的岩浆从地球内部不断涌出，形成新的海洋地壳。这种地球内部的物质，既含有多种金属，又有很高的温度。当它们接近海底表层时，海水通过若干细小的裂隙向下渗透，与地球内部来的高温物质接触后，发生化学反应，使其中的金属析出来，形成富含金属的热液。这些热液在洋底孔隙较大的地方以很高的速度喷出来，形成了一座座富含金属的烟囱状堆积物。喷出的高温热液与冷海水接触后温度降低，其中的金属沉淀在海底堆积成矿。这种热液矿床富含铁、锰、铅、锌、金、银等多种金属。金属以硫化物和碳酸盐的形式存在。把这种热液矿床提炼后就可以获得所需的金属。

知识点 146

多金属结核曾称锰结核，基本结构为圈层结构，是由包围核心的铁、锰氢氧化物壳层组成的核形石。

知识点 147

迄今为止，已经在南海发现多金属结核和结壳总计 20 余处，其中大部分分布于南海东部。

知识点 148

富钴结壳氧化矿床集中分布在海山、海脊和海台的斜坡和顶部。构成结壳的铁锰矿物主要为二氧化锰和针铁矿，富含钴、稀土元素和铂等重要资源。

知识点 149

目前国内外发现的二氧化碳气藏的储集层类型主要为碳酸盐岩和碎屑岩。

知识点 150

海底铁矿的主要分布区有加拿大康塞普申湾、法国诺曼底半岛、澳大利亚小金岛。

知识点 151

滨海砂矿总体大致可分为三大类：非金属砂矿、重金属砂矿、稀有金属砂矿。

知识点 152

中国海域砂矿资源丰富,可分为 3 个砂矿资源成矿带,即华北沙金、金刚石砂矿成矿带,华南有色、稀有、稀土金属砂矿成矿带,南海南部巽他陆架砂矿成矿带。

知识点 153

沙金常呈短片状或颗粒状,富集于海底的砂层中,常与钒铁砂、磁铁砂、钛铁砂、独居石等矿物相伴产出,开采沙金时,还可以兼得这些矿藏。莱州 – 龙口是中国海域沙金成矿远景区。该区位于胶东地区 3 个主要金矿富集区(招远 – 莱州、蓬莱 – 栖霞、牟平 – 乳山)的北部,均距海岸不远。

知识点 154

美丽的海滨城市青岛,其周边海域也是中国砂矿远景区之一,蕴藏了大量的石英砂和锆石。

知识点 155

天然气水合物的形成和赋存的条件严格,主要取决于温度和压力。通常,低温(有利于天然气水合物成藏的海底温度通常为 4 ℃ ～ 6 ℃;天然气水合物的稳定性还受天然气化学成分影响,最高可在低于 28 ℃ 的环境下稳定存在),高压(大于 3 MPa)的环境有利于天然气水合物成藏。陆地天然气水合物主要赋存于永久冻土带中,海洋天然气水合物仅稳定分布在特定的水深和沉积物深度范围内(理论水深为 537 ～ 3 225 m,通常大于 1 000 m 水深的区域由于缺乏有机质而生烃能力受限,进而导致缺少天然气水合物的赋存),这一空间被称为天然气水合物稳定带。

知识点 156

海底天然气水合物分解释放的甲烷进入水体的过程中,会形成一系列特殊的地貌标志,可以通过侧扫声呐等手段识别。例如当气体从海底渗漏时,会形成类似于陨石坑的麻坑地形,气泡羽状流从中喷溢而出。如果喷溢出的气体通量较大,会裹挟沉积物一同喷出,类似于火山喷发,故又称为泥火山。渗漏出的甲烷会在甲烷氧化菌和硫酸盐还原菌作用下发生一系列化学反应,形成冷泉特有的自生碳酸盐岩结壳。

知识点 157

冷泉是以水、碳氢化合物(天然气和石油)、硫化氢或二氧化碳为主要成分,受压力梯度影响从沉积体中运移和排放出,温度与海水相近并具有一定流速的流体。冷泉之所以带有“冷”字,是相对热液喷口而言。

知识点 158

对于海底下部含油气地层的勘探可用人工地震法来进行。

知识点 159

春晓油气田是中国在东海陆架盆地西湖凹陷中开发的一个大型油气田,距上海东南500 km,距宁波 350 km,所在的位置被专家称为“东海西湖凹陷区域”。

知识点 160

南极洲上的埃里伯斯火山是地球最南端的活火山,它位于罗斯海西南部的罗斯岛上。

知识点 161

在距今约 5.3 亿年前的寒武纪时期,地球上在 2 000 多万年时间内突然涌现出各种各样的动物,它们不约而同地迅速繁衍。节肢、腕足、蠕形、海绵、脊索动物等一系列与现代动物形态基本相同的动物在地球上来了个"集体亮相",形成了多种门类动物同时存在的繁荣景象,被称为寒武纪生命大爆发。

海洋化学

知识点 1

海洋中存在的一些气体,如氧气、一氧化二氮、一氧化碳、甲烷等,会因为人类活动或其他生物地球化学过程的影响而偏离保守行为,故将其称为非保守的活性气体。氮气、氩气、氖气等则不受人类活动或生物地球化学过程的影响而偏离保守行为。

知识点 2

化学耗氧量(Chemical Oxygen Demand,简称 COD)是以化学方法氧化水样中的还原性物质,主要是有机物,所消耗的氧化剂以氧表示的量。

知识点 3

生物需氧量(Biochemical Oxygen Demand,简称 BOD)是指在一定期间内,微生物分解一定体积水样中的某些可生化降解的物质,所消耗的溶解氧的量。

知识点 4

从质量的角度来说,海洋中含量最多的元素是氧,约占海水总质量的 85.79%。

知识点 5

溶解氧在水中的溶解度随温度的升高而降低。表层海水温度自赤道向两极高纬度地区呈逐渐降低的变化趋势,对溶解氧含量产生显著影响。

知识点 6

在水体稳定度比较好且生物光合作用较强烈的海区真光层内,在海洋表面以下数十米深度,可观察到由浮游生物光合作用所形成的溶解氧极大值,其出现深度通常与初级生产力最高的层次相一致。

知识点 7

溶解氧和 pH 都是反映水环境健康的主要指标。当前低氧已经成为世界范围内沿岸物理交换不良水域的一个主要环境问题。伴随低氧现象而出现的近海局部季节性酸化现象,与开阔大洋相比危害更加显著。典型的例子如墨西哥湾、长江口、珠江口、渤海湾季节性大范围底层酸化现象。

知识点 8

pH 指溶液中氢离子的活度的负对数值,海水 pH 常用实用标度表示。在天然海水正常 pH 范围内,其酸碱缓冲容量的约 95% 是由二氧化碳碳酸盐体系所贡献。在几千年以内的短时间尺度上,海水的 pH 主要受控于该体系。

知识点 9

海水的 pH 一般在 7.5 ~ 8.2 变化,属于弱碱性范围。

知识点 10

通常海洋表层水为弱碱性,pH 在 8.0 ~ 8.2。工业革命以来海洋吸收了人类排放二氧化碳总量的 1/3,对减缓全球变暖具有重要作用,但海洋持续吸收大气二氧化碳会导致 pH 下降,即海洋酸化。

知识点 11

海洋生物的钙化过程吸收海水中的碳酸盐,这个过程并不移除二氧化碳,却导致海水 pH 降低和游离二氧化碳浓度升高,反而促进海洋酸化。

知识点 12

近岸上升流是海洋中重要的高生产力区,其共有的环境特征(相对于其邻近海区)是温度和溶解氧含量较低、营养盐含量较高、盐度也较高。

知识点 13

海洋是地球上最大的碳库,比大气二氧化碳储库大得多。海洋对气候变化的影响不仅在于海气间热量和其他能量的交换,而且海气间物质(二氧化碳、甲烷等)的交换同样起着重要作用,因此海洋碳储库的各种微小变化可能对大气二氧化碳产生很大的影响。

知识点 14

溶解无机碳是海水中最大的碳储库,溶解有机碳是海水第二大碳储库。

知识点 15

全球大洋最强的二氧化碳吸收区域位于北大西洋。

知识点 16

温室气体是指大气中那些能够吸收地球表面放射的长波红外辐射、对地球有保温作用的气体。温室气体中最重要的是水汽,它在大气中的含量不受人类活动的直接影响。直接受人类活动影响的主要温室气体是二氧化碳、甲烷、氯氟烃和臭氧等。

知识点 17

二氧化碳的温室效应为世人熟知并引起世人的重视,但其资源效应却常被忽视。如同天然气一样,二氧化碳也可实现工业开采。二氧化碳气田中产出的高纯度二氧化碳用途广泛,可用于食品工业,生产碳酸饮料;干冰用于人工降雨、灭火,作为清洗剂用于汽车工业、电子工业、船舶业、核工业、印刷业等;二氧化碳也可与其他化工原料一起合成尿素等。

知识点 18

高二氧化碳水平下,部分海洋浮游藻类和植物类群的生长和光合作用会增强,但这不是普遍规律。对其他物种来说,高二氧化碳和酸化会对它们的生理产生负面的影响或不产生影响。

知识点 19

海洋在气候系统中的地位:① 全球海洋吸收的太阳辐射(Qs)占进入大气顶的总 Qs 的 70% 左右。② 海洋有着极大的热容量。相对大气运动,海洋比较稳定,运动和变化比较缓慢。③ 海洋是地球大气系统总二氧化碳最大的汇。

知识点 20

厦门大学教授焦念志提出了海洋储碳新机制 ——"海洋微型生物碳泵"(Microbial Carbon Pump, MCP)理论框架。MCP 被 *Science* 评论为"巨大碳库的幕后推手"。海洋是地球上最大的碳库。全球气候变暖主要是由大气二氧化碳增加所导致的,而海洋可以大量吸收二氧化碳,从而缓解气候变暖。海洋吸收二氧化碳的已知机制是"生物泵"(BP)和"溶解度泵"(SP),而新提出的"微型生物碳泵"(MCP)是基于溶解有机碳的非沉降机制。MCP 比 BP 的储碳能力更强。MCP 不仅储碳,而且释放氮、磷,从而促进海洋初级生产力的提升。与 SP 相比,MCP 具有不可比拟的优势:不存在化学平衡移动,不会导致海洋酸化。

知识点 21

海水是名副其实的液体矿藏,平均每立方千米的海水中有 3 570 万吨的矿物质,世界上已知的 100 多种元素中,天然存在的约 90 种元素除个别放射性同位素外几乎都可在海水中找到。

知识点 22

1772 年法国人拉瓦锡首先测定海水成分,成为第一个对海水成分进行分析的人。

知识点 23

海水中的 11 种主要成分:钠离子、镁离子、钙离子、钾离子、锶离子、氯离子、硫酸根离子、碳酸氢根离子(也包括碳酸根离子)、溴离子、硼酸分子、氟离子。

知识点 24

海水中含量大于 1 mg/kg 的成分为海水主要成分,除组成水分子的氢和氧以及非保守的溶解硅酸外,共 11 种。含量最高的 6 种成分从高到低依次为氯、钠、硫酸根、镁、钙和钾,占海水总盐量的 99%。

知识点 25

盐度为海水中含盐量的一个标度,是海水最重要的理化特性之一。海水绝对盐度是指海水中全部溶解固体与海水重量之比,通常以每千克海水中所含盐分的克数表示。海水的平均盐度约为35。由联合国教育、科学及文化组织(UNESCO)、国际海洋考察理事会(ICES)、海洋研究科学委员会(SCOR)和国际海洋物理科学协会(LAPSO)成立的海洋用表与标准联合专家小组(JPOTS)于1978年建立了的实用盐度标度(PSS-78)。国际专家组提出的以在15 ℃、一个标准大气压下,电导率与盐度为35的标准海水精确相等、质量比为$32.435\ 6×10^{-3}$的高纯氯化钾溶液作为实用盐度标度的参考标准。

知识点 26

盐度与沿岸径流量、降水及海面蒸发密切相关。影响表层海水盐度的主要因素如下:降水量与蒸发量的对比关系,即降水量大于蒸发量,则盐度较低;有暖流经过的海区盐度较高,有寒流经过的海区盐度较低;有大量淡水注入的海区盐度偏低;海区形状越封闭,盐度就会越趋向于更高或更低。极地等高纬度海区水分不易蒸发,也没有多少降水,但表层有夏季融冰水输入,盐度较低。

知识点 27

淡水在0 ℃结冰,0 ℃即淡水的冰点。因为海水中含有大量的盐,所以海水冰点的变化与海水盐度和密度有密切的关系。海水的冰点低于淡水,并且随着盐度的增加而降低。海冰盐度总是低于形成它的海水盐度,渤海的海冰盐度一般在2 ~ 5之间,南极大陆附近大洋中海冰盐度高达22 ~ 23。

知识点 28

海水沸点随海水盐度升高而升高。盐度每升高10,海水沸点温度约升高0.16 ℃。

知识点 29

赤道区海水表层为一深度不大、盐度较低的均匀层,在其下100 ~ 200 m层,盐度出现最大值;再向下盐度又急剧降低,在水深800 ~ 1 000 m层盐度出现最小值,然后又缓慢升高;至2 000 m以深,基本变化很小。

知识点 30

受蒸发降水的影响,世界大洋平均盐度的南北向分布特征为赤道低盐、中纬度副热带高盐、高纬度低盐。

知识点 31

如果将海水中的盐全部提取出来,其重量可达5亿亿吨。

知识点 32

1884年,迪特玛通过对"挑战者"号采集的水样的精确分析,证实了海水主要溶解成分的恒比关系。马赛特－迪特马(Marcet-Dittmar)恒比规律:海水的大部分主要成分,其含量比值基本保持恒定。

知识点 33

海水中的营养盐通常是指氮、磷、硅等的无机盐类,氮、磷、硅是海洋植物生长所必需的营养元素,大洋表层水中含量较低乃至限制浮游藻类的生长。

知识点 34

在受人类活动影响较小的外海,表层海水营养盐含量与海洋浮游藻类生物量的消长有明显的关系,一般情况下呈现冬季＞秋季＞春季≥夏季的变化趋势。

知识点 35

氮、磷、硅是海洋生物生长所必需的元素,其在海水中含量的高低会影响海洋生物生产力与生态系统结构;反过来,生物活动又会对其在海水中的含量、分布产生明显影响,故称其为主要营养元素。

知识点 36

溴在自然界中和其他卤素一样,基本没有单质状态存在。它的化合物常常和氯的化合物混杂在一起,但是数量少得多。在一些矿泉水、盐湖水(如死海)和海水中含有溴。盐卤和海水是提取溴的主要来源。整个大洋水体的溴储量可达 100 万亿吨。地球上99％的溴元素以溴离子(Br^-)的形式存在于海水中,所以人们也把溴称为"海洋元素"。

知识点 37

天然气水合物是在高压低温条件下由轻烃、二氧化碳及硫化氢等小分子气体与水结合形成的白色固态结晶物质,是一种非化学计量型晶体化合物,或称笼形水合物、气体水合物。因其可以燃烧,俗称可燃冰。天然气水合物具有低密度、低热传导率和低电阻率等物理特性,而其中的气体成分主要为 C1 ～ C4 的有机气体和一些非有机气体(如二氧化碳、硫化氢等)。自然界中存在的天然气水合物的主要成分为甲烷(＞ 90％),所以又常称为甲烷水合物。

知识点 38

天然气水合物为笼形结构,形象地说,主体水分子构成笼子骨架,笼中空隙则可以充填甲烷等客体气体分子。已发现的天然气水合物结构类型有 3 种:Ⅰ型为立方体晶体结构,包含 46 个水分子,2 个小空隙和 6 个大空隙,仅能容纳甲烷、乙烷和部分非烃小分子,这种结构在自然界中分布最广;Ⅱ型为菱形晶体结构,包含 136 个水分子,8 个大空隙和16 个小空隙,除甲烷和乙烷外,还可容纳丙烷和异丁烷等烃类分子;H 型为六方晶体结构,包含 34 个水分子,有 3 种不同的空隙,大的空隙可以容纳直径超过异丁烷的分子,早期仅在实验室中合成,直到 1993 年才在墨西哥湾发现其天然形态。

知识点 39

天然气水合物分解释放出的甲烷从海底进入海水中时,会在甲烷氧化菌和硫酸盐还原菌作用下发生缺氧甲烷氧化反应,从而使大量的甲烷被消耗分解。

知识点 40

科学家主要利用碳同位素来研究天然气的成因与来源,例如:基于生物的同位素分馏原理,根据 $\delta^{13}C$ 值负偏程度判断天然气中的甲烷是深源气、生物气还是混合气;基于

^{14}C 的衰变原理,根据 ^{14}C 含量值判断甲烷是地质来源还是湿地来源。

知识点 41

金属镁与战争有着密切的关系。除了照明弹里有镁粉外,燃烧弹里也装有镁粉。每架飞机的外表,是用耗费近半吨镁的铝镁合金制成的。海水中也含有大量的镁,现在人们常从海水中提取镁。

知识点 42

海水中铀浓度很低,但蕴藏量巨大,约 45 亿吨,是陆地上已探明的铀矿储量的 2 000 倍。日本是世界上第一个开发海水铀源的国家。日本于 1986 年 4 月在香川县建成了铀的海水提取厂。

知识点 43

海水提铀的方法:① 吸附法。② 生物富集法。③ 起泡分离法,在海水中加入一定量的铀捕集剂,如氢氧化铁等,然后通气鼓泡,分离海水中的铀。最为有效的是吸附法,因此目前对于海水提铀的研究主要集中在吸附剂的研制、吸附装置与工程实施等方面。

知识点 44

溴及其衍生物是制药业和制取阻燃剂、钻井液等的重要原料,需求量很大。国外从 1934 年开始海水提溴试验,目前日本、法国、阿根廷和加拿大等国家和地区已建有海水提溴工厂。目前全世界有 80% 的溴从海洋中提取。

知识点 45

根据污染物的性质和毒性,以及对海洋环境造成的危害方式,主要海洋污染物有以下几类:石油及其产品、重金属和酸碱、农药、有机物质和营养盐类、放射性核素、固体废物和废热。

知识点 46

海洋腐殖质主要由海水中的有机物经化学及生化作用聚合形成,是高聚合度的大分子组分,既有溶解态的也有颗粒态的。腐殖质的相对分子质量可从几百变化至几百万。由于腐殖质组成及结构的复杂性,迄今有关腐殖质的组成仍不能准确鉴定。

知识点 47

海洋腐殖质可分为以下几大类。

腐殖酸(HA):呈酸性。将腐殖质溶于碱中,再酸化至 pH ≤ 2 时析出的沉淀部分为腐殖酸。其中,可溶于醇的部分为吉马多美朗酸(BHA)。

富里酸(FA):在碱中溶解,酸化后亦溶解的部分为富里酸。

胡敏素(Humin):腐殖质在碱和酸中都不溶解的部分。

知识点 48

海洋中,死亡生物体内的生源组分在腐殖化的初始阶段被降解为较简单的有机组分。此后,通过各种不同的反应机制产生大分子量的腐殖质,其中最主要的机制是氨基酸和酚类的亲核反应,以及糖类与氨基酸的氧化还原反应。

知识点 49

根据瑞利蒸馏原理,云在冷却凝结为雨的过程中含有重同位素的水分子更易于进入液相中,而首先在低纬度海域降落,剩余的云因而含有更多的轻同位素;继续冷却,降水中的轻同位素含量变少并在较高纬度海区降落。因此,在海洋中低纬度海洋表层海水比高纬度的海洋表层海水中的 $H_2^{18}O$ 含量高。

知识点 50

海洋产生的二甲基硫(DMS)的去向及其作用已成为全球气候变化方面的主要研究课题,备受人们关注。海水中的 DMS 主要来源于海洋藻类。

知识点 51

海水中的有色溶解有机物(CDOM),可散射可见光的黄光波段,从而使水呈浅黄色,故被人们通俗地称为黄色物质。

知识点 52

法国化学家库图特瓦于 1811 年首先发现海水中的碘元素。碘是人体必需的微量元素之一。碘对人体生理功能有许多有益帮助,可以促进生物氧化、调节蛋白质合成和分解、促进糖和脂肪代谢、调节水盐代谢、促进维生素的吸收利用、增强酶的活力、促进生长发育。缺碘会造成甲状腺肿及其并发症、甲状腺功能减退、智力障碍等不良后果。目前提取碘一般以海藻为原料。海带中富含碘元素,常被用来作为工业碘的提取原料,因此,多食用海带可以有效预防地方性甲状腺肿的发生。

知识点 53

海带是一种在低温海水中生长的大型海生褐藻植物,为工业生产褐藻胶、碘和甘露醇提供优质原料。卡拉胶是海洋植物红藻中提取的天然多糖亲水胶。

知识点 54

从海水中提取钾开始于 20 世纪 20 年代,英国是最早进行海水提钾的国家。

知识点 55

海洋中溶解性有机物储库是由不同生物活性的各种有机组分混合构成,各组分周转时间尺度各不相同,其中易降解的溶解性有机物的更新时间仅几分钟到几天,半易降解的溶解性有机物为几个月到几年,难降解溶解性有机物则为几百年到几千年。

知识点 56

沿岸海域物质来源可分为外部来源和内部来源。外部来源主要包括陆地径流、大气沉降、海底地下水排放、海水－沉积物界面交换以及高纬度海域冰川输入等。

知识点 57

海水中不同元素的停留时间不同,这取决于元素的地球化学行为,其中停留时间最长的为氯,最短的是铝。

海洋生态

知识点 1

赤潮是一种复杂的生态异常现象,发生的原因多样。科学家们认为,赤潮是近岸海水受到有机物污染所致。在正常的情况下,海洋中的营养盐含量较低,限制了浮游藻类的生长。但是,当含有大量营养物质的生活污水、工业废水等流入海洋后,且海区的其他理化因素适宜时,赤潮生物急剧繁殖便形成赤潮。在赤潮发生时,水域环境多为干旱少雨、天气闷热、水温偏高、风力较弱、潮流缓慢等。其中海水的温度是赤潮发生的重要环境因子,20 ℃～ 30 ℃是赤潮发生的适宜温度范围。

知识点 2

第一批被列入《湿地公约》国际重要湿地名录的中国湿地包括海南东寨港自然保护区、香港米埔和后海湾国际重要湿地等 7 个。

知识点 3

滨海湿地指低潮时水深浅于 6 m 的水域至大潮高潮位之上与外流江河流域相连的微咸水和淡浅水湖泊、沼泽,以及相应的河段间的区域,包括低潮时水深不超过 6 m 的永久性水域、潮间带和沿岸浸湿地带。

知识点 4

据统计,在不破坏海洋生态环境的情况下,人类每年可从海洋获得约 2 亿吨鱼类,且绝大多数取自浅海。

知识点 5

胶州湾北部红岛周边海域属特殊的泥质海岸,滩涂上非常适合蛤蜊生长。

知识点 6

围海造陆又称围涂,即在海滩和浅海上建造围堤,阻隔海水,并排干围区内积水,使之成为陆地。荷兰和日本是世界著名围海造陆的国家。

知识点 7

海洋生态系统是海洋中由生物群落及其环境相互作用所构成的自然系统,由海洋生物群落和海洋环境两大部分组成,每一部分又包括众多要素。这些要素主要有 6 类:① 自养生物,为生产者,主要是具有叶绿素的能进行光合作用的生物,包括浮游藻类、底栖藻类和海洋种子植物,还有能进行光合作用的细菌。② 异养生物,为消费者,包括各类海洋动物。③ 分解者,包括海洋细菌和海洋真菌。④ 有机碎屑物质,包括生物死亡后分解成的有机碎屑和陆地输入的有机碎屑等,以及大量溶解有机物和其聚集物。⑤ 参加物质循环的无机物质,如碳、氮、硫、二氧化碳、水等。⑥ 水文物理状况,如温度、海流等。

知识点 8

浮游动物是海洋生态系统中的关键环节,在海洋物质循环、能量流动中起着承上启下的重要作用,而桡足类是浮游动物中的重要类群,在浮游动物中占有很大的比例。

知识点 9

红树林指生长在热带、亚热带低能海岸潮间带上部,受周期性潮水浸淹,以红树植物为主体的常绿灌木或乔木组成的潮滩湿地木本生物群落,是陆地向海洋过渡的特殊生态系。红树林适合生长在细质冲积土上,沉积物含有丰富的有机碎屑,pH 常在 5 以下,沉积物下部形成黑色软泥。红树以凋落物的方式,通过食物链转换,为海洋动物提供良好的生长发育环境;同时,由于红树林区内潮沟发达,吸引深水区的动物来到红树林区内觅食、繁殖。由于红树林生长于亚热带和热带,并拥有丰富的鸟类食物资源,所以红树林区是候鸟的越冬场和迁徙的中转站,更是各种海鸟的觅食栖息和繁殖的场所。红树林另一重要生态功能是它可以防风消浪、促淤保滩、固岸护堤、净化海水和空气。盘根错节的发达根系能有效地滞留陆地来沙,减少近岸海域的含沙量;茂密高大的枝体宛如一道道绿色长城,能有效抵御风浪袭击。红树在吸收海水中的盐分上具有奇特功能。红树的树干如同天然的海水脱盐器,把海水中的盐输送到叶片上,而淡水留存下来。因此,植物学家称红树为“植物海水淡化器”。在中国,广西壮族自治区的红树林资源最丰富。

知识点 10

海雪主要由有机碎屑组成,起源于海洋透光层的有机物生产活动。这些由有机物组成的“雪花”为居住在海底的生命提供了丰富的食物。

海洋资源

知识点 1

关于海洋油气开发的深度，国际石油学界不断刷新深海的定义，起初是水深超过 200 m，后来是水深超过 300 m，现在一般将水深超过 500 m 的海域视为深海，而水深超过 1 500 m 的海域则为超深海。

知识点 2

蓝色圈地运动是指各国争夺海洋资源的举动。陆地资源稀缺，已经不足以支撑 21 世纪的经济发展速度。为了生存，世界各国便把目光转到了海洋。公海，一块没有属地的资源地，像是散在野地里的财宝，更成为强国必争之地。

知识点 3

一次能源可以进一步分为再生能源和非再生能源两大类型。再生能源包括太阳能、水力、风力、生物质能、波浪能、潮汐能、温差能、潮流能、海流能、盐差能等。它们在自然界可以循环再生。海洋非再生能源（不可再生资源）主要包括海洋矿产资源以及由海水中提取的化学资源，如煤、石油、天然气等，并非严格意义上不可再生，只是因其再生循环时间与人类历史相比太长，过度开采后短时间内无法补充。

知识点 4

英国东南部一处海上风电场——"伦敦矩阵"于 2013 年 7 月 4 日正式投入运行。这是目前世界上最大的海上风电场，可为近 50 万户居民提供清洁能源。

知识点 5

中国首个海上风电场建在东海大桥附近。

知识点 6

海洋能源就是用潮汐、波浪、海流、温度差、盐度差等方式表达的动能、势能、热能、物理化学能等能源，是无污染的再生能源。海洋能源约占世界总能源的 70%。

知识点 7

海水本身所蕴藏的能量通常包括潮汐能、波浪能、海流能（潮流能）、温差能和盐差能5 种。浙江省作为中国沿海重要省份，海岸线总长 6 400 余千米，居中国首位。有沿海岛屿 3 000 余个，是中国岛屿最多的省份。具开发价值的潮流水道有 37 条，得天独厚的地理位置为海流能的开发提供了方便，海流能开发利用条件居全国沿海省区第一位，蕴藏量约占全国总量的 51%。

知识点 8

潮汐能是一种不消耗燃料、没有污染、不受洪水或枯水影响、用之不竭的再生能源。在海洋各种能源中，潮汐能的开发利用最为现实、最为简便。1913 年德国在北海海岸建立了世界第一座潮汐发电站。中国早在 20 世纪 50 年代就已开始利用潮汐能，在开发利用潮汐能方面是世界上起步较早的国家。1958 年中国掀起潮汐发电的高潮。1958 年 10 月，中国召开了全国第一次潮汐发电会议。中国潮汐能分布不均匀，有的地方潮汐能蕴藏量比较丰富，如浙江、福建两省的沿海地区蕴藏量最大，约占 81%。福建可开发的潮汐能电站众多，潮汐能资源主要集中于三都澳、福清湾、兴化湾和湄洲湾，总装机容量可达到全国第一，预计装机容量和年发电量分别占全国可开发资源的 50% 左右。江厦潮汐试验电站位于浙江温岭市西南的江厦港，是中国最大的潮汐能电站，也是潮汐发电的试验基地。电站安装了 5 套机组，1 号机组 1980 年 5 月 4 日投产发电，到 1985 年 12 月完成全部建设，总装机容量 3 200 kW。据测算，如能利用钱塘江潮发电，其发电量可为长江水电站发电量的 1/2。因此，人们把潮汐称作"蓝色的煤海"。

知识点 9

海洋中的波浪能是指海洋表面波浪所具有的动能和势能，波浪能具有能量密度高、分布面广等优点，是一种最易于直接利用、取之不竭的海洋可再生清洁能源。

知识点 10

1881 年 9 月，巴黎生物物理学家德·阿松瓦尔首次提出利用海水温差发电的设想。1926 年 11 月，法国科学院建立了一个实验温差发电站，证实了阿松瓦尔的设想。1930 年，阿松瓦尔的学生克劳德在古巴海滨建造了世界上第一座海水温差发电站，获得了 10 kW的功率。

知识点 11

海水温差能是指海洋表层海水和深层海水之间水温差的热能，是海洋能的一种重要形式。海洋表层海水吸收大部分太阳的辐射能转化为热水并储存在海洋的上层，另一方面，接近冰点的海水大面积地在不到 1 000 m 的深度从极地缓慢地流向赤道。这样，就在许多热带或亚热带海域终年形成 20 ℃ 以上的垂直海水温差。利用这一温差可以实现热力循环并发电。中国海水温差能资源蕴藏量在各类海洋能中占首位，可开发资源量超过 13 亿千瓦时，渤海、黄海、东海温差能潜在量较小，南海和台湾以东海海区水深较深，表层温度较高，蕴藏着巨大的温差能量。全国 90% 以上的温差能分布在南海。

知识点 12

科学家们在海底发现有淡水,而且数量惊人。海底的淡水是从何处来的呢?各国科学家经过艰辛探索,提出了不少理论。渗透理论认为,海底的淡水来自陆地。海水被蒸腾,化为雨雪降到陆地之后,一部分渗入地下,遇到不透水的岩层,便形成了蓄水层,如果蓄水层靠近大海,淡水就有可能透过海岸流入海底的岩层中。岩浆理论认为,地球深处存在着放气带,那里释放出数量惊人的气体,其中有大量的氧气和氢气,它们相互结合便形成了岩浆水。不管哪一种理论更符合实际,在海底有藏量丰富的淡水,都是不争的事实。科学家们设想,有朝一日在海上建成淡水厂,可用钻机像钻石油一样钻出淡水。

知识点 13

冰川自两极到赤道带的高山都有分布,总面积约为 1 623 万平方千米,即覆盖了地球陆地面积的 11%,冰川淡水储量约占地球淡水总量的 69%。

知识点 14

盐差能是指海水和淡水之间或两种盐度不同的海水之间的化学电位差能,是以化学能形态存在的海洋能,能量集中区域主要存在于河口区。

知识点 15

世界各大海洋各处的海水所含的盐分不同。这些溶解在海水中的无机盐,最常见的是氯化钠。有些盐来自海底的火山,但大部分来自地壳的岩石。岩石受风化而崩解,释出盐类,再由河水带到海洋。在海水汽化后再凝结成水的循环过程中,海水蒸发后,盐留下来,逐渐积聚到现有的浓度。

知识点 16

原盐是人类生存的必需品和重要的工业原料,有着其他产品不可替代的作用。中国一般采取滩晒的方法,生产流程如下:纳潮—制卤—结晶—堆坨。

知识点 17

中国长芦盐场位于渤海西岸,是中国四大盐场之一,也是中国海盐产量最大的盐场,主要分布于河北和天津沿海。南起黄骅,北到山海关南,包括汉沽、塘沽、南堡、大清河等盐田在内,全长 370 km,年产海盐 300 多万吨,产量占全国海盐总产量的 1/4。

知识点 18

海洋中的矿物资源按照形成的海洋环境和分布特征,主要包括海底热液硫化物、海底石油、天然气水合物、滨海矿砂、磷钙石和海绿石、多金属结核和富钴结核等类型。

知识点 19

对海底热液矿床的研究始于 20 世纪 60 年代。美国"信天翁"号在大洋中脊的一些裂隙中发现了被人们称为"未来战略性金属"的海底热液矿床。海底热液活动会形成多金属硫化物,是一种重要的海洋固体矿产资源。热液硫化物主要出现在大洋中脊和断裂活动带上。海水侵入海底裂缝,受地壳深处热源加热,溶解地壳内的多种金属化合物。

从洋底喷出的烟雾状的喷发物冷凝,形成热液硫化物。此构造被形象地称为"黑烟囱"。热液硫化物日益受到国际的关注。2011年,中国获取了第一块面积为$1\times10^4\ km^2$的多金属硫化物合同区,该区位于西南印度洋中脊。

知识点 20

海底热液产生"黑烟囱""黄烟囱"和"白烟囱"的原因如下:海底热液因含有不同的砂物质而呈不同的颜色。"黑烟囱"是由热液中带有的硫化物形成的,"黄烟囱"是由自然硫形成的,而"白烟囱"是由硫酸盐矿物、非晶态二氧化硅等形成的。

知识点 21

在北冰洋的大陆架地区,沉积层分布广、厚,有极为丰富的石油和天然气资源。其中探明储量最多的是波弗特海大陆架,勘探活动开展最活跃的是加拿大北极群岛附近海域。据估计,北冰洋石油、天然气、煤和金属矿藏的蕴藏量约占世界总蕴藏量的1/3。

知识点 22

陆相生油与海相生油属于资源地学术语,是指陆相沉积和海相沉积条件下的石油资源形成过程。海相生油是海相沉积层生成石油的泛称,海相沉积是指海洋环境经海洋动力过程产生的一系列沉积,包括来自陆上的碎屑物、海洋生物骨骼和残骸、火山灰和宇宙尘等,具有海洋环境的一系列岩性特征和生物特征。其特点是颗粒较细而分选好,且在海水温度比大陆温度低而变化小的环境下沉积。海相沉积易产石油,生成的石油十分广泛,一般情况下也最丰富。海相生油是世界油气勘探的主要趋势。海相油气田包括生油岩、储油岩、盖层、圈闭、运移和保存都发生在海相地层的油气田,也包括来源为海相地层但保存在陆相地层中的油气田。

知识点 23

近海石油的勘探开发已有100多年的历史。1896年,美国人以栈桥连陆方式在加利福尼亚距海岸200多米处打出了世界第一口海上油井,标志着海上石油工业的诞生。

知识点 24

由于长期、大量地接受陆地输入的有机物沉积,大陆架海域有充足的生烃物质基础,故世界海洋油气资源多分布在大陆架区大陆区。陆架油气资源量占世界海洋油气资源总量的60%,大陆坡的深水、超深水水域的油气资源约占30%。世界海洋油气与陆上油气资源一样,分布极不均衡。目前,海上石油开发已形成"三湾""两海""两湖"的生产格局。"三湾"即波斯湾、墨西哥湾和几内亚湾,"两海"即北海和南海,"两湖"即里海和马拉开波湖。其中,波斯湾沿岸的沙特阿拉伯、卡塔尔和阿拉伯联合酋长国,里海沿岸的哈萨克斯坦、阿塞拜疆和伊朗,北海沿岸的英国和挪威,还有美国、墨西哥、委内瑞拉、尼日利亚等,都是世界重要的海上石油生产国。

知识点 25

波斯湾又称阿拉伯湾,在印度洋西部,介于阿拉伯半岛和伊朗高原之间,以霍尔木兹海峡和阿曼湾与阿拉伯海衔接。湾底和沿岸为世界石油蕴藏量最多的地区,约占世界石油储量的 50% 以上,素有"石油海"之称。波斯湾海底石油探明储量为 120 亿吨,天然气储量 7 100 亿立方米,油气资源占中东地区探明储量的 25%。波斯湾所在的印度洋是世界最大的海洋石油产区,约占海上石油总产量的 33%。

知识点 26

1954 年,李四光指出渤海具有石油开发远景。中国于 1967 年在渤海开发了第一个海底油田,有力地证明了李四光的科学论断。目前中国海洋油气开发力量主要集中在渤海,钻井平台数量最多。

知识点 27

2007 年 5 月 3 日,中国宣布在河北唐山曹妃甸渤海湾滩海地区发现储量规模 10 亿吨的大油田——冀东南堡油田。这是中国石油勘探 40 多年来最激动人心的大发现。

知识点 28

中日合作开发的埕北油田位于渤海的西部海域,是中国第一个对外合作开发的油田。作为中国海洋石油工业对外合作的先锋,埕北油田培养了一大批海洋石油工业人才,被誉为中国海洋石油工业人才的"黄埔军校"。

知识点 29

1954 年,中国渔民曾汉隆在莺歌海发现了"海上冒着小泡泡"后,地质学家将此命名为"3 号气苗"。此后,中国海洋石油人根据这一发现,从 1958 年起,在附近相继钻探了"莺浅""英冲""海 1"等近 10 个钻探井,掀起了中国石油的"下海热",使莺歌海成了中国海洋石油人心中的圣地。

知识点 30

南海是中国四大海域中最大、最深、自然资源最为丰富的海区。国土资源部地质普查数据显示,南海大陆架已知的主要含油盆地有 10 余个,面积约 85.24 万平方千米,几乎占到南海大陆架总面积的一半。南海石油储量至少 230 亿,乐观估计达 550 亿吨,天然气 20 万亿立方米,堪称"第二个波斯湾"。仅在海南近海,就分布着北部湾、莺歌海和琼东南盆地等 3 个新生代沉积盆地,面积达 16 万平方千米,是油气资源勘探远景区。

知识点 31

近二三十年来,世界上不少国家正在花大力气来发展海洋石油工业。在中国已发现的渤海、南黄海、东海、珠江口、北部湾、莺歌海以及台湾浅滩等 7 个大型储油盆地中,东海大陆架的储量最为丰富,可能是世界上最为丰富的油田之一。

知识点 32

海洋石油 981 深水半潜式钻井平台,简称"海洋石油 981",于 2008 年 4 月 28 日开工建造,是中国首座自主设计、建造的第六代深水半潜式钻井平台,是世界上首次按照南海恶劣海况设计的,能抵御两百年一遇的台风;选用 DP3 动力定位系统,1 500 m 水深内锚泊定位,入 CCS(中国船级社)和 ABS(美国船级社)双船级。该平台的建成,标志着中国在海洋工程装备领域已经具备了自主研发能力和国际竞争能力。

知识点 33

被称为"鸟粪之国"的瑙鲁，岛上沉积了大量鸟粪磷灰岩。全岛 5/6 的陆地上都是磷矿，厚达 5～10 m，含磷 37% 以上，为世界难得的高品位磷矿，总储量 1 亿吨左右。这些磷矿石是由鸟粪堆积矿化而成，开采十分方便，只要用推土机、挖掘机挖出来运走即可。

知识点 34

挪威拥有广阔的大陆架，其经济区内大陆架面积达 200 万平方千米，且油气资源丰富。挪威经营海洋石油事业的历史并不长，1963 年在北海大陆架发现石油，1969 年在北海建成第一座高产油井，从此海洋石油成为挪威经济支柱产业。在短短几十年间，新兴石油国挪威实现了石油自给有余，成为西欧最大石油生产国、世界第七石油出口国，其海洋石油产量居世界第一。

知识点 35

天然气水合物（Gas Hydrate）是分布于深海沉积物或陆域的永久冻土中，由天然气与水在高压低温条件下形成的类冰状的结晶物质。因其外观像冰一样而且遇火即可燃烧，所以又被称作"可燃冰""固体瓦斯"和"气冰"。可燃冰被西方学者称为"21 世纪能源"或"未来新能源"。

知识点 36

天然气水合物在自然界的赋存主要受控于温度、压力、孔隙水盐度和天然气源等基本因素相互作用。第一，温度要低，以 0 ℃～10 ℃为宜，最高温度为 20 ℃左右；第二，压力要大，但也不能太大，0 ℃时，30 MPa 以上就可以生成；第三，沉积物孔隙水盐度对天然气水合物的形成在一定程度上起抑制作用；第四，有充足的天然气源。

知识点 37

天然气水合物的研究历史可分 3 个阶段：① 1810 年 Davy 发现天然气水合物开始至 20 世纪 30 年代初，天然气水合物的研究仅停留在实验室阶段。② 1934 年，美国人哈默施密特（Hammerschmidt）发表了关于天然气水合物堵塞输气管道的有关数据，这一阶段人们重视天然气水合物的负面效应研究。③ 20 世纪 60 年代至今，开始全面研究天然气水合物的能源价值。迄今为止，对天然气水合物的开发仍停留在试开采阶段，尚未实现大规模商业开采。

知识点 38

天然气水合物具有资源效应、环境效应和灾害效应。1 体积天然气水合物可释放出 164 体积的甲烷，具有很高的能量密度，且天然气水合物储量极大，将来可作为煤和石油的替代能源，这是其资源效应。甲烷是同体积二氧化碳温室效应能力的 23 倍，温压条件的自然或人为改变，会带来显著的负面环境效应。开采方法不当、海底地震等会使天然气水合物失稳分解，大量甲烷等烃类气体以喷溢方式从海底地层逸出，届时海底如同开锅沸腾，海洋生物大面积中毒死亡，海底大面积滑坡，破坏工程设施，这是其灾害效应。

知识点 39

2007 年 6 月,中国在南海北部成功钻获可燃冰实物样品,成为继美国、日本、印度之后第四个通过国家计划采到可燃冰的国家。中国南海是目前世界上已发现可燃冰地区中饱和度最高的地方。

知识点 40

海洋砂矿,主要包括滨海砂矿和浅海砂矿,它们是在海洋波浪、潮汐、海流等水动力条件下富集于疏松海洋沉积物中的矿产。在滨海的砂层中,常蕴藏着大量的金刚石、石英以及金红石、锆石、独居石、钛铁矿等稀有矿物。因它们在滨海地带富集成矿,所以称"滨海砂矿"。滨海砂矿在浅海矿产资源中,其价值仅次于石油、天然气。滨海砂矿可以分为金属砂矿、非金属砂矿、稀有金属砂矿。中国的滨海砂矿储量十分丰富,以海积砂矿为主,其种类主要是非金属砂矿。20 世纪 60 年代,随着海岸带和近海调查的开展,对滨海砂矿进行了规范性的勘探,陆续发现了一批具有工业价值的砂矿床。20 世纪 80 年代以来,多数的滨海砂矿已有不同规模的开发。至 1990 年,中国滨海砂矿探明储量 15.273 亿吨,建成国有和地方矿山 10 多个、开采点百余处,年产量为 61 万吨,为 1978 年的 2 倍。2001 年,中国海滨砂矿总产量为 154.59 万吨,总产值 3.17 亿元。近 30 年已发现滨海砂矿 20 多种,其中具有工业价值并探明储量的有 13 种。各类砂矿床 191 个,总探明量达 16 亿多吨,矿种多达 60 多种,几乎世界上所有滨海砂矿的矿物在中国沿海都能找到,如具有工业开采价值的钛铁矿、锆石、金红石、独居石、磷钇矿、金红石、磁铁矿和砂锡等。其中,锆石、独居石、金红石、钛铁矿、石英砂、磁铁矿在东海滨海和浅海均有富集。台湾海峡是中国滨海砂矿较为富集的地方,这里有着丰富的稀有金属和稀土金属砂矿。

知识点 41

大洋底蕴藏着极其丰富的矿藏资源,多金属结核就是其中的一种。多金属结核是在大洋盆地自生的一种矿物质源,发现之初被称为铁锰结核,之后又被叫作锰结核,还有锰矿球、锰矿团、锰瘤等多种称呼。1990 年中国大洋协会成立之后,统一称其为多金属结核。它是富含铁、锰、铜、镍、锌等几十种金属的矿物集合体,颜色常为黑色和褐黑色,其中最有商业开发价值的是锰、铜、钴、镍等。多金属结核的形态多样,有球状、椭球状、马铃薯状、葡萄状、扁平状、炉渣状等。多金属结核的大小尺寸变化也比较悬殊,直径从几微米到几十厘米的都有,重量最大的有几十千克。多金属结核广泛地分布于水深 2 000 ~ 6 000 m 海底的表层,而以生成于 4 000 ~ 6 000 m 水深海底的品质最佳。多金属结核总储量估计在 30 000 亿吨以上,锰资源总量约 4 000 亿吨,相当于陆地的 200 倍。其中以北太平洋分布面积最广,储量占 50% 以上,约为 17 000 亿吨。中国大洋多金属结核矿产资源开发区的情况:2001 年,联合国海底管理局正式批准中国大洋矿产资源研究开发协会的申请,从而使中国在东太平洋得到约 7.5 万平方千米的大洋多金属结核矿产资源开发区。

知识点 42

自从 1873 年英国"挑战者"号船在大西洋首次发现多金属结核(后称多金属结核)以来,人们对海底多金属结核的探索和研究就没有中断过,特别是 20 世纪 60 ~ 80 年代,多金属结核资源调查与研究的热潮掀起。国际上习惯将北东太平洋克拉利昂断裂带和克利帕顿断裂带之间的区域称为 C-C 区(Zone Clarion-Clipperton),该区是多金属结核最为富集的区域,人们对该区的多金属结核开展了大量的研究,在矿物组成、结构构造、地球化学特征、沉积环境特征、分布规律和资源评价等方面积累了丰富的资料。

知识点 43

富钴结壳又称钴结壳、铁锰结壳,是生长在海底岩石或岩屑表面的皮壳状铁锰氧化物和氢氧化物,集中分布在水深 800 ~ 4 000 m 的海山斜坡和顶部。表面呈黑色、黑褐色,断面构造呈层纹状或树枝状,结壳一般厚 0.5 ~ 6 cm,平均 2 cm 左右,厚者可达 15 cm。富钴结壳含锰、钴、镍、铜、铂、稀土元素,很可能成为战略金属钴、稀土元素和贵金属铂开发的重要资源。富钴结壳氧化矿床遍布全球海洋,集中在海山、海脊和海台的斜坡和顶部。太平洋约有 50 000 座海山,其富钴结壳贮存量最为丰富,但经过详细勘测及取样的海山却寥寥无几。大西洋和印度洋的海山要少得多。国际海底管理局 2013 年 7 月 19 日核准了中国大洋矿产资源研究开发协会提出的西太平洋富钴结壳矿区勘探申请,至此中国成为世界上首个对 3 种主要国际海底矿产资源均拥有专属勘探矿区的国家。

知识点 44

海底煤矿是人类最早发现并进行开发的海底矿产。从 16 世纪开始,英国人就在北海和北爱尔兰开采煤。

知识点 45

深海黏土中,纯石英的颜色为无色透明,赤铁矿一般为红棕色,磁铁矿为黑色。

知识点 46

海洋初级生产力的分布很不均匀。初级生产力的高值区位于北半球温带亚极区,低值区位于南北两半球的热带、亚热带大洋区,北冰洋海区初级生产力最低。

知识点 47

太平洋面积最大,资源也最为丰富,是世界上渔获量最高的海域。位于西太平洋的日本海、鄂霍次克海是重要的渔场。

知识点 48

太平洋西北部的黑潮与亲潮的交汇区以及大西洋西北部的湾流与拉布拉多海流的交汇区存在着强烈的辐聚下沉现象,被称为西北辐聚区。由于寒暖流交汇所产生的强烈混合,海洋生产力高,从而使西北辐聚区形成良好的渔场。

知识点 49

世界四大渔场分别为日本的北海道渔场、加拿大的纽芬兰渔场、英国的北海渔场、秘鲁的秘鲁渔场。北海道渔场是千岛寒流与日本暖流交汇而成,北海渔场是北大西洋暖流与东格陵兰寒流交汇而成的,纽芬兰渔场是墨西哥湾暖流与拉布拉多寒流相汇而成的,秘鲁的秘鲁渔场是由秘鲁寒流的上升流形成的。

知识点 50

中国是一个海域辽阔的国家。中国的海区呈北东—南西弧形分布,自北向南有渤海、黄海、东海和南海。中国海域从北到南,共跨越 37 个纬度,呈现暖温带、亚热带、热带多种不同的环境差异,鱼类种数的分布南多北少,种类最多的海域是南海。

知识点 51

清澜渔场位于琼东上升流区。

知识点 52

大黄鱼、小黄鱼、带鱼和墨鱼(曼氏无针乌贼)因产量和经济价值高而被称为四大海产。但长期过度捕捞以及环境恶化致使传统渔业资源严重衰退,产量急剧下降,尤其是大黄鱼的天然种群已濒临绝迹,现在市场上、餐桌上所见基本上都是养殖个体。

知识点 53

海鲜的种类很多,包括鱼类、虾类、蟹类、贝类和藻类。其中嘌呤含量很少(每 100 g 中的含量低于 50 mg)的海鲜有海参、海蜇皮、海藻等。

知识点 54

鱼可以根据肉的颜色分为红肉鱼类和白肉鱼类,肉色差别取决于其中是否存在能赋予肌肉以红色的肌红蛋白。常见的白肉鱼类有带鱼、黄花鱼、鲳鱼、鳕鱼等;常见的红肉鱼类有金枪鱼等。

知识点 55

南极磷虾作为全球单种生物资源量最大的生物,其资源量可达数亿吨。中国从 1984 年首次南极科考起就启动了南极磷虾资源调查,并于 2009 年 12 月启程前往南极开展南极海洋生物资源开发利用项目,2010 年 1 月首次进入南极水域进行南极磷虾探捕。中国南极磷虾商业开发虽起步较晚,但发展迅速,2014 年的捕捞产量达到 5.4 万吨。

知识点 56

海洋中药来源于海洋资源、在中医理论指导下使用的海洋药物。《中国药典》(2012 版,I 部)收载了海龙、海马、牡蛎、石决明、海藻、海螵蛸等 10 多种海洋中药。

海洋气象

知识点 1

天气是指某指定地点的短时间内大气层的具体状态。气候是指大气物理特征的长期平均状态,国际气象组织(WMO)规定 30 年以上的平均状态称为气候。

知识点 2

气候系统由大气圈、水圈、岩石圈、冰冻圈和生物圈 5 个部分组成,是能够决定气候形成、气候分布和气候变化的统一的物理系统。太阳辐射提供了驱动气候系统的几乎所有能量。在太阳辐射的作用下,气候系统内部产生一系列的复杂过程,各个组成部分通过物质交换和能量交换,紧密地联结成一个开放系统。

知识点 3

仙女木是寒冷气候的标志植物,因此用来命名北欧地区出现的寒冷事件。"新仙女木"事件之后气候变暖,进入温暖的全新世。

知识点 4

随着全球气候变暖,北极冰盖的融化速度加快,7 ~ 10 月份海冰较少,其中 9 月份冰量最少,最适合船舶通航。

知识点 5

南美洲的渔民发现,每隔几年,某一年的海水温度就会比往年高一些,他们的渔业资源——随寒流而来的鱼群就会遭受灭顶之灾。这一现象最严重的时候便是在圣诞节前后,无可奈何的渔民便把它称为厄尔尼诺(El Niño)——"圣婴"。"圣婴"让海水异常"发烧"后,往往在第二年,赤道附近东太平洋海水的温度又会比其他年份大幅降低,这种现象与厄尔尼诺不同,起名为拉尼娜(La Niña)——"圣女婴"。

厄尔尼诺现象指赤道东太平洋水域大范围海水反常增温的现象。这一自然现象发生周期一般为 2 ~ 7 年。厄尔尼诺发生期间,东太平洋冷水区消失,太平洋赤道地区东南信风减弱,西太平洋堆积的暖水向东回流。所以,厄尔尼诺给人最深刻的印象是热浪袭人。拉尼娜现象与之相反,指赤道东太平洋水域大范围海水反常降温的现象。拉尼娜现象发生之时,赤道太平洋信风持续加强,赤道东太平洋表面暖水被吹走,深层的冷水上翻作为补充,海表温度进一步变冷。

厄尔尼诺和拉尼娜造成全球大范围的气候异常。厄尔尼诺让南太平洋东部及沿岸降水增多,厄瓜多尔、秘鲁、哥伦比亚等地洪涝严重;而太平洋西部变得少雨,南亚、印度尼西亚和东南非洲大范围干旱。中国1998年发生的长江流域洪涝灾害,就是厄尔尼诺影响下发生的灾难。拉尼娜出现时,印度尼西亚、澳大利亚东部、巴西东北部、印度及非洲南部等地降雨偏多,在太平洋东部和中部地区、阿根廷、非洲赤道附近区域、美国东南部等地易出现干旱。2008年中国南方发生的雪灾,就与拉尼娜有着一定的关系,东亚地区环流异常,为中国北方冷空气南下创造了有利条件。当厄尔尼诺现象发生时,太平洋广大水域的水温升高,改变了赤道洋流和东南信风,使全球大气环流模式发生变化,其中最直接的现象是赤道西太平洋与印度洋之间海平面气压成反相关关系,即南方涛动现象(Southern Oscillation, SO)。在拉尼娜期间,东南太平洋气压明显升高,印度尼西亚和澳大利亚的气压降低。气象上把厄尔尼诺和拉尼娜合称为ENSO(El Niño/La Niña-Southern Oscillation),这种全球尺度的气候振荡被称为ENSO循环。

知识点6

风是指空气的水平运动。风向的定义是以正北方为0°顺时针旋转,风吹来的方向记为风向角。海面上风向观测的单位为度。

知识点7

风浪是指在风直接作用下产生的水面波动,涌浪是风浪离开风吹的区域后所形成的波浪。

知识点8

中国"一带一路"倡议已从顶层设计和规划走向逐步落实。21世纪海上丝绸之路航线中夏季风浪最大的海域位于北印度洋。

知识点9

大气层分为对流层、平流层、中间层、暖层和散逸层,天气现象一般发生在对流层。

知识点10

赤道辐合带(Intertropical Convergence Zone,简称ITCZ)是热带地区一种行星尺度的天气系统,是介于南北半球两个副热带高压带之间的气流辐合带。

知识点11

台风是生成于热带海洋上的一种具有暖心结构的气旋性涡旋,是达到一定强度的热带气旋。世界各地对台风的称谓不同,在西太平洋称为台风,在东太平洋和大西洋称飓风,在印度洋称热带风暴。

知识点 12

低纬度海域气温和海水温度都较高,蒸发剧烈,是大气中水汽的主要源地之一。

知识点 13

南极大陆德尼森角享有"世界冷极""世界风极"和"世界旱极"的称号。南极的年平均气温为-50 ℃。

知识点 14

平均径圈环流指在南北—垂直方向的剖面上,由大气经向运动和垂直运动所构成的运动状态。通常,低纬度是正环流或直接环流(气流在赤道上升,高空向北,中低纬下沉,低空向南),又称为哈德雷环流;中纬度是反环流或间接环流(中低纬气流下沉,低空向北,中高纬上升,高空向南),又称为费雷尔环流;极地是弱的正环流(极地下沉,低空向南,高纬上升,高空向北)。

知识点 15

根据沃克的南方涛动理论,科学家选取塔希提站代表东南太平洋,选取达尔文站代表印度洋与西太平洋,应用数理统计的方法将两个站测得的海平面气压差值进行处理后得到了一个用于衡量南方涛动强弱的指数,称为南方涛动指数(Southern Oscillation Index, SOI)。这个指数有效地反映了太平洋东西两侧气压增强和减弱的演变情况。

知识点 16

罗斯贝数(Rossby Number, RO)得名自美国气象学家卡尔·古斯塔夫·罗斯贝,是一个有关流体流动的无因次量。罗斯贝数是纳维-斯托克斯方程中惯性力及科里奥利力的比值,可用来描述行星旋转过程中科里奥利力的影响程度,常用在如海洋及地球大气等有关地球物理学的现象中。

知识点 17

海水是陆地上淡水的来源和气候的调节器。世界海洋每年蒸发的淡水有 450 万立方千米,其中 90% 通过降雨落回海洋;10% 变为雨雪落在大地上,然后顺河流又流回海洋。

知识点 18

海洋与大气之间进行着大量且复杂的物质和能量交换,其中的水、热交换,对气候以及地理环境具有深刻的影响。海洋通过蒸发作用,向大气提供水汽。形成陆地上降水的水汽超过 99% 来自海洋。因此,海洋是大气中水汽的最主要来源。大气中的水在适当条件下凝结,并以降水的形式返回海洋,从而实现与海洋的水分交换。海洋的蒸发量与海水温度密切相关。海气间在进行水分交换的同时,也实现了热量的交换。海洋吸收了到达地表太阳辐射的大部分,并把其中的 85% 的热量储存在海洋表层。海洋再通过潜热、长波辐射等方式把储存的太阳能输送给大气。

知识点 19

第二类条件不稳定是积云对流和天气尺度扰动相互作用所产生的不稳定。在热带对流层中、下部经常处于条件不稳定的情况下,当低空出现气旋性环流时,因摩擦作用造成大气边界层内的摩擦辐合,使水汽通过边界层顶向上输送,水汽凝结释放潜热使中心变暖。这时地面气压下降,气旋性环流加强促使摩擦辐合进一步加大,向上输送的水汽量增加,继续使对流层中、下部加热,致使地面气压继续下降,气旋性环流进一步加强。如此循环反复,就形成台风。

知识点 20

中国冬季盛行东北风。渤海位于中国北方,冬季主要受偏北风影响。

知识点 21

热带气旋是发生在热带或副热带洋面上的一种发展强烈的暖性气旋性涡旋,是对流层中最大的风暴,被称为"风暴之王"。热带气旋来临时,会带来狂风暴雨天气,海面产生巨浪和风暴潮,严重威胁海上船舶安全。国际上根据热带气旋中心附近最大平均风速对其进行分级。1989 年世界气象组织规定,按照热带气旋中心附近平均最大风力的大小,把热带气旋划分成热带低压、热带风暴、强热带风暴和台风或飓风 4 类。① 热带低压:风速 22 ~ 33 kn(风力 6 ~ 7 级);② 热带风暴:风速 34 ~ 47 kn(风力 8 ~ 9 级);③ 强热带风暴:风速 48 ~ 63 kn(风力 10 ~ 11 级);④ 台风或飓风:风速大于等于 64 kn(风力大于等于 12 级)。北半球的热带气旋按照逆时针方向旋转,南半球的热带气旋按照顺时针方向旋转。

知识点 22

当暖湿空气流经冷的下垫面时,下垫面的冷却作用使空气达到过饱和,发生凝结而形成的雾称为平流雾。海洋中冷、暖海流之间或海陆沿岸,只要风向适当,即空气从暖区吹向冷区,都可能在冷的下垫面上形成平流雾。平流雾是海上出现最多、对航海影响最大的一种雾,故又称为海雾。

知识点 23

海市蜃楼是发生在海面、江面、湖面、雪原、沙漠或戈壁等地方的光学幻景,是地球上物体反射的光经大气折射而形成的虚像,简称蜃景。根据物理学原理,由于不同的空气层有不同的密度,光在不同密度的空气中又有着不同的折射率。海市蜃楼就是因海面上冷空气与高空中暖空气之间的密度不同,对光线折射而产生的。

知识点 24

热带印度洋海盆增暖一般发生在厄尔尼诺事件之后的春、夏季。这种现象会对亚洲气候系统产生重要影响,导致南亚高压加强、副热带高压异常增强,进而导致中国长江中下游夏季降水增加,形成洪涝灾害。

知识点 25

中国科学家最近发现了 20 世纪全球大洋副热带西边界流区的"热斑"现象,提出了全球增暖导致大洋副热带西边界流加速从而产生"热斑"的新观点。大洋副热带西边界流包括黑潮(Kuroshio)、湾流(Gulf Stream)、东澳大利亚流(East Australian Current)、厄加勒斯海流

（Agulhas Current）、巴西海流（Brazil Current）等。利文流（Leeuwin Current）属于东边界流。

知识点 26

气象观测场应设在四周空旷平坦、气流流通并避免局部地形和障碍物影响的地方。观测场的大小一般应为 25 m×25 m（海岛或平台上受条件影响可适当减小）。

知识点 27

大约从 1850 年开始有了全球表面温度的器测数据，包括陆地和海洋表面温度。据 IPCC 第五次评估报告《决策者摘要》（*Summary for Policymakers*），全球平均陆地和海洋表面温度的线性趋势计算结果表明，在 1880～2012 年期间温度升高了 0.85 ℃，约每 10 年变暖 0.06 ℃。

知识点 28

沃克环流由英国气象学家沃克在 20 世纪 20 年代首先发现，是热带太平洋上空大气循环的主要动力之一，沃克环流的变异可能导致 ENSO 事件的发生。

知识点 29

海冰可以在海水中的任一个深度开始形成。在海水表面以下生成的海冰称为水下冰或潜冰，而在海底生成的海冰则称为锚冰。海冰生成以后，由于密度比海水小，会逐渐上升，和海面生成的海冰结合，使海面的海冰逐渐变厚。

知识点 30

北极地区常年受极地高压控制，盛行极地东风（东北风）。

知识点 31

哈得孙湾的气候特点是多雾多冰。一年中大约有 300 个雾日；海水于 10 月开始结冰，北部到八九月份才开始融冰。

知识点 32

极光是由太阳风（太阳释放的高能粒子流）、大气和地球磁场联袂演绎的巨作。太阳风进入地球磁层，同大气中的分子和原子碰撞，发出极光。激发出的极光的颜色同太阳风射入地球磁层的粒子的能量、随高度而变化的大气成分，以及大气密度等有关。从遥远的太空向地球望去，会发现围绕地球磁极存在一个闪闪发亮的卵圆形光环，即为极光卵。

法律法规

知识点 1

古罗马时期,海洋是公民的共同财产,所有公民可以从海洋中获得利益。

知识点 2

2 000多年前的古罗马哲学家西塞罗说:"谁控制了海洋,谁就控制了世界。"

知识点 3

"国际法之父"指的是荷兰著名国际法学者格劳秀斯。他反对个别国家对海洋的垄断,发表了著名的《海洋自由论》。

知识点 4

美国杰出的军事理论家阿尔弗雷德·塞耶·马汉,在1890～1905年间相继完成了被后人称为海权论三部曲的《海权对历史的影响(1660—1783)》《海权对法国革命和法帝国的影响(1793—1812)》和《海权与1812年战争的联系》,其有关"争夺海上主导权对于主宰国家乃至世界命运都会起到决定性作用"的观点,更是盛行世界百余年。

知识点 5

1958年2月24日至4月27日,第一次联合国海洋法会议在瑞士日内瓦召开。会议讨论了领海及毗连区、公海的一般制度、公海渔业养护、大陆架和内陆国出海等问题,第一次联合国海洋法会议通过了《领海及毗连区公约》《公海公约》《大陆架公约》和《捕鱼与养护公海生物资源公约》,合称为"1958年海洋法四公约"。

知识点 6

1960年,第二次联合国海洋法会议在瑞士日内瓦举行,共有80多个国家和地区参加。会议的目的是解决领海宽度和捕鱼区范围问题,这是1958年第一次联合国海洋法会议未获解决的两个重要问题。

知识点 7

1982年,第三次联合国海洋法会议正式通过了《联合国海洋法公约》。该公约于

1994 年生效。《联合国海洋法公约》的生效实施,为世界海洋资源的开发利用和管理确立了法律新秩序,同时标志着国际海洋法进入一个新的发展阶段。《联合国海洋法公约》对内水、领海、临接海域、大陆架、专属经济区、公海等重要概念做了界定,对当前全球各处的领海主权争端、海上天然资源管理、污染处理等具有重要的指导和裁决作用。中国自始至终参加了制定《联合国海洋法公约》的各次会议。1996 年 5 月 15 日,第八届全国人民代表大会常务委员会第十九次会议决定,批准《联合国海洋法公约》,并于 1996 年 6 月 7 日向联合国秘书长提交了批准书,成为世界上第 93 个批准该公约的国家。1994 年,联合国发布并实施了关于执行 1982 年 12 月 10 日《联合国海洋法公约》第十一部分的协定,对缔约国的费用和体制等做了细致的规定。截至 2014 年 10 月 10 日,已有 166 个国家批准通过《联合国海洋法公约》。

知识点 8

《联合国海洋法公约》第 163 条"兹设立理事会的机关如下:① 经济规划委员会;② 法律和技术委员会","委员会委员任期 5 年,连选可连任 1 次"。

知识点 9

解决海洋争端的国际司法机关包括国际法院(也称海牙国际法庭)和国际海洋法法庭等。国际海洋法法庭是根据《联合国海洋法公约》设立的独立司法机关,总部设在德国汉堡。1996 年 8 月,中国的赵理海教授当选为第一届国际海洋法法庭法官。许光建大使为中国在国际海洋法法庭的第二任法官,高之国博士为国际海洋法法庭现任法官。

知识点 10

1996 年《海洋法》使加拿大成为世界上第一个具有综合性海洋管理立法的国家。2007 年 4 月 20 日,日本国会高票通过了《海洋基本法》,标志着日本基本实现由"海岛国家"向"海洋国家"的战略转变。

知识点 11

《中华人民共和国海域使用管理法》由中华人民共和国第九届全国人民代表大会常务委员会第二十四次会议于 2001 年 10 月 27 日通过,自 2002 年 1 月 1 日起施行。2007 年 3 月 16 日,第十届全国人大第五次会议审议通过《中华人民共和国物权法》,海域使用权被作为用益物权写入该法。2007 年财政部联合国家海洋局颁布了《关于加强海域使用金征收管理的通知》,首次公布了全国海域使用金征收标准、海域等别,并将全国海域分为 6 个等别。

根据《中华人民共和国海域使用管理法》,海域属于国家所有,国务院代表国家行使海域所有权。单位和个人使用海域,必须依法取得海域使用权。海域使用权人依法使用海域并获得收益的权利受法律保护,任何单位和个人不得侵犯海域所有权。任何单位或者个人不得侵占、买卖或者以其他形式非法转让海域。该法律中"海域使用"即在中华人民共和国内水、领海持续使用特定海域 3 个月以上的排他性用海活动。

知识点 12

海洋功能区划是指根据海域的区位条件、自然环境、自然资源、开发保护现状,以及经济、社会发展的需要,按照海洋功能标准,将海域划分为不同使用类型和不同环境质量要求的功能区,用以控制和引导海域的使用方向,保护和改善海洋生态环境,促进海洋资源的可持续利用。《全国海洋功能区划(2011—2020年)》划定的主要海洋功能区如下:农渔业区、港口航运区、工业城镇用海区、矿产与能源区、旅游休闲娱乐区、海洋保护区、特殊利用区和保留区。

知识点 13

海域使用权最高期限,按照下列用途确定:① 养殖用海 15 年;② 拆船用海 20 年;③ 旅游、娱乐用海 25 年;④ 盐业、矿业用海 30 年;⑤ 公益事业用海 40 年;⑥ 港口、修造船厂等建设工程用海 50 年。

知识点 14

下列项目用海,应当报国务院审批:① 填海 50 hm² 以上的项目用海;② 围海 100 hm² 以上的项目用海;③ 不改变海域自然属性的用海 700 hm² 以上的项目用海;④ 国家重大建设项目用海;⑤ 国务院规定的其他项目用海。

知识点 15

下列用海,免缴海域使用金:① 军事用海;② 公务船舶专用码头用海;③ 非经营性的航道、锚地等交通基础设施用海;④ 教学、科研、防灾减灾、海难搜救打捞等非经营性公益事业用海。

知识点 16

下列用海,按照国务院财政部门和国务院海洋行政主管部门的规定,经有批准权的人民政府财政部门和海洋行政主管部门审查批准,可以减缴或者免缴海域使用金:① 公用设施用海;② 国家重大建设项目用海;③ 养殖用海。

知识点 17

海域使用权可以依法转让。海域使用权转让的具体办法由国务院规定。

知识点 18

填海项目竣工后形成的土地,属于国家所有。

知识点 19

围海造地、码头、堤坝、围堰、储灰场等填海型项目用海面积不满 50 hm² 的由省政府审批。

知识点 20

《中华人民共和国海域使用管理法》依据中国的基本法律制度,从海域使用管理的实际情况出发,确立了海域使用管理的三项基本制度,即海域权属管理制度、海洋功能区划制度和海域有偿使用制度。海域使用金的征收标准,由各地根据具体情况制定。可以一次性交纳也可以按年度缴纳。按年度缴纳的每年每亩不得低于 100 元。

知识点 21

《中华人民共和国海域使用管理法》第四十二条规定：未经批准或者骗取批准，非法占用海域的，责令退还非法占用的海域，恢复海域原状，没收违法所得，并处非法占用海域期间内该海域面积应缴纳的海域使用金 5 倍以上 15 倍以下的罚款。

知识点 22

海洋行政处罚决定书应当在做出决定后 7 日内送达当事人。

知识点 23

领海是沿海国连接内海并从领海基线向外延伸 12 n mile 的一带水路。领海的宽度曾经是个长期争论的问题。历史上有过各种确定领海宽度的方法和主张，主要的有"航程说""视野说""大炮射程说"3 种。其中荷兰法学家宾刻舒克基于"武器威力所及之处，亦即领土所及之处"的"大炮射程说"最有影响。领海的外部界限是一条其每一点同基线上距离等于领海宽度的线，划定领海外部界限的方法有以下几种：交圆法、共同切线法、平行线法。根据《联合国海洋法公约》的规定，正常基线是指沿海国官方承认的大比例尺海图所标明的沿岸低潮线。混合基线则是交替采用正常基线和直线基线来确定本国的领海基线。中国政府 1958 年 9 月 4 日关于领海声明中宣布中国采用直线基线法划定领海基线。每一国家有权确定其领海的宽度，从按照《联合国海洋法公约》确定的基线量起，至不超过 12 n mile 的界限为止。中国政府根据 1992 年 2 月 25 日《中华人民共和国领海及毗连区法》，宣布中国大陆领海的部分基线和西沙群岛的领海基线。2012 年 9 月 10 日，中国政府公布了钓鱼岛及其附属岛屿的 17 个领海基点和相应基线。《领海基点保护范围选划与保护办法》规定"县级以上人民政府海洋主管部门应当在领海基点保护范围周边设置明显标志"。

知识点 24

真正提出专属经济区概念的是非洲国家。1971 年 1 月，肯尼亚代表在亚非法律协商委员会上首次提出专属经济区或经济区概念。《联合国海洋法公约》规定，各沿海国可拥有 200 n mile 专属经济区和大陆架在内的管辖海域。沿海国对专属经济区内自然资源的权利性质是主权权利。沿海国在专属经济区内享有以勘探和开发、养护和管理海床和底土及其上覆水域的自然资源，不论为生物或非生物资源，以及有关在该区域内从事经济性开发和勘探，如利用海水、海流和风力生产能源等其他活动的主权权利。在专属经济区内，所有国家，不论为沿海国或内陆国，在本公约有关规定的限制下，均享有航行和飞越的自由，铺设海底电缆和管道的自由，以及诸如船舶和飞机的操作及海底电缆和管道的适用等与这些自由有关的海洋其他国际合法用途。

知识点 25

内海是指领海基线与海岸之间的全部海域，包括海湾、海峡、海港、河口湾，被陆地所包围并通过狭窄水道连接海洋的海域，以及领海基线与海岸之间的其他海域。内水包括沿海国的河流、湖泊、运河和沿岸的河口，港口、海湾、海峡、泊船处，低潮高地等内水海域。内水是国家领土的组成部分,国家行使完全的、排他的主权,而且外国船舶在此不享有无害通过权。根据国际法的规则和中国的有关法律,渤海湾水域的法律位置是中华人民共和国的内水。

知识点 26

1982 年《联合国海洋法公约》第十条第二款规定:"海湾是明显水曲,其凹入程度和曲口宽度的比例,使其有被陆地环抱的水域,而不仅为海岸的弯曲。但水曲除其面积等于或大于横越曲口所划的直线作为直径的半圆形的面积外,不应视为海湾。"

知识点 27

外国船舶在领海内进行以下任何一种活动,其通过即应视为损害沿海国的和平、良好秩序或安全:① 对沿海国的主权、领土完整或政治独立进行武力威胁或使用武力;② 进行武器操练或演习;③ 目的在于搜集情报使沿海国的防务或安全受损害的行为;④ 影响沿海国防务或安全的宣传行为;⑤ 在船上起落或接载飞机;⑥ 在船上发射、降落或接载军事装置;⑦ 违反沿海国海关、财政、移民或卫生的法律和规章,上下任何商品、货币或人员;⑧ 任何故意和严重的污染行为;⑨ 捕鱼活动;⑩ 研究和测量活动;⑪ 目的在于干扰沿海国任何通信系统或其他设施或设备的行为;⑫ 与通过没有直接关系的任何其他活动。

知识点 28

无害通过权指外国船舶(主要指商船)在不损害沿海国的安宁和平及正常秩序的条件下,可以在不事先通知或征得沿海国同意的情况下,连续不间断地通过其领海的航行权利。"无害"指不损害沿海国的秩序和安全。

知识点 29

按照国际习惯和国际公约的规定,各国在行使紧追权时,必须从国家管辖范围内的水域开始;紧追必须连续不断地进行;在被追逐者进入其本国或第三国的领海时必须终止。中国有关主管机关有充分理由认为外国船舶违反中国法律、法规时,可以对该外国船舶行使紧追权。可以开始行使紧追权进行追逐的中国水域不包括专属经济区。

知识点 30

传统国际法上海峡只有领峡和非领峡之分。科孚海峡案中国际法院提出了"连接两面公海而用于国际航行的海峡"的概念,后经《领海及毗连区公约》第 16 条接受,《联合国海洋法公约》更将它发展为"用于国际航行的海峡"的新制度。连接公海或专属经济区供国际航行之用的海峡为用于国际航行的海峡。海峡的分类还包括内海海峡、领海海峡、非领海海峡。位于沿海国领海基线向陆一侧的海峡叫作内海海峡。琼州海峡属于中国的内海海峡,不属于《联合国海洋法公约》中的用于国际航行的海峡。国际海峡一般是指经常用于国际航行构成国际航道的海峡。海峡沿海国对这种水域及其上空、海床和底土行使其主权或管辖权。用于国际航行的海峡按通行制度分为适用无害通过制度的海峡、适用过境通行制度的海峡、适用自由航行制度的海峡和适用专门条约的海峡等 4

种。《联合国海洋法公约》规定,在用于国际航行的海峡中实行的通航制度是过境通行。在适用过境通行的海峡中,所有船舶和飞机均享有不受阻碍地过境的权利。但过境者也承担义务,如毫不迟延地通过或飞越海峡,不对海峡沿海国的主权、领土政治独立进行武力威胁或使用武力,等等。

知识点 31

1998 年,中国颁布了《中华人民共和国专属经济区和大陆架法》。大陆架是沿海国从领海以外依其陆地领土的全部自然延伸,扩展到大陆边外缘的海底区域的海床和底土。大陆架的外部界限,是从领海基线量起直到大陆边的外缘。若其自然延伸不足 200 n mile,则扩展到 200 n mile;若其自然延伸超过 200 n mile,则一般不应超过 350 n mile,或不应超过 2 500 m 等深线以外 100 n mile。大陆架划界应该遵循哪些原则?直到今天,国际社会对此还存在着不尽一致的主张。不过,有 3 条原则已经成为普遍共识,即公平原则、自然延伸原则和等距离 / 特殊情况规则。1945 年 9 月 28 日,美国总统杜鲁门发布了《美国关于大陆架底土和海床自然资源政策宣言》(简称《大陆架公告》),宣称"鉴于对养护和慎重地利用其自然资源的紧迫性的关心,美国政府认为连接美国海岸、处于公海之下的大陆架底土和海床的自然资源归属于美国,并受其管辖和控制"。同日,白宫新闻处还宣布,大陆架的范围是自海岸至 183 m 的海底。美国总统的《大陆架公告》,引起了新形势下的"蓝色圈地运动"。沿海国不得影响大陆架上覆水域和水域上空的法律地位及其他国家在大陆架上的合法权利。在大陆架上覆水域属于公海的部分,船舶享有航行自由。沿海国对从测算领海宽度的基线量起 200 n mile 以外的大陆架上的非生物资源的开发,应缴付费用或实物。

知识点 32

国际海底区域,是指国家管辖范围以外的深海洋底及其底土,即各国领海、专属经济区和大陆架以外的海床、洋底及其底土。国际海底区域施行平行开发制度。《联合国海洋法公约》第十一部分规定:国际海底区域及其自然资源是人类的共同继承财产。国际海底区域约占全部海洋面积的 65%,蕴藏着极其丰富的矿物资源,具有极高的开发价值,还具有巨大的科研和军事价值,已成为大国争夺的重点海域。

知识点 33

1958 年的《公海公约》规定,公海自由主要包括航行自由、捕鱼自由、铺设海底电缆和管道的自由、飞越自由。《联合国海洋法公约》除规定上述自由外,还增加了建造国际法所准许的人工岛屿和其他设施的自由、科学研究的自由,并规定所有国家在行使这些自由时,应合理地照顾到其他国家享受公海自由的利益。另外,各国均有权在公海自由进行以和平为目的的科学研究。在公海上贩运奴隶的行为、海盗行为、非法贩运麻醉药品或精神调理物质的行为,以及从事未经许可的广播行为,都是国际法禁止的行为,所有国家应进行合作,予以制止。在公海上,所有国家有铺设海底电缆和管道的自由,任何国家不得阻止或破坏,并应顾及其他国家现有的电缆和管道。船旗国管辖指各国对在公海上的具有该国国籍船舶的管辖,在公海上的船舶受船旗国的专属管理。在公海上发生的事故,施行由船舶国籍国专属管辖的制度,但紧追权和登临权除外。

知识点 34

因在公海上进行紧追是对公海航行自由的限制,所以,国际法要求行使紧追权应遵守如下规则:紧追只能从追赶者的领海和受其管辖的其他海域开始,不得待被追赶船舶逃至公海后才开始;紧追须有充分理由;紧追至被追赶船舶进入其本国或第三国领海时终止;紧追权由军舰或政府公务船舶行使,对被追赶船舶可以进行登临检查(又称登临权)或拿捕;紧追无据或不当,对被追赶船舶因此而蒙受的损失或损害,由追赶国予以赔偿。"孤独"号案正是针对紧追权发生的典型案例。

知识点 35

毗连区概念可追溯到英国的《游弋法》。毗连区又称邻接区、海上特别区,是指沿海国根据其国内法,在领海之外邻接领海的一定范围内,为了对某些事项行使必要的管制权,而设立的特殊海域。根据《联合国海洋法公约》,毗连区既不属于领海也不属于公海。中国毗连区为领海以外邻接领海的一带海域。毗连区的宽度为 12 n mile。中国毗连区的外部界限为一条其每一点与领海基线的最近点距离等于 24 n mile 的线。

知识点 36

群岛国对群岛水域的主权的行使,应尊重其相邻国家的传统权益,以及两国间的现行协定,承认相邻国家在群岛水域内传统的捕鱼权利,尊重其他国家铺设的现有海底电缆。所有国家的船舶在群岛水域和邻接的领海享有无害通过权,但群岛国可以指定适当的海道及空中航道,以便外国船舶和飞机不停留地迅速地通过或飞越。为了保护国家安全,必要时群岛国可以在特定区域暂时停止外国船舶的无害通过权。群岛基线:① 群岛国可划定连接群岛最外缘各岛和各干礁的最外缘各点的直线群岛基线,但这种基线应包括主要的岛屿和一个区域,在该区域内,水域面积和包括环礁在内的陆地面积的比例应在 1:1 至 9:1 之间。② 这种基线的长度不应超过 100 n mile。围绕任何群岛的基线总数中至多 3% 可超过该长度,最长以 125 n mile 为限。

知识点 37

国际海底管理局是根据《联合国海洋法公约》于 1983 年所设立的国际机构,是《联合国海洋法公约》缔约国组织和控制各国管辖范围以外的国际海底区域内活动,特别是管理区域内资源的组织。

知识点 38

2007 年 12 月,《海洋听证办法》出台。海洋行政处罚重大海洋违法案件(听证)主要包括吊销废弃物海洋倾倒许可证的;注销海域使用权证书、收回海域使用权的;对个人处以超过 5 000 元罚款、对单位处以超过 5 万元罚款等海洋行政处罚的。

知识点 39

为了保护海洋环境及资源、防止污染损害、保护生态平衡、保障人体健康、促进海洋事业的发展,《中华人民共和国海洋环境保护法》于 1982 年颁布,于 1983 年 3 月 1 日正式施行。后经 1999 年、2013 年和 2016 年 3 次修订。根据《中华人民共和国海洋环境保护法》,开发利用海洋资源,应当根据海洋功能区划合理布局。《全国海洋功能区划(2011—2020年)》指出,中国海洋功能区划的关键是国家安全,重点是保护渔业,前提是保护环境,准则是陆海统筹。

《中华人民共和国海洋环境保护法》第五条规定:国务院环境保护行政主管部门负责全国海洋污染损害的环境保护工作,国家海洋行政主管部门负责海洋环境的监督管理,国家海事行政主管部门负责所辖港区水域内非军事船舶和港区水域外非渔业、非军事船舶污染海洋环境的监督管理,并负责污染事故的调查处理。国家海事行政主管部门负责所辖港区水域内非军事船舶和港区水域外非渔业、非军事船舶污染海洋环境的监督管理,并负责污染事故的调查处理;对在中华人民共和国管辖海域航行、停泊和作业的外国籍船舶造成的污染事故登轮检查处理。第九十六条规定:中华人民共和国缔结或者参加的与海洋环境保护有关的国际条约与本法有不同规定的,适用国际条约的规定;但是,中华人民共和国声明保留的条款除外。第七十三条规定:不按照本法规定向海洋排放污染物,或者超过标准、总量控制指标排放污染物的,由依照本法规定行使海洋环境监督管理权的部门责令停止违法行为、限期改正或者责令采取限制生产、停产整治等措施,并处以罚款;拒不改正的,依法做出处罚决定的部门可以自责令改正之日的次日起,按照原罚款数额按日连续处罚;情节严重的,报经有批准权的人民政府批准,责令停业、关闭。中国《海洋行政处罚实施办法》从2003年3月1日起施行。海洋行政处罚管辖机关是违法行为发生地的实施机关。《中华人民共和国海洋环境保护法》规定:国家建立并实施重点海域排污总量控制制度,确定主要污染物排海总量控制指标,并对主要污染源分配排放控制数量。具体办法由国务院制定。

知识点40

《中华人民共和国海洋环境保护法》第七十条规定:船舶及有关作业活动应当遵守有关法律法规和标准,采取有效措施,防止造成海洋环境污染。海事行政主管部门等有关部门应当加强对船舶及有关作业活动的监督管理。船舶进行散装液体污染危害性货物的过驳作业,应当事先按照有关规定报经海事行政主管部门批准。

知识点41

完全属于下列情形之一,经过及时采取合理措施,仍然不能避免对海洋环境造成污染损害的,造成污染损害的有关责任者免予承担责任:战争;不可抗拒的自然灾害;负责灯塔或者其他助航设备的主管部门,在执行职责时的疏忽,或者其他过失行为。

知识点42

《中华人民共和国海洋环境保护法》第五十五条:需要倾倒废弃物的单位,必须向国家海洋行政主管部门提出书面申请,经国家海洋行政主管部门审查批准,发给许可证后,方可倾倒。

知识点43

在保护区实验区内开展旅游参观活动的单位或个人,应提前1个月向该保护区管理机构提交申请,说明活动计划并评估生态环境影响。外国人进入海洋自然保护区需经批准。组织或协助外国人进入保护区的单位或个人,应提前 1 个月向该保护区管理机构提交申请,说明外国人在保护区内的活动计划。因科研教学确需进入核心区和缓冲区从事非破坏性科学研究、教学实习和标本采集活动的单位或个人,应提前 1 个月向该保护区管理机构提交申请,说明活动计划。

知识点 44

海洋自然保护区是国家为保护海洋环境和海洋资源而划出界线加以特殊保护的具有代表性的自然地带,是保护海洋生物多样性,防止海洋生态环境恶化的措施之一。海洋自然保护区可根据自然环境、自然资源状况和保护需要划为核心区、缓冲区、实验区。第一批国家级海洋自然保护区共有 5 处:位于河北省昌黎县的昌黎黄金海岸自然保护区、位于广西壮族自治区合浦县的山口红树林生态自然保护区、位于海南省万宁市的大洲岛海洋生态自然保护区、位于海南省三亚市的三亚珊瑚礁自然保护区和位于浙江省平阳县的南麂列岛海洋自然保护区。南麂列岛海洋自然保护区属于东海海域;山口红树林生态自然保护区属于南海海域;大洲岛海洋生态自然保护区和三亚珊瑚礁自然保护区属于南海海域。湛江红树林自然保护区位于广东省湛江市境内,面积 1.9 万公顷,为中国现存红树林面积最大的一个自然保护区。浙江南麂列岛是中国第一个世界级海洋自然保护区。辽宁省获批的第一个海洋特别保护区是锦州大笔架山保护区。青岛大公岛岛屿生态系统自然保护区是于 2001 年 12 月 24 日经山东省人民政府批准的省级自然保护区。该保护区设核心区和实验区。核心区设在大公岛南坡及南部海域,重点保护鸟类和海洋生物资源及栖息繁殖环境。2002 年 12 月 30 日,山东省人民政府批准建立胶南灵山岛省级自然保护区;保护区总面积为 3 283.2 hm^2;主要保护对象为海岛生态系统,包括海域及海洋生物资源、林木资源、鸟类资源和地质地貌。中国第一个由地方政府批准建立的海洋特别保护区是福建宁德市海洋生态特别保护区。

知识点 45

海洋保护区包括海洋自然保护区和海洋特别保护区,海洋公园是海洋特别保护区的一种类型。截至 2014 年底,中国国家海洋行政主管部门共建有国家级海洋保护区 68 处,其中,国家级海洋特别保护区 54 处,包括国家级海洋公园 32 处。

知识点 46

《中华人民共和国海洋环境保护法》第四十四条规定,海岸工程建设项目的环境保护设施,必须与主体工程同时设计、同时施工、同时投产使用。

知识点 47

《中华人民共和国海洋环境保护法》中第三十三条规定,禁止向海域排放油类、酸液、碱液、剧毒废液和高、中水平放射性废水。严格限制向海域排放低水平放射性废水;确需排放的,必须严格执行国家辐射防护规定。严格控制向海域排放含有不易降解的有机物和重金属的废水。

知识点 48

1972 年美国颁布了世界上第一部综合性的海岸带管理法规——《海岸带管理法》,标志着现代海岸带综合管理的开端。1991 年 1 月在北京召开了首次全国海洋工作会议,审议并通过了《九十年代中国海洋政策和工作纲要》,为中国 20 世纪 90 年代海洋事业的发展指明了方向。1995 年,中国第一部跨世纪《全国海洋开发规划》经国务院原则同意实施。该规划确立的基本战略原则是实行海陆一体化开发,提高海洋开发综合效益,推行科技兴海,求得开发和保护同步发展。1996 年,中国制定了《中国海洋 21 世纪议程》及“海洋行动计划”,成为中国“九五”期间和 21 世纪初海洋工作的指导性文件和行动纲领。第二十四届世界海洋和平大会于 1996 年 11 月 15 日至 19 日在北京隆重召开,此次大会的主题是“海洋管理与二十一世纪”;会议通过了《北京海洋宣言》。《中国海洋 21 世纪议程》提出了中国海洋事业可持续发展的战略,阐明了海洋可持续发展的基本战略、战略目标、基本对策及主要行动领域,标志着中国海洋开发与利用可持续发展战略的全面实施。其基本思路如下:有效维护国家海洋权益,合理开发利用海洋资源,切实保护海洋生态环境,实现海洋资源、环境的可持续利用和海洋事业的协调发展。2003 年 5 月,国务院批准实施了《全国海洋经济发展规划纲要》,这是中国政府为促进海洋经济综合发展而制定的第一个具有宏观指导性的文件。2004 年 1 月 1 日,《中华人民共和国港口法》正式实施。《中华人民共和国港口法》调整了中国港口的行政管理关系及政府对港口的宏观管理。

知识点 49

2013 年 1 月 11 日,中国海洋发展研究会在北京成立,旨在围绕海洋资源开发、海洋经济发展、海洋生态环境保护、国家海洋权益维护等重大问题开展研究。

知识点 50

中国海洋法学会成员如下:① 中国海洋石油总公司;② 海军学术研究所;③ 海军指挥学院;④ 中国国际战略研究基金会;⑤ 广州舰艇学院;⑥ 广东海洋资源研究发展中心;⑦ 海洋石油勘探研究中心;⑧ 海军测绘研究所。

知识点 51

根据 1969 年修订的 1954 年《国际防止海上油污公约》的规定,所有海域禁止排放油污。《防治船舶污染海洋环境管理条例》经 2009 年 9 月 2 日中华人民共和国国务院第 79 次常务会议通过,2009 年 9 月 9 日中华人民共和国国务院令第 561 号公布。自 2010 年 3 月 1 日起施行。《防治船舶污染海洋环境管理条例》第三十六条的规定:重大船舶污染事故,是指船舶溢油 500 t 以上不足 1 000 t,或者造成直接经济损失 1 亿元以上不足 2 亿元的船舶污染事故。《中华人民共和国海洋石油勘探开发环境保护管理条例实施办法》第三十三条规定:溢油事故按其溢油量分为大、中、小三类,溢油量小于 10 t 的为小型溢油事故;溢油量在 10 ～ 100 t 之间为中型溢油事故;溢油量大于 100 t 的为大型溢油事故。《防治船舶污染海洋环境管理条例》第三十六条规定,船舶污染事故分为以下等级:① 特别重大船舶污染事故,是指船舶溢油 1 000 t 以上,或者造成直接经济损失 2 亿元以上的船舶污染事故;② 重大船舶污染事故,是指船舶溢油 500 t 以上不足 1 000 t,或者造成直接经济损失 1 亿元以上不足 2 亿元的船舶污染事故;③ 较大船舶污染事故,是指船舶溢油 100 t 以上不足 500 t,或者造成直接经济损失 5 000 万元以上不足 1 亿元的船舶污染事故;④ 一般船舶污染事故,是指船舶溢油不足 100 t,或者造成直接经济损失不足 5 000 万元的船舶污染事故。

知识点 52

SOLAS 公约指 International Convention for Safety Of Life at Sea,即《国际海上人命安全公约》,主要内容是规定船舶的安全和防污染。各国关于海上事故原因的具体统计数字虽然有所差别,但总体来看 50%～ 90% 的海上事故都是人为因素造成的。

知识点 53

《生物多样性公约》(*Convention on Biological Diversity*)是一项保护地球生物资源的国际性公约,于 1992 年 6 月 1 日由联合国环境规划署发起的政府间谈判委员会第七次会议在内罗毕通过;1992 年 6 月 5 日,由中国等签约国在巴西里约热内卢举行的联合国环境与发展大会上签署。《生物多样性公约》于 1993 年 12 月 29 日正式生效。常设秘书处设在加拿大的蒙特利尔。

知识点 54

《中华人民共和国野生动物保护法》第十条将国家重点保护野生动物划分为国家一级保护动物和国家二级保护动物两类,并对其保护措施做出相关规定。玳瑁属于国家二级保护动物。

知识点 55

全国海洋观测网中的基本海洋观测网包括国家基本海洋观测网和地方基本海洋观测网。1989 年《中国海平面公报》首次发布。2008 年 1 月 16 日,《海洋计量工作管理规定》颁布,第十条规定,具备计量检定条件的海洋专用计量器具,使用者应当向计量行政主管部门授权的法定计量检定机构申请计量检定。未申请计量检定、计量检定不合格或者超过计量检定周期的海洋专用计量器具,不得使用。2012 年 3 月 1 日,国务院总理温家宝签署国务院令公布《海洋观测预报管理条例》,该条例自 2012 年 6 月 1 日起施行。2006 年 12 月,中国海洋经济领域的第一个国家标准《海洋及相关产业分类》(GB/T 20794—2006)正式颁布。国家质量技术监督局《海洋学术语·海洋地质学》(GB/T 18190—2000)中对中国海岸线定义为:海陆分界线,在中国系指多年大潮平均高潮位时海陆分界线。质量控制的目标是确保产品的质量能满足服务对象、法律法规等方面所提出的要求,如适用性、可靠性、安全性。根据国标《钢质焊接气瓶定期检验与评定》(GB 13075—1999),在对水肺气瓶进行保养与维护中,气瓶每 3 年送到具有相关资质的检测机构需做一次检测。《钢制海船入级规范》规定的绝缘等级 F,最大温升是 95 K。根据 IMO 正式颁布的电子海图实施强制规定,包括 2012 年 7 月 1 日后新造 500 t 及以上的客轮、2013 年 7 月 1 日后新造 500 t 及以上的客轮、2013 年 7 月 1 日后新造 10 000 t 及以上货轮,现有的营运货轮在 2016 年 7 月 1 日前,均应配备一台电子海图显示与信息系统。《钢制海船入级规范》规定客船和 500 t 以上货船应当配应急电源。一些国家相继成立了船级社,如美国船级社、法国船级社,挪威船级社、德国船级社和日本海事协会等。

知识点 56

为了通过海冰冰情来分析海冰灾害损失程度,中国于 1973 年制定了《中国海冰冰情预报等级》,共划分为 5 个级别,即轻冰年、偏轻冰年、常冰年、偏重冰年和重冰年。美国国家海洋和大气管理局是美国商业部下属的科技部门,主要关注地球的大气和海洋变化,提供对灾害天气的预警,提供海图和空图,管理对海洋和沿海资源的利用和保护,研究如何改善对环境的了解和防护。

知识点 57

2004 年 2 月 22 日,国务院批复了《山东省海洋功能区划》,这是国务院批复的第一个省级海洋功能区划。国务院于 2011 年 2 月正式批复《浙江海洋经济发展示范区规划》,浙江海洋经济发展示范区建设上升为国家战略。该规划对浙江发展海洋经济的空间新布局是一核、两翼、三圈、九区、多岛。在这一空间布局中,杭州、宁波、温州、嘉兴、绍兴、舟山、台州 7 市 47 个县(市、区)被纳入海洋经济发展示范区。《海洋可再生能源发展纲要(2013—2016 年)》中提到的 3 个新能源示范试验区不包括大连潮汐能示范区。2011 年 6 月 30 日,国务院正式批准设立浙江舟山群岛新区,舟山成为中国继上海浦东、天津滨海、重庆两江新区后又一个国家级新区,也是首个以海洋经济为主题的国家级新区。2013 年 1 月,国务院国函〔2013〕15 号文件正式批复《浙江舟山群岛新区发展规划》。这是十八大提出海洋强国战略以后,中国颁布的首个以海洋经济为主题的国家战略性区域规划。

知识点 58

《中华人民共和国渔业法》1986 年 7 月 1 月正式施行。该法是 1949 年以来中国制定的第一部渔业基本法。这是一部调整人们在中国水域开发、利用、保护、增殖渔业资源过程中所产生的各种社会关系的基本法律。目前中国已对下列海洋渔具进行了限制:敲罟渔业、张网、拖网、流刺网、鱼鹰、电脉冲捕虾等。

知识点 59

公海从事捕捞作业的捕捞许可证,由国务院渔业行政主管部门批准发放。

知识点 60

2000 年 6 月 1 日,中国与日本签订的新《中华人民共和国和日本国渔业协定》(简称《中日渔业协定》)正式生效。这份协定的实施对于建立两国间新的渔业秩序,养护和合理利用共同关心的海洋生物资源,维护海上正常作业秩序具有重要意义。2001 年 6 月 30 日《中华人民共和国和大韩民国政府渔业协定》(简称《中韩渔业协定》)正式生效实施。《中韩渔业协定》是继《中日渔业协定》之后,中国与周边国家签订的基于专属经济区管理制度的第二个双边渔业协定,这份协定的实施对于加强专属经济区管理和维护国家的海洋渔业权益具有重要意义。

知识点 61

《中华人民共和国环境影响评价法》第三十一条规定:建设单位未依法报批建设项目环境影响报告书、报告表,或者未依照本法第二十四条的规定重新报批或者报请重新审核环境影响报告书、报告表,擅自开工建设的,由县级以上环境保护行政主管部门责令停止建设,根据违法情节和危害后果,处建设项目总投资额百分之一以上百分之五以下的罚款并可以责令恢复原状;对建设单位直接负责的主管人员和其他直接责任人员,依法给予行政处分。

知识点 62

《防治海洋工程建设项目污染损害海洋环境管理条例》第十一条规定,下列海洋工程的环境影响报告书,由国家海洋主管部门核准:① 涉及国家海洋权益、国防安全等特殊性质的工程;② 海洋矿产资源勘探开发及其附属工程;③ 50 hm^2 以上的填海工程,100 hm^2 以上的围海工程;④ 潮汐电站、波浪电站、温差电站等海洋能源开发利用工程;⑤ 由国务院或者国务院有关部门审批的海洋工程。前款规定以外的海洋工程的环境影响报告书,由沿海县级以上地方人民政府海洋主管部门根据沿海省、自治区、直辖市人民政府规定的权限核准。海洋工程可能造成跨区域环境影响并且有关海洋主管部门对环境影响评价结论有争议的,该工程的环境影响报告书由其共同的上一级海洋主管部门核准。

知识点 63

1971 年,在伊朗的拉姆萨尔(Ramsar)会议上通过的《关于特别是作为水禽栖息地的国际重要湿地公约》(简称《湿地公约》)对湿地的定义是“不论其为天然或人工、长期或暂时的沼泽地、泥炭或水域地带,静止或流动的淡水、半咸水或咸水的水域,包括低潮位时水深不超过 6 m 的水域;同时还包括邻接湿地的河湖沿岸、沿海地区以及湿地范围内的岛屿或低潮时水深不超过 6 m 的海水水体”。到目前为止,列入《湿地公约》的中国滨海湿地有大连国家级斑海豹自然保护区、辽宁双台河口滨海湿地、黄河三角洲国家级自然保护区、江苏盐城滨海湿地、江苏大丰麋鹿自然保护区、上海崇明东滩滨海湿地、上海长江口中华鲟湿地自然保护区、福建漳江口红树林国家级自然保护区、广东惠东港口海龟国家级自然保护区、广东海丰公平大湖省级自然保护区、广东湛江红树林国家级自然保护区、广西北仑河口国家级自然保护区、广西山口国家级红树林自然保护区、海南东寨港红树林自然保护区、香港米埔－后海湾滨海湿地,共计 15 个。

知识点 64

《南极条约》于 1961 年 6 月 23 日生效,旨在约束各国在南极洲这块地球上唯一一块没有常住人口的大陆上的活动,确保各国对南极洲的尊重。中国于 1983 年 6 月 8 日加入南极条约组织,同日《南极条约》对中国生效。《南极条约》中规定,南极洲是指南纬 60° 以南的所有地区,包括冰架,总面积约 5 200 万平方千米。

知识点 65

1990 年 8 月 28 日,在加拿大的瑞萨鲁特湾市,拥有北极地区领土的加拿大、丹麦、芬兰、冰岛、挪威、瑞典、美国和苏联等 8 个环北极国家的代表,在委员会成立章程上签字,从而宣告了国际北极科学委员会(IASC)正式成立。它是一个非政府间的国际组织,旨在鼓励和促进所有从事北极研究的国家和地区在北极科学研究各个领域的合作。中国于 1996 年加入了 IASC 组织,成为第 16 个成员。

知识点 66

1960 年成立的政府间海洋学委员会〔简称海委会(IOC),隶属于联合国教科文组织(UNESCO)〕是海洋领域重要的政府间组织。

知识点 67

1987 年 4 月 20 日联合国教科文组织政府间海洋学委员会第十四届大会在法国巴黎举行。本届大会秘书处提出了在中国南沙群岛和西沙群岛建立海洋水文气象观测网站的建议,并明文规定上述两群岛属中华人民共和国所辖。

知识点 68

《1972 年防止倾倒废物及其他物质污染海洋的公约》(简称《1972 伦敦公约》),是第一批保护海洋环境、控制人类活动干扰的全球公约之一,其目的是有效控制海洋污染源,采取可行的步骤防止废弃物和其他物质的倾倒污染海洋。《1972 伦敦公约》于 1975 年 8 月 30 日生效,为使公约适应现代社会需要,1996 年《96 议定书》通过,并于 2006 年 3 月 24 日生效。目前,《1972 伦敦公约》有 87 个缔约国,《96 议定书》有 45 个缔约国。经全国人民代表大会常务委员会第十次会议的批准,中国于 1985 年 11 月 14 日加入《1972 伦敦公约》,同年《1972 伦敦公约》正式对中国生效。经全国人民代表大会常务委员会第二十二次会议批准,中国于 2006 年加入《96 议定书》,同年《96 议定书》正式对中国生效。《96 议定书》附件一规定,以下废物或其他物质可考虑海洋倾倒:① 疏浚物;② 污水污泥;③ 渔业废料;④ 船舶、平台或其他海上人工构造物;⑤ 惰性无机地质材料;⑥ 天然来源有机物;⑦ 块状物;⑧ 二氧化碳捕获过程中用于地质封存的二氧化碳流。2013 年 10 月,《1972 伦敦公约》第 35 次暨《96 议定书》第 8 次缔约国会议以协商一致方式正式通过了由澳大利亚、尼日利亚及韩国联合提出的管理海洋地球工程的修正案,正式将海洋地球工程纳入《96 议定书》的管辖范围。该修正案谈判历经 5 年,方案经多次修改后,各方终于达成一致。

知识点 69

为了保护海岛及其周边海域生态系统,合理开发利用海岛自然资源,维护国家海洋权益,促进经济社会可持续发展,中国于 2010 年 3 月正式实施《中华人民共和国海岛保护法》(简称《海岛保护法》)。它是中国第一部专门针对海岛的法律。《海岛保护法》是一部以保护海岛生态为目的的海洋法律,从制度设计和具体内容而言,都不涉及海岛主权问题,是在主权既定前提下的一部保护海岛生态的行政法。

《海岛保护法》第二条规定:"从事中华人民共和国所属海岛的保护、开发利用及相关管理活动,适用本法。本法所称海岛,是指四面环海水并在高潮时高于水面的自然形成的陆地区域,包括有居民海岛和无居民海岛。本法所称海岛保护,是指海岛及其周边海域生态系统保护,无居民海岛自然资源保护和特殊用途海岛保护。"

《海岛保护法》第五条规定:"国务院海洋主管部门负责全国无居民海岛保护和开发利用的管理工作。沿海县级以上地方人民政府海洋主管部门负责本行政区域内无居民海岛保护和开发利用管理的有关工作。"

《海岛保护法》第六条规定:"海岛的名称,由国家地名管理机构和国务院海洋主管部门按照国务院有关规定确定和发布。"

《海岛保护法》第八条规定:"国家实行海岛保护规划制度。海岛保护规划是从事海岛保护、利用活动的依据。"

《海岛保护法》第十六条规定:"国务院和沿海地方各级人民政府应当采取措施,保护海岛的自然资源、自然景观以及历史、人文遗迹。"

《海岛保护法》第二十一条规定:"国家安排海岛保护专项资金,用于海岛的保护、生态修复和科学研究活动。"

《海岛保护法》第二十四条规定:"有居民海岛的开发、建设应当对海岛土地资源、水资源及能源状况进行调查评估,依法进行环境影响评价。海岛的开发、建设不得超出海岛的环境容量。新建、改建、扩建建设项目,必须符合海岛主要污染物排放、建设用地和用水总量控制指标的要求。"

《海岛保护法》第二十五条规定:"在有居民海岛进行工程建设,应当坚持先规划后建设、生态保护设施优先建设或者与工程项目同步建设的原则。"

《海岛保护法》第三十一条规定:"经批准开发利用无居民海岛的,应当依法缴纳使用金。但是,因国防、公务、教学、防灾减灾、非经营性公用基础设施建设和基础测绘、气象观测等公益事业使用无居民海岛的除外。"

《海岛保护法》第三十七条规定:"领海基点所在的海岛,应当由海岛所在省、自治区、直辖市人民政府划定保护范围,报国务院海洋主管部门备案。领海基点及其保护范围周边应当设置明显标志。"

《海岛保护法》第五十条规定:"违反本法规定,在领海基点保护范围内进行工程建设或者其他可能改变该区域地形、地貌活动,在临时性利用的无居民海岛建造永久性建筑或者设施,或者在依法确定为开展旅游活动的可利用无居民海岛建造居民定居场所的,由县级以上人民政府海洋主管部门责令停止违法行为,处以 2 万元以上 20 万元以下的罚款。"

《海岛保护法》第五十七条规定:"无居民海岛,是指不属于居民户籍管理的住址登记地的海岛。"

知识点 70

《全国海岛保护规划》规定,特殊用途海岛是指具有特殊用途或者重要保护价值的海岛,主要包括领海基点所在海岛、国防用途海岛、海洋自然保护区内的海岛和有居民海岛的特殊用途区域等。

《全国海岛保护规划》的规划期限为 2010 ～ 2020 年,展望到 2030 年。

《全国海岛保护规划》规定，自然保护区核心区内的海岛，禁止开发利用，任何单位和个人未经批准不得进入。

《全国海岛保护规划》依据海岛分布的紧密性、生态功能的相关性，属地管理的便捷性，结合国家级地方发展的区划与规划，立足海岛保护工作的需要，注重区内的统一性和区间的差异性，将中国海岛分为黄渤海区、东海区、南海区和港澳台区等 4 个一级区进行保护。

知识点 71

《海岛名称管理办法》明确："中华人民共和国所属海岛（有乡级以上人民政府驻地的海岛除外）的名称管理，适用本方法。"

知识点 72

中国第一部关于无居民海岛的管理规定——《无居民海岛保护与利用管理规定》，于 2003 年 7 月 1 日起施行。2004 年 11 月 1 日，厦门市正式实施《厦门市无居民海岛保护与利用管理办法》。该办法是中国首部无居民海岛地方法规。

知识点 73

《无居民海岛使用申请审批试行办法》规定："无居民海岛开发利用具体方案中含有建筑工程的用岛，最高使用期限为 50 年；其他类型的用岛可根据使用实际需要的期限确定，但最高使用期限不得超过 30 年。"

知识点 74

《无居民海岛使用权证书管理办法》第八条规定，无居民海岛使用临时证书有效期限一般为 3 年，最长不得超过 5 年。到期后确有需要续期的，可以续期 1 次。

知识点 75

《无居民海岛使用权登记办法》明确规定：

"在无居民海岛上设置航标、灯塔、重力点、天文点、水准点、测绘控制点标志等公益设施，由省级登记机关登记备案。

"下列情形原使用权人应当向原登记机关申请注销登记：① 因自然或者人为原因导致海岛灭失的；② 因人民法院、仲裁机构的生效法律文书致使无居民海岛使用权灭失的。

"下列情形之一的，登记机关直接办理海岛使用注销登记：① 人民政府依法收回无居民海岛使用权的；② 因人民法院、仲裁机构的生效法律文书致使无居民海岛使用权灭失，当事人未办理注销登记的；③ 无居民海岛使用权期限届满，未申请续期或者续期申请未获批准的；④ 无居民海岛使用权人放弃无居民海岛使用权的；⑤ 无居民海岛使用权人死亡，且无人继承的。"

知识点 76

《无居民海岛使用金征收使用管理办法》规定："无居民海岛使用金实行中央地方分成。其中 20% 缴入中央国库，80% 缴入地方国库。"

《无居民海岛使用金征收使用管理办法》第三条规定："无居民海岛使用权可以通过

申请审批方式出让,也可以通过招标、拍卖、挂牌的方式出让。"

知识点 77

中国现行的《海水水质标准》按照海域的不同使用功能和保护目标,海水水质分为 4 类:第一类,适用于海洋渔业水域、海上自然保护区和珍稀濒危海洋生物保护区;第二类,适用于水产养殖区、海水浴场、人体直接接触海水的海上运动或娱乐区,以及与人类食用直接有关的工业用水区;第三类,适用于一般工业用水区、滨海风景旅游区;第四类,适用于海洋港口水域、海洋开发作业区。

知识点 78

根据《中华人民共和国海洋石油勘探开发环境保护管理条例》生活垃圾需要在距最近陆地 12 n mile 以内投弃的,应经粉碎处理,粒径应小于 25 mm。

知识点 79

台湾和海南是中国两个以海岛组成的省级行政建制的地区。

知识点 80

2012 年 6 月 21 日民政部网站刊登《民政部关于国务院批准设立地级三沙市的公告》。国务院批准撤销海南省西沙群岛、南沙群岛、中沙群岛办事处,设立地级三沙市,管辖西沙群岛、中沙群岛、南沙群岛的岛礁及其海域。三沙市是海南省三个地级市之一(其余两个为海口、三亚),现辖西沙群岛、中沙群岛、南沙群岛的岛礁及其海域,政府驻地位于西沙永兴岛。三沙市不包括东沙群岛。2012 年 7 月 17 日上午,海南省四届人大常委会第 32 次会议通过了《海南省人民代表大会常务委员会关于成立三沙市人民代表大会筹备组的决定》,三沙市的政权组建工作正式启动。三沙市陆地面积约为 30 km²,是中国陆地面积最小的地级市。三沙市各岛礁为珊瑚礁。

海岛管理

知识点 1

中国曾在 20 世纪 80 年代开展过一次全国范围的、较为系统的海岛调查,之后的 20 多年再未开展过大规模的海岛调查。继《中华人民共和国海岛保护法》正式颁布实施,全国海域海岛地名普查工作于 2010 年 4 月启动。2012 年,全国海域海岛地名普查任务全部完成,共查清中国海岛 11 933 个,新命名 3 481 个。普查对不规范的海岛名称全部进行标准化处理,建立了地名信息数据库,在重要海岛设置了海岛名称标志。先后公布钓鱼岛及其部分附属岛屿名称、地理坐标、相关图件以及部分地理实体标准化名称。

知识点 2

海岛是壮大海洋经济、拓展发展空间的重要依托,是保护海洋环境、维护生态平衡的重要平台,是捍卫国家权益、保障国防安全的战略前沿。为了发展海岛事业,提高海岛保护与利用工作的技术支撑能力,2013 年中国设立了国家海洋局海岛研究中心。国家海洋局海岛研究中心是 2013 年 1 月获中央机构编制委员会办公室批准设立的国家公益类综合型海岛科学研究机构中心,位于福建省平潭综合实验区。

知识点 3

"中国海岛资源综合调查与开发试验"是国家重点项目,于 1988 年 1 月开始,1995 年 12 月结束,历时 8 年。这是中国首次对海洋岛屿进行全国性的、大规模的、多学科的资源调查项目。

知识点 4

2010 年 4 月全国海域海岛地名普查工作启动。2011 年 4 月 12 日中国第一批开发利用无居民海岛名录公布,名录涉及辽宁、山东、江苏、浙江、福建、广东、广西、海南等 8 个省区,共计 176 个无居民海岛。其中,辽宁 11 个、山东 5 个、江苏 2 个、浙江 31 个、福建 50 个、广东 60 个、广西 11 个、海南 6 个。大羊屿岛是其中首个以公开拍卖方式转让使用权的无人岛。中国第一本无居民海岛使用权证于 2011 年 11 月颁发,宁波商人黄益民终于成了名正言顺的"黄岛主",他接过了中国第一本无居民海岛使用权证,编号为 110001。

从此,"黄岛主"就拥有宁波象山的旦门山岛 50 年的使用权。

知识点 5

2011 年 5 月,刘公岛成为国家首批海洋公园,选划面积 3 828 hm², 为适当开展海上旅游体验提供了政策保障。收回威海卫后,刘公岛又被英国续租了 10 年,1940 年 11 月 15 日, 英军才从岛上全部撤离。1938 年,日军再次入侵刘公岛,1945 年撤离。1952 年人民海军进驻刘公岛。1985 年,刘公岛由封闭的军事禁区正式对外开放。

海洋经济

知识点 1

1978 年以前,中国海洋三大传统产业是海洋渔业、海洋盐业和海洋交通运输业。

知识点 2

2003 年 5 月 9 日国务院印发了《全国海洋经济发展规划纲要》。

知识点 3

《2003 年中国海洋经济统计公报》显示,2003 年中国海洋产业总产值首次突破 1 万亿元大关,达到 10 077.71 亿元。

知识点 4

海洋渔业主要包括海洋捕捞、海水养殖、海洋渔业服务业和海洋水产品加工等活动。

知识点 5

海洋油气业包括在海洋中勘探、开采、输送、加工原油和天然气的生产活动。

知识点 6

国家海洋局依据国家有关法律法规和方针政策,在 2002 年制定了《全国海洋功能区划》。

知识点 7

中国海洋区域经济格局不断完善,形成的三大海洋经济区是环渤海经济区、长江三角洲经济区、珠江三角洲经济区。

知识点 8

世界四大海洋支柱产业已经形成,它们分别是海洋石油工业、滨海旅游业、现代海洋渔业、海洋交通运输业。

知识点 9

中国海洋经济发展现状:一是经济总量稳步增长,二是海洋新兴产业发展迅速,三是海洋经济成为区域发展支柱。

知识点 10

海洋可持续发展解决的是人口、海洋资源、海洋环境与发展问题。

知识点 11

海洋经济是国民经济的重要组成部分,它的研究范围包括第一产业、第二产业和第三产业。

知识点 12

海洋的流动性、连通性决定了海洋经济具有关联性。

知识点 13

海洋经济资源可以分为海洋自然资源和海洋社会资源两大类。

知识点 14

海洋生物资源兼具技术密集和资本密集的特点。

知识点 15

根据 2014 年《中国海洋经济统计公报》,滨海旅游业增加值在主要海洋产业增加值中所占比例最高。

知识点 16

据初步核算,2014 年三次海洋产业中全国海洋生产总值比重最高的是第三海洋产业。

知识点 17

海洋经济制度基本内容的是海洋所有权制度、海洋产权制度、海洋经济体制。

知识点 18

中国淤泥质海岸约占大陆海岸的 22%,是重要的粮食生产基地。

知识点 19

中国的海洋经济管理体制主要是一种以"条块"为特征的综合管理和分散管理。

知识点 20

海洋经济资源配置的客体的特征包括整体性、空间复合性、流动性。

知识点 21

半岛是人类从事海洋经济活动及发展旅游业的重要基地。

知识点 22

1991 年,山东省委省政府相继提出、制定并实施了"海上山东"战略构想、"海上山东"开发建设规划。

知识点 23

《2013 山东省政府工作报告》提出高水平建设"四区三园",其中"三园"是青岛中德生态园、日照国际海洋城、潍坊滨海产业园。

知识点 24

海洋新兴产业包括海洋油气业、海水增养殖业、海洋生物医药业、海水利用业、海洋电力业、滨海旅游业。

知识点 25

据初步核算，2014 年全国海洋生产总值为 59 936 亿元。

知识点 26

海洋生产总值反映的是海洋经济活动的总量指标。

知识点 27

2011 年 3 月 14 日，舟山群岛新区正式写入全国"十二五"规划。2011 年 6 月 30 日，国务院正式批准设立浙江舟山群岛新区，舟山成为中国继上海浦东、天津滨海和重庆两江之后又一个国家级新区，也是首个以海洋经济为主题的国家级新区。

知识点 28

中国大陆沿海 11 个省市可划分为 3 个海洋经济带，即北部、中部、南部经济带。辽宁、河北、天津、山东属于北部经济带，江苏、上海、浙江属于中部经济带，福建、广东、广西、海南属于南部经济带。

知识点 29

《全国海洋经济发展"十二五"规划》明确指出，"十二五"时期全国海洋经济发展的主要目标是保持海洋生产总值年均增长达到 8%。

知识点 30

"蓝色经济"对于美国来说被认为是可持续地获取海洋财富；对于欧盟来说将带来税收和就业；在东亚海洋及沿海国家则意味着在关注海洋开发的同时，考虑如何实现区域性海洋的基础设施联通和网络化。

知识点 31

中国"三农"政策体现了国家对于农业、农村和农民问题的重视，而中国面临的渔业、渔村、渔民问题更为突出。目前国家多以侧重从渔业发展、渔业产权、渔业补贴政策、渔业增长方式转变、转产转业等多视角剖析和尝试解决"三渔"问题。

知识点 32

根据 2013 年发布的《中国海洋经济统计公报》，中国海洋产业总体保持稳步增长。其中，居前三位的海洋产业依然是滨海旅游业（占 34.6%），海洋交通运输业（22.5%）和海洋渔业（17.1%），而海水利用业只占到 0.1%。

知识点 33

中共十七届五中全会上，"发展海洋经济"被提上了议事日程，在国内掀起了海洋经济的热潮。辽宁沿海经济带、天津滨海新区、江苏沿海地区、福建海峡西岸经济区、珠海横琴岛和广西北部湾经济区等相继纳入国家战略。2011年年初，国务院先后批复了山东半岛蓝色经济区、浙江海洋经济发展示范区和广东国家海洋综合开发试验区为国家海洋经济发展试点区，开启了中国海洋区域经济战略升级的序幕。

知识点 34

国际离岸金融中心是一些国家和地区，特别是加勒比和南太平洋地区资源匮乏的发展中岛国，通过立法手段培育和发展的一些特殊经济区，允许国际自然人或者法人在其领土上从事各种离岸业务，并主要依靠低税或者免税政策大力发展离岸金融业来吸引逃避本国税收和其他目的的国外资本，以发展本国经济。

知识点 35

长三角地区是长江三角洲的沿岸地区所组成的经济区域，主要包括江苏、上海和浙江的海域与陆域。

知识点 36

珠三角地区是珠江沿岸地区所组成的经济区域，主要包括广州、深圳和珠海等城市的海域与陆域。

知识点 37

环渤海地区是环绕着渤海的沿岸地区所组成的经济区域，主要包括辽宁、河北、天津和山东的海域与陆域。

知识点 38

海洋矿业包括海滨砂矿、海滨土砂石、海滨地热、煤矿开采和深海采矿等采选活动。

知识点 39

海洋盐业是利用海水生产以氯化钠为主要成分的盐产品的活动，包括采盐和盐加工。

知识点 40

海洋化工业包括海盐化工、海水化工、海藻化工及海洋石油化工的产品生产活动。

知识点 41

海洋电力业指利用海洋能进行的电力生产，包括利用海洋中的潮汐能、波浪能、热能、海流能、盐差、风能、生物能等天然能源进行的电力生产活动。

知识点 42

海水利用业指利用海水进行淡水生产和将海水应用于工业生产和城市用水，包括利用海水进行淡水生产和将海水应用于工业冷却用水和城市生活用水、消防用水。

知识点 43

海洋水产品加工的三大传统产品是腌熏制品、干制品和罐制品。

知识点 44

舟山渔场是中国最大的渔场,是浙江、江苏、福建和上海 3 省 1 市渔民的传统作业区域,以大黄鱼、小黄鱼、带鱼和墨鱼(乌贼)四大经济鱼类为主要渔产。

知识点 45

海洋捕捞业一般具有距离远、时间性强、鱼汛集中、产品易腐烂变质和不易保鲜等特点,故需要作业船、冷藏保鲜加工船、加油船、运输船等相互配合,形成捕捞、加工、生产及生活供应、运输综合配套的海上生产体系。

知识点 46

中国位于亚洲大陆的东部,面向太平洋。毗邻中国大陆边缘的渤海、黄海、东海、南海互相连成一片,跨温带、亚热带和热带,自北向南呈弧状分布,是北太平洋西部的边缘海。其中黄海被称为"天然鱼仓"。

知识点 47

世界海洋渔获量最多的国家是中国和日本。

知识点 48

沈家门渔港位于舟山本岛东南侧,面临东海,背靠青龙、白虎两山,构成了一条长约 5 km、宽约 1 250 m 的天然避风良港,是中国最大的天然渔港,与挪威的卑尔根港、秘鲁的卡亚俄港并称世界三大渔港。

知识点 49

中国早在 1979 年就开始实行捕捞许可证制度,限制捕捞强度的盲目增长。

知识点 50

中国沿海地区积极推进渔业和渔区经济结构的战略性调整,鼓励发展远洋渔业与水产养殖。

知识点 51

进入 21 世纪,中国沿海地区海洋渔业及相关产业稳定发展。2011 年,山东海洋渔业产值达 2 388.2 亿元,位居全国首位。

知识点 52

山东近海海洋生物种类繁多,海洋渔业产量居全国第二位。

知识点 53

东海海区是中国目前海洋捕捞总产量所占比例最高的海区。

知识点 54

影响中国水产品价格的因素一般包括生产成本、自然灾害、水产品生产的季节性、国际金融危机等。

知识点 55

海水制盐并不是原盐生产的唯一来源。事实上,世界原盐产量中,海盐只占 20% 多一点,80% 左右是用工业化方法生产的矿盐。

知识点 56

山东主要盐区分布在潍坊、东营、滨州和烟台,其中潍坊原盐产量占全省的 60%左右。

知识点 57

中国现有盐田生产主要分布于山东、河北、辽宁、天津、江苏等沿海省份。其中环渤海的三大盐区(长芦盐区、辽东湾盐区、莱州湾盐区),盐田面积近 30 万公顷,占全国盐田总面积 70% 以上。

知识点 58

清代,中国的海盐生产规模达到封建时期最高峰,1840 年后,曾有过年销量在 13 亿～15 亿千克的情况。鸦片战争后,帝国主义掠夺及封建军阀统治导致盐业生产出现大幅倒退。

知识点 59

盐田中靠晒干海水所得到的是粗盐。

知识点 60

长芦盐场是中国海盐产量最大的盐场,位于渤海沿岸,南起黄骅,北到山海关南。

知识点 61

布袋盐场是中国台湾最大的盐场,位于台湾岛西南沿海。这里海滩平直,地势缓斜,且冬半年干燥少雨,常常两三个月滴雨不下,日照充分,季风强劲,是晒制海盐的理想岸段。

知识点 62

中国现在是世界上海水养殖发达的国家,养殖面积和总产量均居世界首位,目前养殖水产品产量占世界总产量的 70%。

知识点 63

东海海域为中国最大的海水养殖基地。

知识点 64

中国海水养殖业的发展经历了 4 次热潮。第一次热潮以藻类养殖为代表,第二次热潮以对虾为代表,第三、第四次热潮分别以扇贝和海参为代表。

知识点 65

中国海水珍珠的养殖主要分布在广东、广西、海南三省(区)的北部湾海域。

知识点 66

中国传统的四大养殖贝类包括牡蛎、缢蛏、蚶类和蛤仔。

知识点 67

江蓠(龙须菜)已成为中国重要的海水栽培物种,藻体可用来提取琼胶,应用于工业、食品和医学等领域。方宗熙教授的这一成果在中国海洋生物细胞工程育种历史上具有里程碑意义,至今仍然在海藻遗传育种研究领域发挥着重要作用。

知识点 68

中国逐步建立了较为完整的水产饲料工业体系,水产饲料的产量超过世界其他各国的总和,拥有世界最大的水产饲料生产企业,一些饲料品种质量达到世界领先水平。

知识点 69

随着世界性鱼粉资源的短缺,利用植物性蛋白替代饲料中鱼粉已经成为目前水产营养学研究热点。

知识点 70

随着水产养殖业的发展和水产饲料产量的提高,中国对于饲料中优质蛋白源鱼粉的需求量日益增加,每年进口鱼粉量为 120 万～ 200 万吨,占全球鱼粉流通量的 50%～ 60%,其中 55% 来源于秘鲁。

知识点 71

海带是全球海洋水产养殖的主要种类之一。中国自 20 世纪 50 年代以来,率先突破了海带自然光夏苗培育、海带筏式养殖和海带遗传改良三大技术,创立了海带全人工养殖技术体系,形成了北起辽宁大连、南至广东汕头的海带养殖产业,兴起了中国海水养殖业的第一次浪潮——藻类养殖浪潮,带动了后续虾、贝、鱼养殖浪潮的发展。目前,中国是世界海带的第一大产国,养殖规模、养殖产量和加工产业规模方面均居世界首位。

知识点 72

21 世纪是海洋世纪,同时,21 世纪也被称为生物技术世纪。现代生物技术在海洋领域应用和快速发展,已成为全球海洋生命科学和海洋水产学发展最为活跃的基本工具手段,海水养殖生物育种技术正面临着从选择育种、杂交育种、诱变育种等常规育种技术向分子育种、性别控制育种等现代育种技术增速发展的阶段。中国突破了扇贝、海带、对虾、牙鲆等种类的现代育种关键技术,达到了国际领先水平。

知识点 73

1871 年英国政府开始在 8 月实行"海岸休假日"制度,这是近代滨海旅游形成的标志。

知识点 74

一般说海洋旅游安全与风险问题更多地发生在旅游旺季,这体现了海洋旅游安全与风险问题存在着时间规律。

知识点 75

群岛是指海洋中互相接近的、在地理构造上有内在联系的一群岛屿,它是非常珍贵的旅游资源,其独特的优势在于它的整体效应。

知识点 76

常见的海滨旅游活动包括日光浴、海水浴和沙滩球类等。

知识点 77

海洋旅游资源最丰富的是热带和亚热带地区。

知识点 78

海洋旅游安全与风险管理系统由信息管理系统、安全监督系统、管理监督系统、应急救援系统、生态安全系统子系统组成。

知识点 79

海洋旅游活动安全与风险的表现形态有海难事故、意外事故、火灾与爆炸、溺水、犯罪。

知识点 80

目前已开发的海底旅游活动是潜水和水下旅馆。

知识点 81

海洋旅游风险的特征包括集中性、广泛性、巨大性、隐蔽性、复杂性。

知识点 82

日光浴有八大注意事项：① 最佳时间在上午 11 点前和下午 3 点以后，避开日晒最强烈的时间。② 每天可以晒几次，但每次不宜超过 2 h，避免晒伤肌肤。③ 饭前饭后 1 h 内不要晒日光浴，以免消化不良。④ 选择舒适的海滩。⑤ 提前 30 min 正确涂抹防晒霜，并带好防晒伞、太阳镜和防晒霜，以便再次涂抹时用。⑥ 日晒时注意经常翻身，以确保肤色均匀。⑦ 日光浴后不要马上用冷水洗澡，稍休息后用温水洗掉身上残留的防晒霜。⑧ 做好晒后护理，涂抹保养滋润的晒后护理液，可以保持健康肤色。

知识点 83

垦丁森林公园位于台湾岛南端，三面环海，是一处涵盖陆地与海域的森林公园，也是台湾岛上唯一的热带区域，气候温暖，资源珍贵丰美，景美多变，拥有特殊的地形、多样化的野生动植物、独特的民俗风情。

知识点 84

《国内外海岛开发对珠海的启示》文章中提道："马尔代夫从 1972 年开始开发海岛，以发展滨海旅游和发展休闲渔业为主。""马尔代夫海岛开发之所以能取得如此骄人的业绩，和其开发的政策导向是密不可分的。……并明确规定海岛建筑面积不能超过海岛总面积的 20%……"

知识点 85

长岛拥有中国海带之乡、中国鲍鱼之乡、中国扇贝之乡、国家级风景名胜区、国家级自然保护区、国家森林公园、国家地质公园、国家首批农业旅游示范点、中国最佳避暑胜地和中国十大最美海岛的美称。

知识点 86

新加坡是一个由本岛和周围诸多小岛组成的热带岛国，得名来自梵语"狮城"的谐音。著名的鱼尾狮像坐落在新加坡河畔，高 8 m，重 40 t。

知识点 87

巴提亚是位于泰国的一处著名海景度假胜地，位于曼谷东南 147 km 处，有着东南亚经典的海水、沙滩，被人们称作是"东方夏威夷"。距离巴提亚 9 km 处的珊瑚岛，是巴提亚海滩外最大的岛，岛的四周有很多沙滩，沙白、细、绵，水清见底。

知识点 88

从地图上看，西西里岛是意大利那只伸向地中海的"皮靴"上的"足球"。它位于地中海的中心，辽阔而富饶，气候温暖，风景秀丽；由于其良好的自然环境，历史上被称为"金盆地"。

知识点 89

普陀山位于舟山群岛的一个小岛上,是中国佛教四大名山之一,素有"海天佛国""南海圣境"之称。全岛面积 12.5 km²,形似苍龙卧海。2007 年 5 月 8 日,舟山市普陀山风景名胜区经国家旅游局正式批准为国家 5A 级旅游景区。"海上有仙山,山在虚无缥缈间。"普陀山以其神奇、神圣、神秘,成为驰誉中外的旅游胜地。

知识点 90

三亚南山文化旅游区是国家旅游局首批批准的国家 5A 级景区之一,它共分为三大主题公园:南山佛教文化园、中国福寿文化园、南海风情文化园。主要景点有南山寺、海上观音、金玉观音、长寿谷和不二法门等。

知识点 91

冰山对海洋运输行业的威胁巨大。

知识点 92

海洋运输是国际商品交换中最重要的运输方式之一,货物运输量占全部国际货物运输量的比例大约在 80% 以上。它利用天然海洋通道,船舶吨位一般不受限制,具有运量大、成本低等优点。但海运可能受地理条件限制,有时受季节气候的影响。

知识点 93

海上运输分为班轮运输与租船运输两种方式。班轮运输具有严格的航线、航次及固定时间、固定船舶、固定费用。而租船运输是指国际贸易商与船舶主人单独订立船舶租用协议,时间与航次均不固定的运输方式。

按航运经营方式和用途划分,可将航运市场分为定期船市场和不定期船市场。定期船市场即班轮市场,由集装箱班轮和杂货班轮市场构成;不定期船市场由石油航运市场和干散货航运市场构成。

知识点 94

成立于 1961 年的中国远洋运输公司历经近半个世纪的开拓与发展,已经成为一个以经营国际航运业务为主的国有特大型企业。1993 年,作为国家首批大型试点企业,它与中国外轮代理总公司、中国汽车运输总公司、中国燃料供应总公司共同组建了中国最大的航运企业集团——中国远洋运输(集团)总公司,并成为世界航运界举足轻重的全球承运人。2015 年经国务院批准,中国远洋运输(集团)总公司与中国海运(集团)总公司获批实施重组。

知识点 95

夏威夷原意是波利尼西亚语"原始的家"。1959 年 8 月 21 日成为美国第 50 个州。瓦胡岛是夏威夷群岛的第三大岛,也是其首府火奴鲁鲁(檀香山)所在地,并有著名的军港——珍珠港。夏威夷群岛位于太平洋中部,是太平洋地区海空运输的枢纽,有"太平洋十字路口"之称。

知识点 96

地中海是海运最为繁忙的海区,每天在航的船舶有 1 200 艘之多。这里的著名港口有吞吐量过亿吨的世界大港——法国马赛港等。

知识点 97

伦敦航运市场被公认为是历史最悠久、租船业务最多的市场,租船成交量占世界租船成交总量的 30% 以上。1900 年正式成立于伦敦的波罗的海海运交易所,业务范围包括租船中心、船舶买卖交易、粮油作物种子交易、航空租机交易、运价期货交易等。

知识点 98

定期船市场通常具有航运企业规模较大且数量有限、改变航线和退出市场的伸缩性小、竞争的排他性强等特点。

知识点 99

港口指标体系中最重要的产量指标是吞吐量,它包括旅客吞吐量和货物吞吐量。

知识点 100

山东拥有青岛港、烟台港和日照港 3 个亿吨级大港。

知识点 101

2014 年,全球十大集装箱港口按吞吐量排序,依次为上海港、新加坡港、深圳港、香港港、宁波－舟山港、釜山港、青岛港、广州港、迪拜港、天津港。

知识点 102

从霍尔木兹海峡开出的油轮,源源不断地将石油运往欧美各国,被人们称为"西方世界的生命线"。

知识点 103

波罗的海干散货指数(BDI)是由若干条传统的干散货船航线的运价,按照各自在航运市场上的重要程度和所占比例构成的综合性指数,是目前世界上衡量国际海运情况的权威指数,是反映国际贸易情况的领先指数。

知识点 104

苏伊士运河处于埃及西奈半岛西侧,贯通苏伊士地峡,连接地中海与红海,提供从欧洲至印度洋和西太平洋附近大陆最近的航线。它是世界使用最频繁的航线之一。

知识点 105

根据中国 2007 年海洋经济统计公报,中国港口吞吐量和集装箱吞吐量居世界第 1 位。

知识点 106

中国三大石油公司分别为中国石油天然气集团有限公司、中国石油化工集团公司、中国海洋石油集团有限公司。作为中国第三大石油公司的中国海洋石油集团有限公司成立于 1982 年,经国务院授权,负责在中国海域对外合作开采石油和天然气资源。

知识点 107

全世界 36%～40% 的海洋石油产自波斯湾,其中沙特阿拉伯是最大的近海石油生产国。

知识点 108

1976 年 5 月,中国第一座现代化 10 万吨级深水油港——大连鲇鱼湾原油码头建成投产。

知识点 109

海洋油气产品市场带有明显的垄断经营性,由于开发需要投入大量的资金,该市场开发风险较大,一般小企业难以进入。此外,因其与国际油气市场联系密切,价格波动也较剧烈。

知识点 110

海洋褐藻中褐藻酸钠(褐藻胶)含量较高。褐藻酸钠不仅可以用于制造止血纱布、代用血浆等,还可以作为镶牙时的牙模材料。

知识点 111

1985 年,管华诗院士主持研制了中国第一个现代海洋药物藻酸双酯钠。该药是在褐藻酸钠分子的羟基和羧基上分别引入磺酰基和丙二醇基而成的治疗高脂血症的海洋药物。

知识点 112

夜盲症是因为缺少维生素 A 所造成的,而鱼类肝脏中含有大量的维生素 A 和维生素 D。

知识点 113

海带含有碘、甘露醇、海藻酸、蛋白质、脂肪、糖类等,对缺碘性淋巴结肿、甲状腺肿以及睾丸肿胀等症具备良好疗效。

海洋科技

知识点 1

人类在认知地球的历史过程中使用过 3 种平台：最早是地面与海面观测平台，其次是空间观测平台，第三个是海底观测平台。相对于前两个观测平台，海底观测平台技术最难。深海海底也是人类认识地球的窗口，不过人类对其又知之甚少，故发展海底观测平台，其科学意义更显重大。

知识点 2

近年来，随着各国对天然气水合物研究的逐步深入，利用地震方法来探测水合物已经成为大家公认的最为有效的方法。海洋地震勘探自 20 世纪 30 年代中期才开始开展。最初，由于设备和方法的限制，最初的海洋地震勘探主要是集中在濒临陆地的浅水区域。到了 20 世纪 50 年代，随着技术的进步，地震勘探接收装置使用了晶体检波器，采用了将光点式地震仪安放在观测船上进行采集的办法。20 世纪 50 年代末期，伴随多次覆盖技术的出现和数据的可重复处理，地震勘探出现了革命性的突破。同时，采集、记录装置的更新以及非炸药震源尤其是电火花震源的出现，使得海洋地震采集技术得到发展，极大地提高了勘探的效率和精度。这期间所使用的地震仪都是模拟地震仪。20 世纪 60 年代中期，电子计算机以及计算机技术的发展，直接促成了 20 世纪 70 年代数字地震仪的出现，震道数逐步由 24 道发展到 96 道，对震源能量和激发效率的要求也逐步提高。20 世纪 80 年代以来，海洋地震逐步朝着高分辨率、大激发能量、大接收道数的方向发展。

知识点 3

"工欲善其事，必先利其器。"海底科学考察有别于陆上，由于海底为海水所覆盖，限制了各种科学仪器的使用，必须发展集成各种高技术的科学考察仪器以深入海洋。各种潜水器无疑实现了人类与海底的"接触"，用于海底科学考察的潜水器可分为载人潜水器（Human Occupied Vehicles, HOV）、无人水下航行器（Unmanned Underwater Vehicles, ROV）、混合型潜水器（Hybrid Remotely Operated Vehicles, HROV）。

目前全世界有 200 多艘载人潜水器，潜深大于 4 000 m。深海载人深潜器装备有最新的声成像声呐系统、摄影机、录像机、电视系统、机械手以及各种自动测量仪器，是高度复杂精密的尖端技术产品。

无人水下航行器,也称水下机器人。无人水下航行器主要分为有缆无人遥控水下航行器(Remotely Operated Vehicles,ROV)和无缆自主式水下航行器(Autonomous Underwater Vehicles,AUV),另外还有海底爬行水下机器人和拖航式水下机器人。

知识点 4

浙江大学研制的国内第一台新型海流能源利用装置——"水下风车"模型样机,2006 年 5 月在舟山地区岱山县进行了海流试验并发电成功。

知识点 5

地震剖面上的似海底反射(Bottom Simulating Reflections,BSR)通常具有与海底大体平行、负极性、高振幅、与沉积层理斜交的特点,指示含水合物沉积层与含游离气沉积层或含水沉积层的相边界。

知识点 6

"探索者"号是由中国科学院沈阳自动化所、中国船舶工业总公司七〇二所、中科院声学所、哈尔滨工业大学、上海交通大学等单位历时 4 年研制成功的,是中国第一台无缆水下机器人。其水下潜深 1 000 m,活动范围可达 12 n mile,可在四级海况下正常回收,能在指定海域搜索目标并记录数据和声呐图像,可对失事目标进行观察、拍照和录像,并能自动回避障碍,具有水声通信能力,可将需要的数据和图像传至水面监控台上显示。

知识点 7

天然气水合物稳定存在的条件是低温高压,直接从海底采上来时会因外界条件改变而失稳分解。为了对天然气水合物进行直接地研究,需要保真取样技术,保温保压,避免其分解。

知识点 8

海底地震仪(Ocean Bottom Seismometer,OBS)是一种将检波器直接放置在海底的地震观测系统,在海洋地球物理调查和研究中,既可以用于对海洋人工地震剖面的探测,也可以用于对天然地震的观测。

知识点 9

"海洋石油 720"是中海油田服务股份有限公司投资建造的中国国内第一艘大型深水物探船,是亚洲最大的十二缆深水物探船。其设计建造除注重船舶性能、采集能力以及设备可靠性和稳定性外,还十分注重节能、减排等指标,成为安全、高效、环保、节能的海上作业平台,作为海洋深水工程重大装备纳入国家科技重大专项,主要从事海上三维地震采集作业。

知识点 10

早在 20 世纪 50 年代,几个美国人把摄像机密封起来送到了海底,这就是有缆无人水下航行器的雏形。1960 年美国研制成功了世界上第一台无人水下航行器——CURV1。它与载人潜器配合,在西班牙外海找到了一颗失落在海底的氢弹,引起了极大的轰动。

知识点 11

基于水下观测需要而开发的诸多自主式水下航行器中,最突出的要算美国伍兹霍尔海洋研究所研制的"远程环境监测装置"(Remote Environmental Monitoring Units, REMUS)。这是一种低成本的近海环境监测和调查的多任务作业平台。它的研究得到美国国家海洋与大气管理局和海军研究局的经费支持,目的是为了支持长期水下生态学环境观测计划(LEO-15)、自动海洋采样网络计划(AOSN)以及未来的潜在军事需要。

知识点 12

日本海洋科技中心研制的"海沟号"深水潜水器,是当时世界上唯一能够下潜到 11 000 m 的深水潜水器。"海沟号"潜水器,1990 年完成设计开始制造,经过 6 年的努力,研制完成。"海沟号"长 3 m,重 5.4 t,耗资 5 000 万美元。它是缆控式水下机器人,装备有复杂的摄像机、声呐和一对采集海底样品的机械手。"海沟号"潜水器曾经下潜到马里亚纳海沟。2003 年,"海沟号"不慎丢失。

知识点 13

水下滑翔机(AUG)是为了满足海洋环境监测与测量的需要,将浮标技术与水下机器人技术相结合而研制的一种新型水下航行器,能源消耗极小,只在调整净浮力和姿态角时消耗少量能源,并且具有效率高、续航力大(可达上千千米)的特点。因水下滑翔机通过调整净浮力和姿态角来运动,故其水下运动轨迹为锯齿形。

国际上主流的水下滑翔机有美国的 Slocum、Spray 和 Seaglider,国内近年来也已经研制成功多款水下滑翔机,包括天津大学海洋学院自主研发的"海燕"号,中国科学院沈阳自动化研究所自主研发的"海翼"号,等等。

知识点 14

质谱仪又称质谱计,是根据带电粒子在电磁场中能够偏转的原理,按物质原子、分子或分子碎片的质量差异进行分离和检测物质组成的一类仪器。在海洋科学领域,将样品采集后带回实验室进行样品分析,由于在样品采集过程和运输过程中周围环境(如压力、温度等)的变化可能导致样品组成发生细微变化,从而很难保证样品测量的准确性和有效性。为实现对样品的准确测量,人们现已研制出了原位质谱仪,可以实现对石油渗漏、水体富营养化等的检测。

知识点 15

随着位于龙口的国内首个海下采煤工作面的建成,继英国、日本、加拿大、澳大利亚之后,中国成为世界第 5 个实现海底采煤的国家。

知识点 16

巴西油气资源主要分布在海上的坎波斯盆地和桑托斯盆地,海域石油储量占巴西总储量的 88%。坎波斯盆地位于巴西里约热内卢州,盆地总面积 17.52 万平方千米,只有 3% 位于陆地,其余位于海上,为巴西主要的油气聚集区和主要的油气生产区。正是这种"以海为主"的油气资源分布特征和巴西国内对石油和天然气巨大的消费需求使得巴西对于海上油气勘探开发,特别是深海和超深海的油气勘探开发投入了大量的资金和科研力量,并取得了显著的回报。目前,巴西拥有世界上最顶尖的深海和超深海油气勘探开发技术。

知识点 17

2007 年 5 月中国在南海神狐海域成功钻获天然气水合物实物样品,成为世界上第 4 个通过国家级研发计划采到天然气水合物实物样品的国家。

知识点 18

中国海上油气勘探工作始于 20 世纪 60 年代,在渤海的"海 1 井"钻探成功出油。

知识点 19

海洋中的波浪,具有十分巨大的能量,能把几十吨的石头推走,能使万吨巨轮颠簸。灾难性的海浪——海啸能把轮船冲上陆地,甚至能推翻岸边的建筑物。经科学家估测,在 1 km^2 的海面上,海浪能的功率高达 2.0×10^5 kW,如合理利用,将是非常可观的能量。1995 年,英国建成世界上第一座商用海浪发电站,名为"奥斯普雷 -1"号。

知识点 20

海洋科学研究是一门以观测为基础的学科,其研究水平受监测技术手段制约。在现代海洋观测中,需要各种传感器对海洋进行多参数、原位、实时观测。传感器按感应方式分类可分为声、电、光转换传感器。声转换传感器有基于多普勒原理的流速测量仪器、海底地震仪等;电转换传感器有 CTD,离子选择电极,氢气、硫化氢、pH 传感器;光转换传感器有激光拉曼光谱仪、激光粒度仪、浊度传感器、甲烷传感器和水下相机。

知识点 21

早在 1985 年中国就有学者提出了热液成矿的多元理论,并注意了洋脊地下热液在铁、铜等硫化物沉淀中的作用。但这一时期中国在这方面的研究仅限于理论研究。

知识点 22

在广阔的深海海底也蕴藏了大量的油气资源,目前世界深海油气开发进入了新的阶段。2010 年,海洋石油作业水深已达到 3 000 m 以上。

知识点 23

用于观测海流的海洋仪器有机械旋桨式海流计、电磁海流计、声学多普勒海流计(ADCP)等。

知识点 24

CTD,名为温盐深仪。在海洋科考里,它特指一种用于探测海水温度、盐度、深度等信息的探测仪器。这里的 3 个字母分别指 Conductance(电导)、Temperature(温度)、Depth(深度)。其中,温度是直接测量得到的,而盐度和深度则是分别测量海水的电导率和压强,然后通过公式换算得到的。

知识点 25

中国海洋大学包振民教授团队成功培育出富含类胡萝卜素、高产抗逆的"海大金贝"虾夷扇贝新品种，2008 年通过农业部水产新品种审定。

知识点 26

2010 年 1 月，"海洋特征寡糖的制备技术（糖库构建）与应用开发"项目获 2009 年度国家技术发明一等奖。该项目由中国知名海洋药物学家管华诗院士领衔的中国海洋大学海洋药物研究团队完成。

知识点 27

公式 $E_k = 0.5\ mv^2$ 可用于衡量潮流能和风能的大小，不同之处在于海水密度比空气的高 3 个量级，而潮流流速较风速低 1 个量级。

知识点 28

深水开采油气会遇到一系列的难题。难度一，水深增加，勘探思路有待突破。水深增加到 3 000 m，地震波能量不易到达底层，构造成像不清晰。难度二，深水区域压强大，开采需要高科技。难度三，深水环境复杂多变，安全保障级别高。难度四，距离陆地远，油气储运难度大。难度五，距离陆地远，后期补给周期长。

知识点 29

Argo 也曾用大写英文字母"ARGO"表示，原是"Array for Real-time Geostrophic Oceanography"的英文缩写，中文含义为"地转海洋学实时观测阵"。后来，国际 Argo 指导组为了强调该海洋观测网与美国、法国联合发射的新一代"Jason"卫星高度计之间的特殊关系，强烈建议使用"Argo"作为该计划的名称。而用于建立全球海洋观测网的自动剖面浮标，简称为 Argo 剖面浮标，其观测资料须遵守国际 Argo 计划的原则，与全体成员国无条件共享。故在海洋和大气科学领域，"Argo"已经成为国际 Argo 计划或全球 Argo 实时海洋观测网的专用名称。

知识点 30

1998 年美国等国海洋科学家提出国际 Argo 计划，旨在用 5 ~ 10 年时间在全球大洋中每隔 300 km 布放一个由卫星跟踪的剖面漂流浮标（即 Argo 剖面浮标），总计为 3 000 个，由此组成一个庞大的全球 Argo 实时海洋观测网，以便快速、准确、大范围地收集全球海洋 2 000 m 上层的海水温度、盐度和浮标的漂移轨迹等资料。该计划于 1999 年得到了世界海洋观测大会的认可。

知识点 31

中国于 2001 年 10 月正式加入国际 Argo 计划，成为继美国等国之后第 9 个加入 Argo 计划的国家。中国 Argo 计划的基本目标如下：通过在邻近的西北太平洋等海域施放 100 ~ 150 个 Argo 剖面浮标，建成中国 Argo 大洋观测网，使之成为全球 Argo 实时海洋观测网的重要组成部分，同时能共享到全球海洋中 3 000 个 Argo 剖面浮标的观测资料，为中国海洋研究、海洋开发、海洋管理等提供丰富的实时海洋观测资料和衍生数据产品。

知识点 32

2002 年 10 月 21 ～ 25 日，Argo 大型科学观测试验项目组在"向阳红 14"号科学考察船的配合下，在西北太平洋海域布放了 2 个 APEX 型 Argo 剖面浮标和 1 个 PROVOR 型 Argo 剖面浮标，这是中国首次在西北太平洋布放 Argo 浮标。

知识点 33

2007 年 10 月末，全球 Argo 实时海洋观测网正式建成。随着 Argo 资料数量的快速增加和观测时间序列的不断延长，它们在海洋和大气等多个领域的科学研究和业务活动中的应用也得到了长足的发展。各国所获得的 Argo 资料，实现了全球用户的免费共享。

知识点 34

中国 Argo 实时资料中心，遵循国际 Argo 计划组织和科技部数据共享原则，多年来通过中国 Argo 实时资料中心网站（http://www.argo.org.cn），坚持为国内外用户免费提供和更新全球海洋中的所有 Argo 剖面浮标观测资料，保证了中国 Argo 资料用户完全可以与世界各国科学家同步获得在全球海洋上的 Argo 剖面浮标所观测的资料。这些数据已成为海洋气候模式研究的重要资料来源，对于了解全球水循环变化和开展季节气候预报都具有十分重要的科学意义。

知识点 35

POM（Princeton Ocean Model）全称普林斯顿海洋模型，是美国普林斯顿海洋大学科学家于 1977 年建立起来的一个三维原始方程数值海洋模型，被广泛应用到河口、陆架、湖泊、海洋等区域的海流和潮汐模拟中。

知识点 36

FVCOM（Finite Volume Coastal Ocean Model）是美国麻省大学陈长胜所领导的研究小组于 2000 年成功建立的海洋环流与生态模型。模型包含动量方程、连续方程、温盐守恒方程以及状态方程，数值模型采用有限体积法。其优点如下：计算精确快捷；采用非结构三角形网格，可以较好地拟合海岸线边界和海底地形。

知识点 37

LICOM 模式是中国科学院大气物理研究所（IAP）大气科学和地球流体力学数值模拟国家重点实验室（LASG）发展的全球大洋环流模式。

知识点 38

天气预报就是应用大气变化规律，根据当前天气形势，对未来一定时期内的天气状况进行预测。1921 年，Richardson 第一次尝试用数值的方法预报天气，但是以失败告终。1950年，Charney 基于大气运动方程组，利用世界上第一台计算机成功制作了 24 小时数值预报。

知识点 39

最早用于监测海冰的卫星遥感是 1972 年 Nimbus-5 卫星上的多通道电子扫描微波辐射仪（ESMR）。利用这个传感器得到了全球南极和北极海冰覆盖的全年记录，并制作了全球海冰覆盖范围和凝聚图。

知识点 40

在对潜水面镜的保养与维护中要注意避免与其他物品粘连,不可涂抹任何油物。

知识点 41

海洋科学研究的对象是世界海洋及与之密切相关联的大气圈、岩石圈、生物圈。

知识点 42

潮位的测量方式有浮子式、压力式、光学和声学等。

知识点 43

海冰形成的必要条件:海水温度降至冰点并继续失热、相对冰点稍有冷却现象并有凝结核存在。

知识点 44

2011 年 8 月 16 日,中国在太原卫星发射中心利用"长征四号乙"运载火箭,成功发射了中国首颗海洋动力环境卫星——"海洋二号"(HY-2)卫星。其主要任务是监测和调查海洋环境,是海洋防灾减灾的重要手段,可直接为灾害性海况预警报和国民经济建设服务。HY-2 卫星搭载了雷达高度计、微波散射计、扫描微波辐射计、校正微波辐射计等传感器。雷达高度计用于测量海面高度、有效波高及风速等海洋基本要素,微波散射计主要用于全球海面风场观测,扫描微波辐射计主要用于获取全球海面温度、海面风速、大气水蒸气含量、云中水含量、海冰和降雨量等,校正微波辐射计主要用于为高度计提供大气水汽校正服务。

知识点 45

陆地上广泛使用电磁波进行无线通信,但由于电磁波在水中衰减很大,所以在水中很难实现电磁波无线通信。目前主要利用声波、特殊波长的光进行无线通信。

知识点 46

高频地波雷达利用高频段电磁波(300 万～3 000 万赫兹)在导电海洋表面绕射传播且衰减小的特点,能超视距探测海平面视线以下的船只、低空飞机和冰山等运动目标和海面海流、海浪和风场等海态信息,最远探测距离可达 200 n mile。

知识点 47

星载合成孔径雷达是工作在微波波段,可对海洋进行全天时、全天候、高分辨率观测。

知识点 48

搭载在卫星上的海洋遥感器,通过接受来自海面的电磁辐射,来获取海洋信息;所采用的电磁波包括可见光、红外、微波等,其中可见光的波长范围是 $0.4 \sim 0.7$ μm。

知识点 49

CFOSAT 卫星是由中国和法国联合研制的一颗用于海洋波浪和风场观测的卫星。它包括两个微波遥感有效载荷：一个是法国航天局研制的用于海洋波浪方向谱测量的雷达波谱仪，另一个是中国研制的用于海表面风场测量的微波散射计。

知识点 50

按照传感器工作方式，可以把海洋遥感划分为主动式和被动式两种。主动式遥感，传感器向海面发射电磁波，然后接收由海面散射回来的电磁波，从散射回波中提取海洋信息或成像。主动式传感器包括侧视雷达、微波散射计、雷达高度计、激光雷达和激光荧光计等。被动式遥感，传感器不发射电磁波，只接收海面热辐射能量或散射太阳光和天空光能量，从这些能量中提取海洋信息或成像。被动式传感器有各种照相机、可见光和红外扫描仪、微波辐射计等。

知识点 51

获取海洋水深和地形地貌信息是人类探索和利用海洋的基础。目前，我们主要通过船载声呐测量的方式获取海洋水深地形信息。

知识点 52

测量船体的导航定位则采用卫星导航定位方式，现在运行的卫星导航系统有美国的全球定位系统（GPS）、俄罗斯的格洛纳斯卫星导航系统（GLONASS）、欧洲的伽利略卫星导航系统（GALILEO）和中国的北斗卫星导航系统（BDS）。

知识点 53

ADCP 是英文 "Acoustic Doppler Current Profiler"（声学多普勒流速剖面仪）的缩写。该种仪器利用声学多普勒原理，用声波换能器作为传感器，换能器发射声脉冲波，声脉冲波通过水体中不均匀分布的泥沙颗粒、浮游生物等介质反散射，由换能器接收信号，测量分层水体中介质反散射信号的频移信息，计算出介质的运动速度，并利用矢量合成方法获取垂直剖面水流速度。在实际观测中，因附着在换能器表面的气泡和船体湍流产生的气泡严重影响换能器辐射功能，因此，有效消除气泡是船基海上观测的第一挑战性难题。采用弹性体减震材料可最大限度地隔绝船体剧烈振动对声学换能器的影响；采用船底平滑导流结构可降低船舶航行时产生的气泡，确保 ADCP 等声学仪器设备良好的试验环境。

知识点 54

2002 年 5 月 15 日，中国第一颗海洋卫星"海洋一号"（HY-1A）发射成功。HY-1 是一颗海洋水色试验型业务卫星。它携带的主要传感器为 10 波段水色扫描仪和一台 4 波段 CCD 相机。卫星质量为 368 kg，为太阳同步近圆轨道，设计寿命为 2 年。

知识点 55

山东海洋学院（现中国海洋大学）的方宗熙教授是中国海藻遗传学的奠基人，在国内主持研究海带单倍体遗传育种首次获得成功。

知识点 56

从天然气水合物中提取天然气的方法目前主要有 4 类：热激发法、化学试剂法、降压法和二氧化碳替换法。其中,热激发法原理主要是将蒸气、热水、热盐水或其他热流体从地面泵入水合物地层,促使温度上升使水合物分解释放;化学试剂法原理是将诸如盐水、甲醇、乙醇、乙二醇、丙三醇等可以降低水合物稳定温度的化学试剂从井孔泵入地层中促发水合物分解;降压法则是通过降低压力而改变天然气水合物稳定的相平衡,从而达到促使水合物分解的目的;而二氧化碳替换法主要是通过二氧化碳的泵入来将水合物分子中的甲烷气体替换出的方法。

知识点 57

水面舰船长期处于海水这种盐度较高的腐蚀环境中,常用的防腐方法是将活泼金属锌在海水介质中与钢结构连接,使船体在总体上成为阴极而得到保护。

知识点 58

为了保持或改变航行方向,水面舰艇都设置操舵系统。水面舰艇一般要求操舵速度比民船快,这是为了提高舰的航向稳定性和回转性。

知识点 59

水面舰船探测水下目标,包括声学方法和非声方法。非声方法包括磁特征探测、光学特征探测、电场特征探测、红外探测和水动力学特征变化等。目前,水下目标探测效果最好的手段是利用声学特征探测。

知识点 60

常规潜艇 AIP 系统中的 "AIP" 是 "Air-Independent Propulsion"(不依赖空气推进)3 个单词的首字母大写。

知识点 61

船载航行数据记录仪(Voyage Data Recorder, VDR),俗称船用黑匣子。

知识点 62

电力推进船舶的螺旋桨是由电动机直接驱动的。

知识点 63

船舶通信导航设备包含罗经、GPS、海图、雷达、测深仪、甚高频等设备。

知识点 64

单人常压潜水装具(Atmospheric Diving Suit)系统是一种拟人型深海载人水下作业系统,能在潜水时保持内部为常压环境。中船重工 702 研究所已成功研制 "QSZ-Ⅰ" 型和 "QSZ-Ⅱ" 型单人常压潜水装具用于水下作业。

知识点 65

功率限制是限制推进系统的出力,防止船舶电站过负荷。

知识点 66

FPSO(Floating Production Storage and Offloading),即浮式生产储油卸油装置,可对原

油进行初步加工并储存,被称为"海上石油工厂"。

知识点 67

海上风力发电机组基础形式通常有以下几种:重力式基础、漂浮式基础、单桩基础、导管架式基础、高桩承台基础等。

知识点 68

潜艇失事遇险以后,采用设闸或舱室注水方式利用艇上逃生设施阶段性上浮到水面的逃生方法被称为水下减压脱险法。

知识点 69

1914 年,由美国科学家设计的世界上第一台回声探测仪诞生了,当时它就能探测到 2 n mile 以外的冰山。

知识点 70

中国第一个使用数字传输的大型海洋水文气象浮标是"南浮一号"全自动海洋浮标,于 1980 年研制成功。

知识点 71

世界上最大、最先进的具有人工地震设备的海底石油勘探船是美国的"活动探测"号,它的总吨位为 3 338 t,续航能力为 1 400 n mile。

知识点 72

1874 年,英国研制出颠倒温度计。这是海洋测温技术的重大革新。它大大提高了海洋测温的精度。现代的温度计就是在此基础上改进而成的。

知识点 73

1991 年,中国成功研制了第一台智能水下机器人,作业水深达到了 300 m。它背后有 4 个水平垂直推进器,行动自如,这种机器人的结构为单人常压潜水装具。

知识点 74

李法西是中国海洋化学学科的主要奠基人之一。1964 年其发表的首篇海洋化学论文《河口硅酸盐物理化学过程研究》是中国河口化学领域开创性的研究工作。

知识点 75

中分辨率成像光谱仪(Moderate-resolution Imaging Spectroradiometer,缩写 MODIS)是美国宇航局研制的大型空间遥感仪器,用以了解全球气候变化。全球许多国家和地区都在接收和使用 MODIS 数据。

知识点 76

迄今为止,人们所熟知的水中的各种能量辐射形式中,以声波的传播性能为最好。在含有盐、气泡和浮游生物的海水中,光波和电磁波的衰减都非常大。它们的传播距离较短,远不能满足人类在海洋活动中的需要。因此,到目前为止,在水下目标探测、通信、导航等方面均以声波作为水下最有效的辐射能。

知识点 77

2014 年 3 月,马航 MH370 失联后,美军太平洋舰队曾使用可探测黑匣子信号的拖曳声波定位仪参与搜寻马航失联客机。该仪器的系统型号为 TPL-25,可探测到水下超过 6 000 m 深度的信号源,声波定位仪可以探测从 3.5 kHz 到 50 kHz 频段的各种信号。拖曳声波定位仪由水下拖曳部分、线缆、绞车、液压动力系统、发电机以及控制台等部分组成,其水下拖曳部分会被船只拖着在海上缓慢行进,速度通常是 1 ~ 5 kn。

知识点 78

2008 年瑞典皇家科学院决定将诺贝尔化学奖共同授予下村修(Osamu Shimomura)、马丁·沙尔菲(Martin Chalfie)和钱永健(Roger Y.Tsien),以表彰他们在绿色荧光蛋白发现和研究方面所做的贡献。绿色荧光蛋白最早是由下村修等人在 1962 年在维多利亚多管发光水母(*Aequorea victoria*)中发现。

知识点 79

1905 年日俄战争期间的日本海大海战中,无线电通信首次应用于舰队通信。

知识点 80

"宙斯盾"指挥信息系统是当今美国海军最先进、最庞大的综合舰载指挥信息系统。

知识点 81

驱逐舰采用平甲板船型,其优点如下:船体构造简单,纵向强度好。

知识点 82

从抵抗深水压力方面考虑,潜艇采用圆形截面的耐压艇体最为有利。

知识点 83

航空母舰(Aircraft Carrier)是以舰载机为主要作战装备的大型水面舰艇,是供海军飞机起降的高速浮动的海上机场。

知识点 84

海军舰艇可采用多种通信方式,其中,旗语属于简易信号通信方式。

知识点 85

登陆舰是能将运载的人员、武器装备、物资和车辆等在无靠岸设施的滩头阵地直接抢滩登陆的舰种。

知识点 86

航空母舰按使命任务可分为攻击型航空母舰、反潜型航空母舰和多用途型航空母舰。

知识点 87

潜艇的危险深度是指在水下由潜望深度至工作深度上限之间的范围,潜艇在此深度范围航行非常危险。

知识点 88

舰船的漂浮状态可以分为正浮状态、纵倾状态、横倾状态和任意状态。

知识点 89

舰船的稳性包括初稳性和大角稳性;其中,舰船的初稳性适用于横倾角不大于 15° 或上甲板不入水、舭部不露出水面的情况。

知识点 90

舰船水面航行时,需要克服各种阻力,主要包括黏压阻力、摩擦阻力、兴波阻力等,处于不同航速范围的各种舰船,其阻力组成的比例也是不同的。一般来说,对于低速船摩擦阻力占主要成分。

知识点 91

潜艇的结构形式主要分为单壳体、个半壳体和双壳体。

知识点 92

舰体结构的振动主要包括自由振动和强迫振动。

知识点 93

舰船良好的漂浮状态包括正浮状态和略有艉倾的漂浮状态。

知识点 94

船体特殊结构主要包括桅杆结构、烟囱结构和装甲防护结构。

知识点 95

补给舰在海上为水面舰艇提供补给时,采用的补给方式主要有纵向补给、横向补给和垂直补给。

知识点 96

衡量舰船操纵性的主要指标包括航向稳定性、应舵性和回转性。

知识点 97

水面舰艇的上层建筑主要包括船楼、甲板室和岛型建筑。

知识点 98

水面舰艇在波浪中在总纵强度的危险状态包括中垂和中拱两种。

知识点 99

舰船的减摇装置的种类主要有船底龙骨式、减摇水舱式、减摇陀螺和减摇鳍装置式。

知识点 100

目前,海洋观测备品备件库管理信息系统主要管理各个海区的观测设备、采样设备、通信设备、计算机设备等。

知识点 101

海洋站观测延时数据传输采用海洋站、中心站、海区业务中心、国家业务中心逐级传输的机制。

知识点 102

在混浊、含盐的海水中,光波和无线电波的传播衰减非常大,相比之下,声波在水中的传播性能就好得多,利用深海声道效应,可在 5 000 km 以外也能清晰地接收几磅 TNT 炸药爆炸时所辐射的声信号。

知识点 103

声呐是水声传输与探测的主要技术装备,是在水媒质环境中利用声波作为信息载体对水中目标进行探测、定位、识别、跟踪以及实现水下导航和通信、水声对抗等各种设备的总称,有"水下雷达"之称。

知识点 104

1978 年 6 月,美国发射了世界上第一颗 SAR 海洋动力环境卫星——SEASAT-A,卫星搭载 L 波段合成孔径雷达(SAR)、Ku 波段雷达高度计、L 波段微波散射计、多通道扫描微波辐射计、可见光与红外辐射计等,可以实现对海面风场、海面高度、海面温度等海洋动力环境要素的观测,首开星载微波遥感系统观测全球海洋动力环境之先河。

知识点 105

根据浮标在海面上所处的位置来看,可分为锚泊浮标、漂流浮标和潜标。被称为"海上不倒翁"的浮标属于锚泊浮标。

知识点 106

为了克服盐度标准受海水成分影响的问题,1978 年建立了实用盐标。

知识点 107

海浪观测的方法:① 浮标观测,测波面加速度变化(放在水面,跟随波面测定波面的加速度变化);② 悬线侧波仪:测电容变化(悬入水中,电容变化量与进水高度有关,订正后得到波高);③ 压力式测波仪:测波动中压力变化(仪器固定,压力变化反应则波高变化);④ 人工观测(目测):用光学测波仪与浮筒配合,确定仪器与浮筒的位置、俯视角、与平均海面高度,看浮筒位置变化推算波高;⑤ 遥感:高度计(有效波高)、合成孔径雷达(方向谱)、地波雷达(有效波高和波向)。

知识点 108

波浪观测可采取人工观测、光学测波仪、声学测波仪、遥测波浪仪等进行观测。验潮仪用于潮位观测。

知识点 109

岸用光学测波仪是由读数望远镜和浮筒两大部分组成。浮筒是测波仪的探头,读数望远镜是测波仪的显示机构。浮筒起伏的高度被成像在读数望远镜的分划板上,观测者记下浮筒在分划板上起伏的格数,然后根据波高计算公式求得所测波浪的高度。岸用光学测波仪可用于测量海洋波高、周期、波向等要素。

知识点 110

目前中国在岸滨建设有多套高频地波雷达观测系统,主要对海表面海流要素进行观测,同时兼顾海浪、海面风等观测要素。

知识点 111

国内外进行海洋环境监测的锚系浮标直径 0.5 ~12 m,形状有圆盘形、船形和柱形等多种形状,考虑到安全性、稳定性、抗破坏性和可维护性,国内非近岸海域业务化运行的浮标以直径 10 m 钢制圆盘形浮标为主,直径 6 m 圆盘形浮标有少量应用,直径 3 m 及以下浮标一般用于港口、河口和近岸。

知识点 112

在北冰洋,从格陵兰海冰盖和陆缘冰架崩落下来掉入海里的冰山,可以随着海流进入大西洋,甚至到达北纬 40°,寿命可达 4 年左右。而南大洋的冰山的平均寿命比北极的冰山更长,可达 13 年之久。

知识点 113

1958 年冬天,美国破冰船"东方"号在格陵兰以西发现的冰山高出海面 167 m,是至今发现的最高的冰山。

知识点 114

自 1527 年英国商人罗伯特·索恩提出存在一条东北航道以来,英、俄等国家都在试图开发这一航道,但终因风险太大而未能如愿。

知识点 115

白令海是以丹麦航海探险家白令的名字命名的。

知识点 116

1 kn ≈ 1.852 km/h。

知识点 117

2006 年,日本投资 5.4 亿美元建造的 6 万吨级大洋钻探船"地球"号开始执行海上钻探试验任务。该船全长 210 m、宽 38 m、排水量为 5.7 万多吨,是目前全球最大的海洋探测船。

知识点 118

"雪龙"号考察船是中国最大的极地考察船,也是中国唯一能在极地破冰前行的船只。能以 0.5 kn 航速,连续冲破 1.2 m 厚的冰层。船装有可调式螺旋桨,航行时操作灵活,有利于破冰。

知识点 119

中国自行设计建造的第一艘海洋调查船"东方红"号于 1965 年 12 月下水。该船长

86.8 m,宽 13.2 m,排水量为 2 574 t。该船交由山东海洋学院（现中国海洋大学）使用。

知识点 120

根据海洋调查规范（GB 12763—2007）的定义，海洋小型动物的界定如下：凡能通过孔径 0.5 mm 套筛网目，而被 0.042 mm 套筛所截留的生物，称为小型底栖生物。

知识点 121

为推动中国深海运载技术发展，为中国大洋国际海底资源调查和科学研究提供重要高技术装备，同时为中国深海勘探、海底作业研发共性技术，2002 年中国科技部将深海载人潜水器研制列为国家高技术研究发展计划（"863 计划"）重大专项，启动"蛟龙"号载人深潜器的自行设计、自主集成研制工作。"蛟龙"号潜水器长、宽、高分别是 8.2 m、3.0 m 与 3.4 m，在空气中重量不超过 22 t。它的外形像一条鲨鱼，有着白色圆圆的"身体"、橙色的"头顶"，身后装有一个 X 形稳定翼，在稳定翼的 4 个方向各有 1 个导管推力器。"蛟龙"号有效负载 220 kg（不包括乘员重量）；最大速度为 25 n mile/h，巡航 1 n mile/h；载员 3 人；正常水下工作时间 12 h。

2012 年 6 月 24 日，中国首台载人深潜器"蛟龙"号的水声通信机实现了世界上首次 7 000 m 深度的潜器与母船"向阳红 09"间的图像、语音、数据和文字的水声通信传输。

"蛟龙"号的水声通信机采用了适合于载人潜水器的水声通信信号处理技术。它有 4 种通信功能：① 相干水声通信，传输速率为 5 ～ 15 kbps，用于传输图像；② 非相干水声通信，传输速率 300 bps，传输文字、指令和数据；③ 扩频水声通信，传输速率 16 bps，传输指令；④ 水声语音通信，采用单边带调制技术传输语音。

"蛟龙"号载人潜水器艏部搭载两部机械手，分别为 ORION 7R 液压驱动七自由度开关式机械手、ORION 7PE 液压驱动七自由度从动机械手。

"蛟龙"号载人潜水器的钛合金载人球舱内径 2.1 m，可携带 1 名驾驶员和 2 名科学家，共 3 名乘员。"蛟龙"号载人潜水器舱内的生命支持系统可在正常情况下供 3 名下潜人员使用 72 h，应急情况下可延长至 84 h。

"蛟龙"号载人潜水器的载人球舱布置有透光直径 200 mm 的观察窗 1 个、透光直径 120 mm 的观察窗 2 个，共 3 个观察窗用于观察载人球舱外的环境。

2015 年 2 月 3 日，"蛟龙"号载人潜水器在西南印度洋迎来 2009 年首次下潜试验以来的第 100 次下潜。

"蛟龙"号目前创造的载人下潜深度为 7 062 m（2012 年 6 月 27 日进行的 7 000 m 级海试第五次下潜试验），创造了世界同类作业型潜水器的最大下潜深度纪录。"蛟龙"号可在占世界海洋面积 99.8％ 的广阔海域自由行动。

知识点 122

1995 年 8 月，中国"CR-01" 6 000 m 无缆自治水下机器人研制成功，使中国成为世界上拥有潜深 6 000 m 自治水下机器人的少数国家之一。

知识点 123

在完成设计、建造、陆上联调、水池试验后，"蛟龙"号载人潜水器又经历了 1 000 m

级、3 000 m 级、5 000 m 级、7 000 m 级共 4 个阶段的海上试验,之后投入试验性应用。

知识点 124

"阿尔文"号(Alvin)载人潜水器是目前世界上最著名的深海考察工具,服务于美国伍兹霍尔海洋研究所,已下潜超过 4 000 次,是目前下潜次数最多的载人潜水器。

知识点 125

目前世界上拥有超过 6 000 m 工作水深的三人座研究型载人潜水器的国家共有 5 个,分别为美国的"阿尔文"号(Alvin),俄罗斯的"和平Ⅰ"号、"和平Ⅱ"号(MirⅠ、Ⅱ),法国的"鹦鹉螺"号(Nautilus),日本的"深海 6500"号(Shinkai6500),以及中国的"蛟龙"号(Jiaolong)。

知识点 126

由中国船舶重工集团公司第七〇七研究所自主完成设计的新型综合船桥系统荣获 2013 年度中国设计界的最高奖项"中国创新设计红星奖",是国内首获该奖项的大型通导产品。

知识点 127

2014 年 8 月至 10 月,中国科学家搭载"科学"号海洋科学综合考察船,在热带西太平洋西边界流关键海域成功布放 18 套大型深海潜标和 160 个卫星定位表层漂流浮标,这也是国际上首次在该海域开展大型潜标集中布放,标志着热带西太平洋科学观测网初步构建完成。通过潜标阵列对西边界流和赤道流系流量和流速及其结构开展长时序连续观测,有望为系统、定量化地研究热带西太平洋海洋环流对暖池变异的影响、深层环流特征及与大尺度环流的关系、深层水体混合及其对环流变异的影响等重大科学问题,提供国际上前所未有的科学数据。

知识点 128

2014 年 4 月 8 日,国家重大科技基础设施——"科学"号海洋科学综合考察船首航,赴西太平洋执行中国科学院海洋先导科技专项热液调查任务,成功在冲绳海槽发现活跃的热液喷口,并利用深海 ROV 对热液喷口附近海底进行了现场原位观测和取样分析。

知识点 129

卫星遥感是获取海洋观测数据的主要手段之一。目前,可以通过卫星遥感方式获取的海洋要素包括海表面温度、海表面盐度、海面高度、海面风场和海表层叶绿素浓度等。

知识点 130

极限深度,亦称最大下潜深度,是潜水器耐压艇体耐压强度所能允许的下潜深度的最大值,潜水器在此深度只能进行有限次数的短时间逗留。此外,设计潜水器时计算艇体强度的深度,称为设计深度,通常为极限深度的 1.3 ~ 1.5 倍,以保证潜水器超越极限深度时,仍具有一定生存力。

知识点 131

应用于海洋观测领域的无人航行器,按其航行工作区域分为空中的无人机(UAV)、海面的无人船(USV)和水下的无人潜器(UUV)。

知识点 132

海底观测平台——海床基,有着原位、长期连续、不受海况和天气影响、数据质量高、可多要素同步观测的技术优势。

知识点 133

船载走航声学多普勒流速剖面仪(Aconstic Doppler Current Profiler,ADCP)测流可获得大范围空间连续的海流数据,是大洋调查海流的主要手段。

知识点 134

中国海冰观测的方式,归纳起来大致可以分为如下 4 种:岸边观测、船舶观测、飞机观测、卫星观测。

知识点 135

海水循环冷却技术,就是以原海水为冷却介质,经过换热设备完成一次冷却后,再经冷却塔冷却并循环使用的冷却水处理技术。

知识点 136

潜水技术经历了裸潜、通气管潜水、重潜水、轻潜水、饱和潜水 5 个发展阶段。

知识点 137

现在世界上公认的空气潜水作业深度为 60 m,氦氧常规潜水为 120 m,饱和潜水为 200 m。

知识点 138

可燃冰开采的最大难点是保证井底稳定,使甲烷气不泄漏、不致引发温室效应。"可燃冰"的开采方法主要有以下几种:第一种是热激化法,就是通过一些方法将可燃冰加热,使其温度升高,从而使水合物分解而开采;第二种是减压法,即采用物理方法给可燃冰减压,达到使之分解的目的;第三种是注入剂法,就是往可燃冰中加一些化学试剂,将"冰"转化成气。

知识点 139

综合大洋钻探计划(IODP)是一个国际科学研究计划,调查地球研究的重要问题。IODP349 航次是新十年(2013—2023)"国际大洋发现计划"的首航,也是中国时隔 15 年后第二次在南海实施大洋钻探。

知识点 140

合成孔径雷达是一种主动式微波成像雷达,通过测量携带着海面信息的海面后向散射能量,感受海面粗糙度的变化,从而对多种海洋、大气现象进行探测。

知识点 141

世界海水淡化装置有 60％分布在海湾地区。最大的反渗透海水淡化装置建在沙特阿拉伯,其日产水为 5.68 万吨,是 1989 年 4 月由日本三菱重工建造的。

知识点 142

世界上应用最普遍的海水淡化的方法是闪急蒸馏法。

知识点 143

1937 年,苏联正式建立了第一个浮冰漂流站——"北极一号"站。

知识点 144

2007 年 4 月 11 日,中国第二颗海洋卫星"海洋一号 B"成功发射并交付使用。

知识点 145

1998 年中国作为参与成员国加入大洋钻探计划。1999 年实现了中国海首次大洋钻探——南海 ODP184 航次,使中国进入了国际深海基础研究的前沿。

知识点 146

1919 年 8 月,中国最早的水上飞机——"甲型一号"双桴双翼水上飞机,在福建马尾飞机制造工程处制造成功。

知识点 147

1986 年,武汉造船厂建造成功中国第一艘载人潜水器——深潜救生艇,标志着中国深潜技术达到世界先进水平。

知识点 148

"雪龙"号破冰船最大航速 18 kn,约为 33.3 km/h。

知识点 149

RTK(Real-Time Kinematic)定位技术是基于载波相位观测值的实时动态定位技术,它能够实时地提供测站点在指定坐标系中的三维定位结果,并达到厘米级精度。

知识点 150

海洋航空遥感可以运用多光谱、高光谱等技术,达到对海洋环境监测、海域使用状况调查、赤潮范围面积测算等的工作。绘制深海海底地形图不属于航空遥感的范畴。

知识点 151

直-9 轻型多用途直升机是由哈尔滨飞机制造公司引进法国 SA365 型直升机专利研制生产的,用于人员运输、近海支援、海上救护、空中摄影、海上巡逻、鱼群观测、护林防火等,并可作为舰载机使用。

知识点 152

3S 技术是遥感技术(Remote Sensing, RS)、地理信息系统(Geography Information Systems, GIS)和全球定位系统(Global Positioning Systems, GPS)的统称,是空间技术、传

感器技术、卫星定位与导航技术和计算机技术、通信技术相结合,多学科高度集成的对空间信息进行采集、处理、管理、分析、表达、传播和应用的现代信息技术。

知识点 153

中国第一艘载人潜水器是 1986 年研制的潜艇救援艇,能载 4 人,排水量 35 t,最大下潜深度 600 m,能在水下与潜艇对接。

知识点 154

现在的潜水器自持力都相对发达,不需要缆绳来供电或提供通信支持。

知识点 155

船舶水下辐射噪声对舰艇隐身性有着非常重要的影响,声波在海水中可以传播很远的距离,从而使声源头易于被探测和遭到攻击。降低舰艇的水辐射噪声不仅可以提高舰艇自身的隐蔽性,而且还可以增大自身声呐系统的作用距离,从而大大提高舰艇的水下对抗能力。

知识点 156

由于船舶航行时会产生阻力,因此减小船舶的阻力成为研究课题,为此人们提出很多方法,如选择合适的船长、船宽,尽量使船体表面光滑,提出双体船、三体船的概念等。

知识点 157

提高船舶最小倾覆力矩可以提高船舶的安全性,而降低船舶重心高度、增加干舷、增加船宽都可以提高船舶最小倾覆力矩。

知识点 158

波浪能发电装置有压力差式波浪能发电装置、浮式结构波浪能发电装置、收缩坡道式波浪能发电装置等。

知识点 159

汪德昭是中国知名的水声物理学家、中国水声物理学的奠基人。汪德昭积极组织并创建了中国科学院声学研究所,对水声学研究和国防水声学研究做出了突出贡献。

知识点 160

水母在进化过程中形成了一套预测风暴的"报警装置",使它在风暴来临前就游向安全之地。仿生学家通过模仿其感觉器研制的风暴预报仪器能提前对风暴做出预报,并指出风暴来的方向,操作简单,使用非常方便。

知识点 161

"海马"号无人遥控潜水器是中国迄今为止自主研发的系统规模和下潜深度最大的无人遥控潜水器,标志着中国全面突破了深海无人遥控潜水器的相关核心技术,具备了自主开发能力。

知识点 162

2014 年中国成功研发具有完全自主知识产权的、采用混合推进技术的水下滑翔机

"海燕",其具备在水下全天候工作的能力。

知识点 163

2012 年 3 月 26 日,卡梅隆随"深海挑战者"号,用 90 多分钟时间深入到马里亚纳海沟 36 000 英尺(约合 10 973 m)的海底。2014 年 2 月,中国首次在西南印度洋多金属硫化物勘探合同区成功实施水下机器人"海龙"号无人缆控潜水器作业,突破近底连续作业 8 h 纪录。

知识点 164

2015 年 2 月 24 日,搭载"蛟龙"号载人深潜器的"向阳红 09"船在圆满完成中国大洋 35 航次第二、三航段科考任务后从毛里求斯返航,于 3 月 17 日抵达位于青岛的国家深海基地码头。

知识点 165

高频地波雷达可用于测量大面积的表层海洋流场,得到了越来越广泛的应用。

知识点 166

数值模型在海洋研究中起着越来越重要的作用,常用的 3 种数值离散方法如下:有限差分法、有限元法以及有限体积法。

知识点 167

直读海流计、电磁海流计、声学多普勒流速剖面仪(ADCP)、声学多普勒流速仪(ADV)等均可对海水的流速进行观测。

知识点 168

走航式海洋多参数剖面测量系统,是一种集成程度和自动化程度都较高的海洋调查设备,能对海洋多要素进行同时观测,获得水平方向的高分辨率数据资料。该测量仪器的英文简称是 MVP。

知识点 169

1992 ~ 2002 年运行的 TOPEX/Poseidon 高度计卫星获取了 10 年的海表面高度数据,极大地促进了对海平面上升、大洋环流、潮汐等的研究。

知识点 170

潮汐理论的奠基者分别为创立平衡潮理论的牛顿以及创立潮汐动力学理论的拉普拉斯。

知识点 171

Sverdrup、Stommel 和 Munk 是风生环流理论最为重要的 3 位奠基人,其中 Stommel 的工作表明,科氏参量随纬度变化是出现西边界强化现象的必要条件。

知识点 172

海洋微生物的次级代谢产物是海洋活性化合物的主要来源。初级代谢产物是指微生物通过代谢活动所产生的、自身生长和繁殖所必需的物质,如氨基酸、核苷酸、多糖、脂类、维生素等。在不同种类的微生物细胞中,初级代谢产物的种类基本相同。次级代谢产物在微生物生命活动过程中是非必需的,如毒素、抗菌物质、色素等,其生理意义并不完全清楚。

知识点 173

1948 年,意大利科学家 Giuseppe Brotzu 从萨丁岛排水沟中的顶头孢霉中提取出了一种能够有效抵抗引起伤寒的伤寒杆菌的化合物——头孢菌素,即第一种海洋生物抗生素,开创了从海洋生物中开发新抗生素的先河。

知识点 174

镇痛药物 Ziconotide 的前体化合物是芋螺的肽类毒素 ω-contoxin,可通过合成获得。该药于 2000 年 6 月获得美国食品药品监督管理局证书,显示了广阔的应用前景。

知识点 175

"海王星"海底观测网(NEPTUNE-Canada)是加拿大研发的世界上第一个深海大型联网观测网,位于东太平洋的胡安·德·夫卡板块最北部。

知识点 176

美国的费森登设计制造了电动式水声换能器,1914 年就能探测到 2 n mile 远的冰山,标志着水下声学技术的诞生。

知识点 177

在 1915 年,法国物理学家保罗·郎之万(Paul Langevin)与俄国电气工程师西洛夫斯基(Constantin Chilowski)合作发明了第一部用于侦测潜艇的主动式声呐设备。

知识点 178

1881 年法国物理学家阿松瓦尔首次提出利用海水温差发电设想。海水温差能是指海洋表层海水和深层海水之间水温差的热能,是海洋能的一种重要形式。

知识点 179

摆式波浪能发电技术的原理是利用根据波况设计的水槽人为造成立波。这种技术最早由日本提出。

知识点 180

声呐装置由发射机、水听器、指示器、水声换能器等组成。

知识点 181

1799 年,法国的吉拉德父子获得了利用波浪能的首项专利。

知识点 182

大洋漂流浮标通过卫星通信的方式把数据传给用户的。

知识点 183

以卫星为观测平台的海洋卫星遥感与以飞机为观测平台的海洋航空遥感相比优点

是观测范围大,且不受地理条件的约束。其中,利用红外波谱(波长通常在 1 ～ 100 μm)获取海洋信息的遥感称为红外遥感。

在海洋卫星遥感中,卫星高度计主要用于测量平均海平面高度、大地水准面、有效波高、海面风速、海流、重力异常、降雨指数等。

水色遥感利用星载可见红外扫描辐射计接收海面向上的光谱辐射,经过大气校正,根据生物光学特性,获取海中叶绿素浓度、悬浮物浓度及黄色物质等海洋环境要素,因而它对海洋初级生产力、海洋生态环境、海洋通量、渔业资源、赤潮监测等具有重要意义。

知识点 184

卫星遥感观测系统由空间平台、卫星传感器、数据传输系统、地面接收站、数据处理系统、数据分发系统组成。

卫星传感器按工作方式可分为主动式和被动式传感器。① 被动式:如可见 / 红外扫描辐射计,微波辐射计。② 主动式:如微波高度计(垂直下视)、微波散射计(侧视)、合成孔径雷达(侧视合成)等。

知识点 185

20 世纪 60 年代,以美国"阿尔文"号为代表的第二代潜水器得到发展。这类潜水器不仅带有动力,还配置了水下电视和机械手等。

知识点 186

为预防潜水病和减压病的发生,现在潜水员都使用氦氧混合气体来代替压缩空气。

知识点 187

由于潜水沉箱比较笨重,1837 年一种由头盔和衣服组成的软潜水服被开发出来。

知识点 188

世界上第一个研制出能在海中自由游泳的智能机器人的国家是日本。

知识点 189

1985 年 12 月,中国第一台有缆水下机器人"海人一号"研制成功,并在大连海域首航成功。

知识点 190

1960 年 1 月,美国人唐·沃尔什(Don Walsh)与瑞士人雅克·皮卡德(Jacques Piccard)驾驶乘坐"的里雅斯特"号深海潜水器,首次成功地下潜至马里亚纳海沟最深处进行科学考察。

知识点 191

HADES 是国际上最重要的深渊生态研究计划之一,由美国伍兹霍尔海洋研究所领导,采用全海深无人潜水器"海神"号和全海深着陆器对克马德克海沟进行科考研究,致力于解决海斗深渊生态学中最前沿的科学问题。

知识点 192

大型海洋模式利用计算机求解海水运动方程,对于计算机计算能力要求极高。运行海洋模式的计算机通常是超级计算机集群,例如中国"天河一号""天河二号"等。由国防科技大学研制的"天河二号"超级计算机系统,在 2014 年 11 月公布的全球超级计算机 500 强榜单中获得冠军。

知识点 193

大型海洋数值模型运行在超级计算机上,对海流、海浪、潮汐等进行预报。这些超级计算机系统的操作系统最常见的是 Linux 操作系统,而不是 Windows 系统。

知识点 194

"海洋石油 981"代表了海洋石油钻井平台的一流水平,最大作业水深 3 000 m,最大钻井深度可达 10 000 m。

知识点 195

海上定位,是在海洋中的船舶上应用各种测量仪器测定船舶所在位置的方法。其中,动力定位(DP)系统在半潜船、海洋钻井船、管道电缆敷设船、科学考察船等船上广泛应用。

海洋中船舶定位,最关键的问题在于经度的测定。1956 年,佛兰德科学家墨卡托发明的圆柱心射投影图最适于航海使用,成为现代海图制绘的基础。墨氏海图的特点:在图上用直线连接任何两点,就是这两点之间的航向线,而且这条航线是以恒向角交于子午线,只要守定所设的罗经航向,就能无误地从一点驶到另一点。

知识点 196

破冰船是一种专门用于冰面上开辟航道的特种船舶。其船体结构坚实,船体宽,船身较短,便于灵活进退及变向;吃水深、马力大、航速高,大冲力可破碎较厚冰层;另外,其船头、船尾和船腹两侧均备有大水舱,可作为破冰设备用。

知识点 197

反渗透法是船舶最常用的海水淡化方法,因为其效率最高。

知识点 198

水尺计重,指的是在阿基米德原理的基础上,以船本身为计量工具,对船载货物进行计量的一种方法。该种计量方法适用于价值不高或不易用衡器计重的海运散装固态商品的计重。

知识点 199

1984 年 4 月 19 日,"向阳红 10"号调查船完成中国首次通信卫星试验任务,安全抵达上海港。"向阳红 10"号船承担了卫星试验过程中的通信转发和信息传输、重力和水文测量、气象保障和试验海区的环境调查任务;历时 124 d,航行 21 268.5 n mile。

知识点 200

中国大陆第一条海底隧道——厦门翔安海底隧道 2010 年 4 月 26 日上午建成通车。这条世界上断面最大的海底隧道全长 8.695 km。

海洋调查

知识点 1

卫星高度计主要用于测量平均海平面高度、大地水准面、有效波高、海面风速、海流、重力异常、降雨指数等。

知识点 2

在野外,水质的透明度有一个国际上常用的测量方法:拿一个直径 30 cm 的白色圆盘,沉到水中,注视着它,直至看不见为止。这时圆盘下沉的深度,就是水体的透明度。而水色是指位于透明度的 1/2 深处、在圆盘上所显示的水体的颜色。一般用水色计 1 号(浅蓝色)至 21 号(棕色)表示。

知识点 3

海水的颜色是由海水分子及悬浮物质的散射和反射出来的光线决定的。观测只在白天进行,观测地点应选择在背阳光的地方,且必须避免船上排出的污水的影响。

知识点 4

高频地波雷达测量区域海洋表层流场,是通过高频雷达发射电波并接收经海面反射波信息,再经模型计算反演出共同覆盖区域表层流场,它是一种应用海洋高新技术的测量手段。

知识点 5

调查船到达观测站后,首先要测定观测站的水深,由此来确定其他海洋要素的观测层次,再进行海洋要素的观测。

知识点 6

潮汐观测建立的验潮站根据对观测精度的要求和观测时间的长短,可分为长期验潮站、短期验潮站、临时验潮站和定点验潮站。为了使观测资料能充分反映当地潮汐变化规律,应选好验潮站站址。长期验潮站,多设在海港内水比较深且有防风浪设施的地点;短期和临时验潮站,可设在受风浪和径流影响较小、能充分反映测区潮汐情况的地点;定点验潮站,可设在能反映测区的潮汐特性、测量船可锚泊的海底平坦且风浪和海流较小的海域。潮汐观测中,长期验潮站又称基本验潮站,其观测资料用来计算和确定多年平均海面、深度基准面,以及研究海港的潮汐变化规律等。

知识点 7

早在 20 世纪 50 年代,美国中太平洋考察队在开展大洋基础地质科学考察时,就发现了太平洋水下海山上存在着铁锰质的壳状氧化物,但未引起重视。此后,美国、俄罗斯亦曾分别对夏威夷群岛和中太平洋海山上的铁锰氧化物开展过调查。直到 1981 年德国"太阳号"科考船率先对中太平洋富钴结壳开展专门调查后,富钴结壳才真正受到世界各国政府的高度重视和海洋学家的密切关注。中国于 20 世纪 90 年代中期拉开了富钴结壳正式航次调查的序幕。

知识点 8

1968 年在中国中部沿海建立了第一个观测潮位、波浪、表层海水温度和盐度、风速、风向、气压、气温、湿度、降雨、能见度、天气现象等要素的海洋综合观测平台。

知识点 9

20 世纪 90 年代中期,人们开始积极探索区域性海洋海底观测平台的概念设计:一个基于电缆的能够提供持续充足电能和实时高带宽数据传输的、一个使水下观测与陆地连接的光缆／电缆上的分布式传感器网络系统。于是,1998 年美国启动(加拿大于 1999 年加入)东北太平洋时间系列海底网络实验(North-East Pacific Time-series Undersea Networked Experiments,NEPTUNE)计划,即海王星计划。海王星计划的最终目标就是建立区域性的、长期的、实时的交互式海洋观测平台,在几秒到几十年的不同时间尺度、几微米到几千米的不同空间尺度上进行多学科的测量和研究。其主要研究方向包括了深海的三大领域:一是板块构造研究,特别是美、加西海岸外的板块构造,主要用来预测地震可能发生的地点及其所产生的影响;二是海洋对气候的影响以及南部富氧洋流,而南部富氧洋流对太平洋沿岸生态和鱼产量都有着决定性的影响;三是各种深海生态系统研究,观察这些由成千上万种生物组成的各种生态环境在自然环境变化时做出的反应。

知识点 10

1988 年 8 月 2 日,中国根据联合国教科文组织海洋学会第 14 届大会通过了《全球海平面联测计划》,在南沙群岛的永暑礁上建成了第 74 号海洋观测站——南沙海洋环境监测站。

知识点 11

自 1999 年起,中国陆续开展南海天然气水合物调查及勘探研究工作。2007 年 5 月在南海神狐海域成功钻获天然气水合物实物样品,标志着天然气水合物找矿工作的重大突破,显示出南海丰富的天然气水合物资源具有广阔的开发前景。

知识点 12

中国在海外建立的第一个联合观测站——中印尼巴东海洋联合观测站于 2011 年 4 月 27 日启用。

知识点 13

1872 年 12 月至 1876 年 5 月,在英国政府资助下,"挑战者"(HMS Challenger)号考察船自大西洋,经印度洋入太平洋,绕地球一周,这是世界上首次环球海洋考察,也是近代海洋科学的开端。在三大洋和南极海域共 127 584 km 的航程中,进行了 492 次深海探测、133 次海底挖掘、151 次开阔水面拖网以及 263 次连续的水温测定,获得三大洋 1.3 万种动植物标本及 1 441 份水样,并发现了约 4 717 种海洋新物种,确定了大西洋中脊和马里亚纳海沟,对世界海洋的温度、洋流、化学组成、海洋生物进行了调查,第一次取得了深海样品,发现了深海软泥和铁锰结核(现称大洋多金属结核),开启了物理海洋、海洋化学和海洋生物学的研究。这次历时 3 年 5 个月的调查被西方的海洋学家誉为近代海洋科学的奠基性调查,被视为现代海洋学研究的真正开始。1891 年英国的默里和比利时的勒纳尔将这次调查成果编制成第一幅世界大洋沉积物分布图并写成《海洋沉积》一书,标志着近代海洋地质研究的开始。

知识点 14

"地球"(ちきゅう)号是日本制造的世界最大深海钻探船,配备立管钻探系统。排水量 595 000 t,舰长 210 m,宽 38 m。2012 年 9 月 6 日,"地球"号海底勘探船在青森县八户市近海钻探到海底以下 2 132 m 处,创造了全球最深海底钻探纪录。当地水深约为 1 180 m。

知识点 15

第一次世界大战以后,德国利用"流星"号科学考察船对大西洋进行了科学考察,共获得 310 多个水文站点高精度的观测资料。这次考察第一次使用回声仪探测海底地形,经过 7 万多次海底探测,结果发现海底也像陆地一样崎岖不平,从而改变了以往所谓"平坦海底"的概念。

知识点 16

"海神"号由美国伍兹霍尔海洋研究所于 2008 年耗资 800 万美元制造,是一种混合了遥控潜水器和自主水下载具的深海潜水器。与中国载人深潜器"蛟龙"号不同,"海神"号并不具备载人功能。此前"海神"号曾在水下 11 000 m 进行过作业,并成功于 2009 年探测了世界大洋的最深处——水深约 11 032 m 的太平洋马里亚纳海沟挑战者深渊。2014 年 5 月 10 日在探索位于新西兰的世界第二深海沟克马德克海沟时,在水下 9 990 m 处失踪。

知识点 17

1958 年中国开始进行了第一次大规模的全国性近海海洋综合调查。

知识点 18

中国海洋大学"东方红"号海洋实习调查船于 1965 年 12 月建成启用,是中国第一艘 2 500 t 的海洋综合实习调查船,于 1996 年 1 月 31 日完成了历史使命,安全运行整整 30 年。

知识点 19

"实践"号科学考察船于 1969 年建成,是中国第一艘远洋调查船。

知识点 20

"海洋四号"轮,1980 年 11 月由上海沪东船厂建造,1986 年 12 月首航中太平洋,先后执行 10 次航次大洋科考任务,1990 年 12 月远航南极,被誉为"科考英雄船"。

知识点 21

1983 年 4 月 3 日经国务院批准,国家海洋局"向阳红 05"号船和第二、第三海洋研究所科技人员首次完成南海中部综合调查,历时 51 d,调查面积约 64 万平方千米,安全航行 14 865 n mile,获得 14 182 n mile 的重力、磁力、水深资料及部分水文气象资料。

知识点 22

"大洋一号"原名"地质学家彼得·安德罗波夫号",曾是苏联的一艘海洋地质和地球物理考察船,1984 年在苏联基辅造船厂建成。1994 年,为了中国大洋矿产资源调查的需要,中国大洋矿产资源研究开发协会从俄罗斯远东海洋地质调查局购买并经初步改装后,命名为"大洋一号"。"大洋一号"是中国第一艘现代化的综合性远洋科学考察船,也是中国远洋科学调查的主力船舶,是一艘 5 600 t 级远洋科学考察船。从 1995 年至今,"大洋一号"先后执行了中国大洋矿产资源研究开发专项的多个远洋调查航次和大陆架勘查多个航次的调查任务。

知识点 23

由中国船舶及海洋工程设计研究院自主研制的中国首艘自主研制的可燃冰综合调查船"海洋六号"于 2008 年 10 月在武昌造船厂建成下水,该项目的总设计师张炳炎院士出席仪式并为下水仪式剪彩。该船为广州海洋地质调查局建造,以海底"可燃冰"调查为主,能在海上航行 60 d 无须补给。

知识点 24

"科学"号海洋科学综合考察船是中国目前(截至 2012 年)最先进的海洋科学综合考察船,具备全球航行能力,船舶和船载探测与实验系统处于国际先进水平。该船由中国船舶工业集团公司第七〇八研究所设计,武昌船舶重工有限责任公司建造,2010 年开工建设,2012 年在青岛正式交付使用。

知识点 25

2015 年 3 月 16 日,"向阳红 09"号船搭载"蛟龙"号载人潜水器从西南印度洋返回青岛锚地,这意味着 2014～2015 年"蛟龙"号试验性应用航次(中国大洋第 35 航次)圆满结束。据悉,本航次共分 3 个航段,2014 年 6 月～8 月在西北太平洋开展了第一航段的调查任务。第二、第三航段于 2014 年 11 月 25 日从江阴起航,在中国西南印度洋多金属硫化物资源勘探区开展下潜任务,历时 4 个月,"蛟龙"号共成功下潜 13 次,取得多项突破性成果。

极地科考

知识点 1

"国际极地年"是一项国际南北极科学考察的重要活动，由国际科学理事会和世界气象组织主办，约 50 年举办一次，目前共举办了 4 次。第一次举办于 1882 年。1957 年第三个"国际极地年"以地球物理为主，故又称为"国际地球物理年"。最近一次于 2007 年举办。其活动目的是将科学家在极地上各时间、地点的研究整合，并界定重要的项目分工，借以研究冰川消融、气候变迁及极地环境变化等议题，并向普通大众介绍极地如何影响人类的生活，如何更好地保护环境。

知识点 2

地球上热量的获取主要跟纬度有关。纬度越高，获得的热量越少。南极洲的气温从南极点向四周温度越来越高，等温线呈同心圆状。

知识点 3

极昼极夜是地球两极地区的自然现象，发生在北极圈 66°34′N 以内和南极圈 66°34′S 以内。

知识点 4

南极和北极同为高纬度地区，北冰洋和南极洲的面积非常接近，同时这两者的地理形态也很相似。南极和北极在温度、矿藏等方面差异较大，其中，南极的平均气温要比北极低 20 ℃左右。虽然全球变暖成为不争的事实，但南极海冰却没有像北极海冰那样显著减少。卫星遥感资料显示，1979 ~ 2007 年南极海冰显示略微增加的长期变化趋势。

知识点 5

大洋底层水的源地是南极大陆边缘的威德尔海、罗斯海，其次为北半球的北欧海与拉布拉多海等。普遍认为南极威德尔海是南极底层水的主要来源。在冬季冰盖下海水（盐度为 34.6，温度为 -1.9 ℃）密度迅速增大，沿陆坡下沉到海底，一部分加入南极绕极流向东流，另一部分向北进入三大洋，主要沿洋盆西侧向北流动。在大西洋可达 40°N，与北大西洋深层水相遇,由于南极底层水密度更大,继续潜入海底向北扩散。

知识点 6

南极大陆以寒冷而闻名,南极大陆的年平均温度为-25 ℃。同时南极大陆也是世界上最干旱的大陆。因而南极也被称为地球的"冷极"和"干极"。在南极陆架近岸区,水体的特点是低温、高盐。

知识点 7

南极的深层水随着南极绕极流而环绕南极流动,常被称为绕极深层水,是南大洋体积最大的水团。在南极近岸区域,除了夏季表层水之外,绕极深层水的温度最高,核心温度在1.5 ℃～3 ℃之间。

知识点 8

南极大陆冰有多种存在形式,主要的存在形式有冰盖、冰架、冰山和冰川等。冰架是陆地冰川流入海洋的部分,仅分布在南极、格陵兰和加拿大沿岸,其中尤以南极冰架的规模最大,从而成为南极特有的景观。南极大陆约44%的海岸连接有冰架,总面积达154万平方千米。按照冰架面积的大小排列,前三位是罗斯冰架、菲尔希纳－龙尼冰架和埃默里冰架。南极大陆95%的被陆地冰川所覆盖,最厚的地方超过4 800 m。冰盖的总体积约2 450万立方千米,占世界陆地冰量的90%,淡水总量的70%。冰雪的热传导性能和热容量都很低,六七月份南极大陆周边海域开始结冰,八九月份南极大陆周围海域海冰覆盖面积达到全年的最大值;南极大陆平均海拔超过2 000 m造成气温较低;南极洲冰层较厚,对太阳辐射的反射比北冰洋强。这些共同因素使得南极洲比北冰洋更冷。在南极神秘的冰架之下,科学家搜集到众多海洋生物,同时发现了许多奇特的新物种。

知识点 9

从科学考察角度看,南极有4个最有地理价值的点,即极点、冰点(即南极气温最低点)、磁点和高点。此前,美国在极点建立了阿蒙森－斯科特站,俄罗斯的东方站位于冰点之上,磁点则是法国建造的迪蒙迪维尔站。

知识点 10

南极大陆是世界上风力最强和风暴最频繁的地区,被誉为"地球风都",风速在100 km/h以上的大风在南极是经常可以遇到的,而东南极大陆沿海一带风力最强,风速可达40～50 m/s。因此,南极又被称为"风极"。位于南极的德雷克海峡风速经常会达到9～10级。

知识点 11

受海岸线和海底地形的影响,南极绕极流的空间变化显著,最宽处超过2 500 km,最窄的地方在德雷克海峡,不到1 000 km。

知识点 12

1768年,英国航海家库克率领团队开启了人类探索南方大陆的第一次远航。在之后的若干年中,库克船队多次进入南极圈。

知识点 13

挪威探险家阿蒙森率领探险队在 1911 年 10 月下旬出发前往南极点,于 1911 年 12 月 14 日胜利抵达南极点,在这里第一次留下了人类足迹。

知识点 14

1961 年 6 月 23 日生效的《南极条约》的宗旨是为了全人类的利益,南极应永远专用于和平目的,不应该成为国际纷争的场所和目标。南极研究科学委员会每两年召开一次会议,以促进条约协商国及其他国际学术组织的交流合作。

1983 年第五届全国人大常委会第二十七次会议批准中国加入南极条约组织。1985 年 5 月 9 日中国正式加入南极条约组织。

知识点 15

南极洲至今没有常住居民,只有大大小小的科学考察站,它们成为人类留在南极的唯一永久性建筑。其中美国建造的麦克默多站是所有南极考察站中规模最大的一个。

知识点 16

应澳大利亚南极局邀请,1980 年 1 月 6 日由董兆乾、张青松组成的中国第一个南极科学考察小组赴南极澳大利亚凯西站,进行了为期 47 d 的科学考察、访问。

知识点 17

1981 年 5 月 11 日经国务院批准,国家南极考察委员会正式成立。

知识点 18

中国成立了与国际南极研究科学委员会(SCAR)相对应的中国南极研究科学委员会,统一协调全国的南极科学研究工作。

知识点 19

中国首次南极考察活动于 1984 年 11 月 20 日开始实施,1985 年 4 月 10 日结束,对南极半岛附近海域开展了多个学科的海洋综合考察,科考船的名字是"向阳红 10"号。自那时起,中国每年组织一次南极考察。"向阳红 10"号、"J121"号、"海洋 4"号、"极地"号和"雪龙"号都到过南极。其中"向阳红 10"号、"J121"号和"海洋 4"号是没有抗冰能力的普通船,而"极地"号和"雪龙"号具有抗冰能力。"极地"号是 1971 年芬兰建造的一艘具有 1A 级抗冰能力的货船,中国于 1985 年购进并改装成南极科学考察运输船,从 1986 年开始承担中国的南极考察任务,共完成了 6 个南极航次,于 1994 年退役。"雪龙"号原系乌克兰赫尔松船厂 1993 年建造的一艘具有 B1 级破冰能力的破冰船,中国购进后,投资 3 100 万元改装成为南极科学考察运输船,于 1994 年代替"极地"号服役至今,已完成 21 个南极航次、6 个北极航次。"雪龙"号是中国最大的极地考察船,也是中国的唯一一艘具有破冰能力的大型科学考察船。"雪龙"号耐寒,能以 1.5 kn 航速连续冲破 1.2 m 厚的冰层(含 0.2 m 雪)。"海洋 4"号只执行过一次南极航行。

知识点 20

中国在 1986 年 6 月举行的第 19 届南极研究科学委员会会议上被接纳为正式成员,

参加了第 19 届以后的各届会议。

知识点 21

1989 年 7 月秦大河参加国际徒步横穿南极大陆科学考察,1990 年 3 月 3 日抵达这次考察终点——苏联和平站,成为中国第一个横穿南极大陆的人。

知识点 22

中国极地研究中心原名中国极地研究所,于 1989 年在上海浦东成立。中国极地研究中心还是中国极地科学的信息中心,负责出版《极地研究》的中、英文杂志。

知识点 23

中国在 2002 年 7 月承办了第 27 届南极研究科学委员会会议。

知识点 24

冰穹 A(Dome A),位置为 80°22′51″S, 77°27′23″E,距南极中山站 1 250 km,气温 −31.5 ℃,是南极内陆冰盖海拔最高的地区,气候条件极端恶劣,被称为"不可接近之极"。2005 年 1 月 9 日,中国南极内陆冰盖昆仑科考队成功到达了冰穹 A 的北高点,人类首次进入南极冰盖冰穹 A 核心区域。

知识点 25

建立在南极冰穹 C(Dome Charlie)的康科迪亚站(Concordia Station)是法国和意大利联合建立并共同运行的考察站。

知识点 26

中国在南极建立的科考站有长城站、中山站、昆仑站和泰山站。

知识点 27

1985 年"向阳红 10"号首次驶入南极圈。中国首次南极考察队在南极洲的南设得兰群岛上,建立了中国第一个南极考察站——长城站。这也是中国在极地建成的第一个考察站。长城站所在的乔治王岛有多个国家建立的考察站,其中最接近长城站的是智利的考察站,相距大约 2 000 m。

知识点 28

中国南极中山站,建立于 1989 年 2 月 26 日,坐落在南极大陆拉斯曼谷陵的普里兹湾畔,站区平均海拔高度 11 m。中山站所在的拉斯曼丘陵有多个国家建立的考察站,其中最接近中山站的是俄罗斯的进步站,相距不到 600 m。

知识点 29

长城站、中山站是中国在南极最早建立的两个常年考察站。长城站与中山站直线距离 4 980 km,但是如果乘坐破冰船,则需要绕行南大洋,其距离必然比直线距离偏大。在历次南极考察中,最短的航行距离大约 6 500 km。长城站纬度为 62°13′S,在西南极、南极圈外;中山站纬度是 69°22′S,在东南极、南极圈内。这两个考察站的首任站长都由科学家郭琨担任。此后还在东南极建立了夏季考察站,即昆仑和泰山站。

知识点 30

中国南极昆仑站,是继长城站和中山站后中国在南极建立的第三个科学考察站,是中国第一座、世界第六座南极内陆科考站,是南极内陆冰盖最高点上的科学考察站,也是人类在南极地区建立的海拔最高的科考站。于 2009 年 1 月 27 日落成,2 月 2 日正式开站。昆仑站位于南极内陆冰盖冰穹 A 西南方向约 7.3 km,距离中山站 1 230 km,昆仑站距离南极点 1 050 km,距离泰山站 730 km。

知识点 31

极地冰盖保存了地球气候系统波动的独特记录,钻取深冰芯是研究全球气候变化的重要科学手段。在第 29 次南极科学考察中,中国南极昆仑站深冰芯钻探成功实现零的突破。

知识点 32

"雪龙"号极地科考船于 2013 年 11 月 7 日从其母港——位于上海浦东外高桥港区的中国极地科考码头起航,开始其第 30 次南极之行。中国南极泰山站即在此次考察活动中建设。2014 年 2 月 8 日,中国南极泰山站正式建成开站。泰山站位于中山站与昆仑站之间的伊丽莎白公主地,距离中山站约 520 km,海拔高度约 2 621 m,是一座南极内陆考察的度夏站,年平均温度 - 36.6 ℃,可满足 20 人度夏考察生活的需求,总建筑面积 1 000 m²,使用寿命 15 年,配有固定翼飞机冰雪跑道。泰山站不仅是中国昆仑站科学考察的前沿支撑,还是南极格罗夫山考察的重要支持平台,进一步拓展了中国南极考察的领域和范围。2014 年 1 月 2 日,中国第 30 次南极科学考察队成功对被困南极的俄罗斯"绍卡利斯基院士"号船的乘客进行了救助,52 名被困乘客全部获救。

知识点 33

2014 年 10 月 30 日随着"雪龙"号的一声长鸣,中国第 31 次南极科学考察队从上海踏上征程。2015 年,中国第 31 次南极科考队,在中国南极中山站附近的普里兹湾进行了南极磷虾资源声学映像数据采集和 15 个站位的拖网采样。

知识点 34

中国南极考察站需要的补给绝大多数来自国内。由于南极考察站靠燃油发电、供暖,所以每次中国南极考察的首要任务是向站上供油。

知识点 35

北极地区的冰雪总量接近于南极的 1/10,大部分集中在格陵兰岛的大陆冰盖中。格陵兰冰盖冰芯钻探获取的最长冰芯有 2 980 m。

知识点 36

冰间水道是指由于浮冰运动而形成的窄而长的裂缝,宽度通常仅有几米,长度可以达到几十千米。冰间水道面积只占北极海冰覆盖面积的 1%,但其冬季热通量占北极热通量的 50%。

知识点 37

北极是地球上气候变化最显著的区域。随着全球气温的不断上升,北冰洋的海冰出现了空前的夏季覆盖范围收缩、海冰厚度减小、反照率降低、淡水输入增加等变化。

知识点 38

北极的降水量普遍比南极内陆高得多,一般年降水量为 100 ～ 250 mm,格陵兰海域可达每年 500 mm。

知识点 39

挪威著名极地探险家南森在北极探险时发现,冰漂流的方向和风向不一致。后来埃克曼利用数学分析得出了埃克曼漂流理论。

知识点 40

北冰洋全年气温较低,冬半年北冰洋大部分海域的平均气温为 - 40 ℃～ - 20 ℃。只有挪威海和巴伦支海,因受北大西洋暖流及冰岛低压附近东进的温带气旋的影响,平均气温可达 0 ℃～ 3 ℃。

知识点 41

北极作为全球气候变化的一个重要影响因子,近 30 年来发生了急剧变化,如海冰冰情的下降、海冰冰层变薄、海水温度升高等。这些变化对全球气候及北极生态环境都产生了重要影响。

知识点 42

传统上一般将北冰洋表层水分为 3 类:大西洋水(AW)、极地水(PW)和北极表层水(ASW)。

知识点 43

北极涛动,指北半球中纬度地区(约 45°N)与北极地区气压形势差别的变化。它是代表北极地区大气环流的重要气候指数,可分为正位相和负位相。北极通常受低气压系统支配,而高气压系统则位于中纬度地区。当北极涛动处于正位相时,极地低压加强,中纬度高压加强,系统的气压差较正常强,西风加强,限制了极区冷空气向南扩展;当北极涛动处于负位相时,系统的气压差较正常弱,冷空气较易向南侵袭。

知识点 44

北冰洋洋盆内冰速较小,基本上在 3 ～ 7 cm/s,但在冰外缘线附近,海冰较薄、密度较小,冰速可达 20 cm/s。

知识点 45

巴伦支海,位于挪威与俄罗斯北方,是北冰洋的边缘海之一。名字取自于荷兰航海家威廉·巴伦支。巴伦支海在斯堪的纳维亚半岛东北,南接俄罗斯,北接斯匹茨卑尔根群岛,东北为法兰士约瑟夫地群岛,东至新地岛,西迄熊岛一线。巴伦支为开拓东北航线,曾 5 次率探险队去巴伦支海,并 2 次到达喀拉海。巴伦支是第一个到达新地岛东面的欧洲人,也是创造了当时西欧航海家达到北冰洋最北纪录的人。

知识点 46

英国著名的极地探险家富兰克林,多次到北极进行探险,被人们誉为海洋探险事业的先驱者。

知识点 47

新奥尔松位于斯匹次卑尔根群岛,朗伊尔西北约 114 km。由于这里建站和科考环境好,后勤公共服务完善,新奥尔松逐步发展为北极的国际科学城。

知识点 48

1909 年 4 月 6 日皮尔里使用狗拉雪橇到达无数人梦寐以求的北极点,成为第一个到达北极点的探险家。

知识点 49

1920 年 2 月 9 日,英国、美国及丹麦等 18 个国家,在巴黎签订了《斯瓦尔巴条约》,也称《斯匹次卑尔根群岛条约》,是迄今为止在北极地区唯一的具有足够国际色彩的政府间条约。

知识点 50

由于北极有多年存在的海冰,可以建立长期的观测站。1937 年,苏联正式建立了第一个专门用于科学考察的浮冰漂流站——"北极一号"站。

知识点 51

国际北极科学委员会(IASC)于 1990 年正式成立。中国于 1996 年加入国际北极科学委员会,成为该委员会的第 16 个成员国。在"和平""科学"和"合作"原则的基础上,国际北极科学委员会积极协调并指导各国的北极考察活动。

知识点 52

1991 年 8 个北极地区国家正式签署了一份叫《北极环境保护战略》的共同文件,该文件不具有法律约束力,却标志着北极环境保护问题进入了国际合作的新时期。

知识点 53

1996 年 8 月 6 日,环北极国家加拿大、丹麦、芬兰、冰岛、挪威、俄罗斯、瑞典和美国的代表在加拿大渥太华举行会议,宣布建立北极理事会。

知识点 54

1997 年和 2002 年,8 个环北极地区国家出版了《北极环境监测和评估》,对北极的生物资源、矿产资源、能源及环境实施了及时、有效的保护。

知识点 55

1999～2008 年中国共进行了 3 次北冰洋和白令海考察,均由"雪龙"号考察船执行。

知识点 56

中国在 1999 年组织了首次北极科学考察,科学考察队于 7 月 1 日乘"雪龙"号从上海出发。其主要目的有 3 个:① 了解北极在全球变化中的作用和对中国气候的影响;② 了解北冰洋和北太平洋水交换对北太平洋环流的变异影响;③ 了解北冰洋邻近海域生态系统与生态资源对中国渔业的发展影响。此后中国分别于 2003 年、2008 年、2010 年、2012 年、2014 年、2016 年和 2017 年依次开展了第二次、第三次、第四次、第五次、第六次、第七次和第八次北极科学考察。2012 年 7 月 2 日,中国第五次北极科学考察队员从青岛出发,乘坐"雪龙"号科考船前往北极进行科考任务。2012 年 8 月 18 日,"雪龙"号极地考察船历时 6 周、航行 1.7 万海里。第五次北极科学考察是中国极地环境综合调查与评价专项实施以来的第一个北极调查航次。应冰岛总统的邀请,"雪龙"号访问冰岛,并首次穿越北冰洋,新航线的开辟有望大大缩短中国到欧洲的海运距离,实现了对北太平洋水域、北冰洋太平洋扇区、北冰洋中心区、北冰洋大西洋扇区和北大西洋水域的准同步调查,开创了中国与环北冰洋国家深入合作的成功先例。中国执行北极科学考察的时间通常在夏季。

知识点 57

中国科学院遥感应用研究所研究员刘少创 2002 年从亚洲大陆最北端的共青团员岛出发,单人无后援穿越北冰洋到北极点,成为中国第一个独自北极探险的科学家。

知识点 58

2004 年 7 月 28 日,中国在挪威斯匹次卑尔根群岛的新奥尔松地区建立了北极第一个科学考察站——黄河站,地理坐标为 78°55′N, 11°56′E。这是中国第三个极地科学考察站,标志着中国的北极考察和探险进入了一个新阶段。

知识点 59

中国的黄河站是北极地区的第八座科学考察站,此前,挪威、德国、法国、英国、意大利、日本和韩国已经建立了常年科学考察站。

知识点 60

2007 年 11 月,北极理事会高官会在挪威纳尔维克召开,中国第一次作为北极理事会观察员国参加会议。

防灾减灾

知识点 1

"海洋环境污染损害"是指直接或者间接地把物质或者能量引入海洋环境，产生损害海洋生物资源、危害人体健康、妨害渔业和海上其他合法活动、损害海水使用素质和减损环境质量等有害影响。其中船舶造成的污染主要表现：① 船舶操作污染源，由于船员故意或过失造成。例如，船舶工作人员故意将未经处理的含有有害物质的洗舱污水、含有污油的机舱污水排入海洋，或错开阀门将燃油排入海洋。② 海上事故污染源，船舶发生海上事故。例如，船舶碰撞、搁浅、触礁等事故使各种污染物质(主要是燃油)外溢、油舱由于事故破裂造成的渗漏对海洋造成污染。③ 船舶倾倒污染源，即船舶故意将陆地上的生产废料、生活垃圾、清理被污染的航道河道所产生的带有污染物质的污泥污水等，倾倒入海洋。

知识点 2

溢油事故按其溢油量分为大、中、小 3 类：溢油量小于 10 t 的为小型溢油事故；溢油量在 10 ～ 100 t 的为中型溢油事故；溢油量大于 100 t 的为大型溢油事故。

知识点 3

进入海洋的石油在海浪、海流作用下扩散成很薄的油膜覆盖在海洋表面，不仅隔绝了大气与海水的气体交换，也由于自身的生物分解和氧化作用消耗海水中的氧气，造成海水中的氧气含量大大下降，进而影响海洋生物的生存。

知识点 4

海洋石油污染是指石油及其炼制品(汽油、煤油、柴油等)在开采、炼制、贮运和使用过程中进入海洋环境而造成的污染，目前是一种世界性的严重的海洋污染。这种海洋污染不仅影响海洋生物的生长、改变生物群落结构、危害海洋生态系统，还会降低海滨环境的使用价值、破坏海岸设施，且可能影响局部地区的水文气象条件、降低海洋的自净能力。

知识点 5

1991 年海湾战争期间主要的海洋污染是石油污染。

知识点 6

1979 年 6 月 3 日，在墨西哥湾发生了世界上最严重的井喷。此次井喷前后持续 296 d，漏油总量为 476 万吨，使美国得克萨斯州 225 km 的海岸遭到严重污染。

知识点 7

中国历史上最大一次船舶溢油事故发生在南海水域。1976 年 2 月 16 日，"南洋"轮在汕尾附近海域与他船发生碰撞，导致 8 000 t 货油全部溢出。

知识点 8

2009 年 9 月 15 日，受台风影响，来自巴拿马的空载集装箱船"圣狄"轮在珠海高栏岛长咀附近海域搁浅，事故造成燃油泄漏入海。

知识点 9

2010 年 5 月 5 日，美国墨西哥湾原油泄漏事件引起了国际社会的高度关注。

知识点 10

2011 年 6 月，蓬莱 19-3 油田发生重大溢油事故。2011 年 8 月 24 日，康菲石油公司就渤海漏油事件在北京召开媒体发布会，总裁司徒瑞在发布会上向公众道歉，表示将对溢油事件负责。

知识点 11

2013 年 11 月 22 日，位于山东省青岛经济技术开发区的中国石油化工股份有限公司管道储运分公司东黄输油管道泄漏原油进入市政排水暗渠。在形成密闭空间的暗渠内，油气积聚，遇火花发生爆炸，造成 62 人死亡、136 人受伤，直接经济损失 7.5 亿元。

知识点 12

警戒潮位，指防护区沿岸可能出现险情或潮灾，须进入戒备或救灾状态的潮位既定值，一般用厘米表示。警戒潮位分为蓝色警戒潮位、黄色警戒潮位、橙色警戒潮位和红色警戒潮位 4 个等级。蓝色警戒潮位指海洋灾害预警部门发布风暴潮蓝色警报的潮位值，当潮位达到这一既定值时，防护区沿岸须进入戒备状态，预防潮灾的发生；黄色警戒潮位指海洋灾害预警部门发布风暴潮黄色警报的潮位值，当潮位达到这一既定值时，防护区沿岸可能出现轻微的海洋灾害；橙色警戒潮位指海洋灾害预警部门发布风暴潮橙色警报的潮位值，当潮位达到这一既定值时，防护区沿岸可能出现较大的海洋灾害；红色警戒潮位指海洋灾害预警部门发布风暴潮红色警报的潮位值，当潮位达到这一既定值时，防护区沿岸可能出现重大的海洋灾害。警戒潮位应每 5 年核定一次。按照《警戒潮位核定规范》(GB/T 17839—2011) 的要求，各沿海县 (县级市、区) 应至少设定一套警戒潮位，警戒潮位应每 5 年核查一次，若发现与防潮减灾不相适应的应及时重新核定。

知识点 13

热带气旋按中心附近地面最大风速划分为 6 个等级：热带低压、热带风暴、强热带风暴、台风、强台风、超强台风。其中台风的中心附近地面最大风速范围是 32.7～41.4 m/s。

知识点 14

真正的台风中心盛行上升气流，属于微风或静风区，台风最大风力在其底层中心附近区域。

知识点 15

在西太平洋沿岸国家中，中国是受台风袭击最多的国家，有 34% 的热带气旋（包括热带低压、热带风暴、强热带风暴、台风）在中国登陆。在西太平洋沿岸国家中，中国遭受的风暴潮灾害最频繁，也最严重。中国台风风暴潮灾几乎遍布各滨海地区，特别是沿海重点经济开发区，如长江口、杭州湾、闽江口、珠江口、雷州半岛东岸和海南岛东北部，均在风暴潮危害严重岸段。

知识点 16

从 2007 年开始，中国台风网实现了热带气旋最佳路径数据集的网络共享。

知识点 17

根据台风命名规则，当该次台风引起灾情严重时，其名字将不再循环使用。不再循环使用的台风名称举例如下：威马逊、海燕、菲特、尤特、宝霞、韦森特、天鹰、凡亚比、莫拉克、凯萨娜、芭玛、珍珠、碧利斯、桑美、象神、麦莎、彩蝶、龙王、苏特、婷婷、云娜、欣欣、伊布都、鸣蝉、查特安、鹿莎、凤仙、画眉。

知识点 18

2014 年 7 月 18 日 15 时 30 分，1409 号超强台风"威马逊"在海南文昌市翁田镇一带沿海登陆，登陆时中心附近最大风力 17 级（60 m/s）；7 月 18 日 19 时 30 分前后，在广东省湛江市徐闻县龙塘镇沿海地区登陆，登陆时中心附近最大风力为 17 级（60 m/s）；19 日 7 时 10 分前后，在广西壮族自治区防城港市光坡镇沿海登陆，登陆时中心附近最大风力 15 级（48 m/s）。

知识点 19

恶劣的海上环境是造成渔船沉没和渔民群死群伤的主要原因。2013 年 9 月 29 日，受强台风"蝴蝶"影响，载有 171 名渔民的 5 艘广东江门台山籍渔船在西沙珊瑚岛海域遇险，其中两艘渔船沉没，一艘渔船失去联系，48 人失踪。习近平总书记连夜批示，要求海南、广东两省抓紧组织有关力量，全力搜救失踪人员和解救被困人员。

知识点 20

2013 年 11 月 8 日，菲律宾遭受超强台风"海燕"灾害，造成重大人员伤亡和财产损失。中国政府向菲律宾政府提供紧急人道主义援助。2013 年 11 月 21 日，中国海军"和平方舟"号医院船（载有海军总医院 93 人医疗队和来自全军其他医院的 12 名专家），从舟山港出发,奔赴灾区救援。

知识点 21

海啸的英文"tsunami"一词源自日语"津波",这个词汇是在 1963 年的国际科学会议上被正式列入国际术语的。海啸是由海底地震、火山爆发、海底滑坡或气象变化产生的破坏性海浪。海啸主要受海底地形、海岸线几何形状及波浪特性的控制,呼啸的海浪水墙每隔数分钟或数十分钟就重复一次,摧毁堤岸,淹没陆地,夺走生命财产,破坏力极大。世界上最早有记载的海啸发生于西汉初元二年(前 47 年)。

常见的海啸登陆宏观前兆现象大致有 4 种:一是海水异常地暴退或暴涨;二是离海岸不远的浅海区,海面突然变成白色,其前方出现一道长长的明亮的水墙;三是位于浅海区的船只突然剧烈地上下颠簸;四是突然从海上传来异常的巨大响声,在夜间尤其令人警觉。其他的还有大批鱼虾等海生物在浅滩出现;海水冒泡,并突然开始快速倒退。

海啸按成因可分为地震海啸、火山海啸、滑坡海啸、气象海啸。破坏性地震海啸发生的条件:在地震构造运动中出现垂直运动;震源深度小于 50 km;里氏震级要大于 6.5;发生地震的海域较深。

地震海啸发生的最早信号是地面强烈震动,地震波与海啸的到达有一个时间差,正好有利于人们预防。海啸前海水异常退去时往往会把鱼虾等许多海生动物留在浅滩,场面蔚为壮观。此时应当迅速离开海岸,向内陆高处转移。发生海啸时,航行在海上的船只不可以回港或靠岸,应该马上驶向深海区,深海区相对于海岸更为安全。每个人都应该有一个急救包,里面应该有足够 72 h 用的药物、饮用水和其他必需品。

据统计,全球有记载的破坏性较大的地震海啸约 260 次,其中,发生在太平洋地震带上的海啸约占 80%。全球受地震海啸灾害影响最深的是日本。人类历史上第一强震海啸发生于智利。

2004 年 12 月 26 日,一场由 9 级地震引起的巨大海啸给许多东南亚国家带来了灭顶之灾,其中,印度尼西亚遭受的破坏最大。该地震是有记录以来的第二大地震,仅次于 1960 年在智利发生的里氏 9.5 级大地震。

2011 年,日本东北部近海发生 9.0 级特大地震并引发海啸,中国沿海监测到的最高海啸波幅为 55 cm。

印度洋海啸,也称为南亚海啸,发生在 2004 年 12 月 26 日。这次地震发生的范围主要位于印度洋板块与亚欧板块的交界处,是板块消亡边界,地处安达曼海,震中位于印尼苏门答腊以北的海底。此次地震矩震级达到 9.3,引发海啸高达 10 余米,波及范围远至波斯湾的阿曼,非洲东岸索马里及毛里求斯、留尼汪等地。造成巨大的人员伤亡和财产损失。

在中国各海区中,南海受海啸威胁最大,东海次之,渤海和黄海最小。

台湾周边海域因地理位置原因,受到太平洋海啸、琉球群岛海啸等的严重影响。台湾周边地震频发,为中国海啸记录最多、人员伤亡最重的地区。历史上最大的地震震级曾达 8.3 级,未来仍是地震海啸的高风险区。

海啸灾害合理有效的防灾措施包括建立灾情监测预警系统、在海岸复种红树保护海岸等。

海啸浮标由位于海面的通信浮标和位于海底的海啸预警仪组成。海啸预警仪以高精度压力计为核心,通过观测海啸波途经时引起的海底海水压力变化量来识别海啸波,并将相关信息经通信浮标发送回岸上海啸预警中心。

中国在 1983 年加入国际海啸警报系统中心。

海啸警报级别分为Ⅰ、Ⅱ、Ⅲ、Ⅳ 4 级,分别表示特别严重、严重、较重、一般,颜色依次为红色、橙色、黄色和蓝色。

知识点 22

全世界受人类活动影响较大的海域有 50 多个,其中,黑海是污染最严重的海域。

知识点 23

井喷、碰撞、火灾属于人为因素的海洋灾害。

知识点 24

根据联合国政府海洋学委员会的规定,监控全球海洋污染需要测定的主要污染物如下:重金属及其他有毒痕量元素(如铅、汞、镉等)、芳香族卤代烃化合物(如 DDT、PCB 等)和脂肪族卤代烃化合物(如聚氯乙烯制造厂产生的废物);石油和持久不易分解的石油产品;微生物污染(污水排放引起的污染);过量营养物质(如氮和磷的化合物等);人工放射性物质(如钚、锶、铯等)。

知识点 25

中国首次海洋污染方面的综合性调查于 1972 年 6 月至 1973 年 10 月开展。

知识点 26

为了提高海洋污染调查的水平,中国于 1981 年成立了全国海洋环境保护测试质量控制技术组。

知识点 27

海洋保护区的概念是在 1962 年的世界国家公园大会上首次提出的。

凡具备下列条件之一的,应当建立海洋自然保护区:① 典型海洋生态系统所在区域;② 高度丰富的海洋生物多样性区域或珍稀、濒危海洋生物物种集中分布区域;③ 具有重大科学文化价值的海洋自然遗迹所在区域;④ 具有特殊保护价值的海域、海岸、岛屿、湿地;⑤ 其他需要加以保护的区域。

知识点 28

20 世纪 70 年代初,美国率先建立国家级海洋自然保护区,并颁布《海洋自然保护区法》,使建立海洋自然保护区的行动法制化。中国自 80 年代末开始海洋自然保护区的选划,5 年之内建立起 7 个国家级海洋自然保护区。

知识点 29

世界上最大的海洋自然保护区是罗斯海海洋保护区。

知识点 30

中国第一个海洋特别保护区是乐清西门岛海洋特别保护区。

知识点 31

中国第一个由地方政府批准建立的海洋特别保护区是福建宁德市海洋生态特别保护区。

知识点 32

中国第一批国家级海洋自然保护区于 1989 年选划，1990 年被国务院批准，共有 5 个：河北省昌黎黄金海岸自然保护区，主要保护对象是海岸自然景观及海区生态环境；广西山口红树林生态自然保护区，主要保护对象是红树林生态系统；海南大洲岛海洋生态自然保护区，主要保护对象是金丝燕及其栖息的海岸生态环境；海南省三亚珊瑚礁自然保护区，主要保护对象是珊瑚礁及生态系统；浙江省南麂列岛海岸自然保护区，主要保护对象是贝、藻类及其生态环境。

知识点 33

加强海洋自然保护区建设是保护海洋生物多样性和防止海洋生态环境全面恶化的最有效途径之一。通过控制对海洋和海岸保护区的干扰和物理破坏活动，有助于维持生态系统的生产力，保护重要的生态过程和遗传资源。

为加强海洋自然保护区的建设和管理，中国有关部门于 1995 年制定了《海洋自然保护区管理办法》。

知识点 34

1994 年 4 月启动的黄海大海洋生态系统保护项目，参加国有中国、韩国、朝鲜。

知识点 35

2002 年，广东湛江红树林国家级自然保护区被《拉姆萨尔公约》列为国际重要湿地。

知识点 36

中国现存国家级的红树林保护区有 6 个，分别为广东深圳福田红树林自然保护区、海南海口市东寨港红树林自然保护区、广西合浦县山口红树林自然保护区、广东湛江红树林自然保护区、福建省漳江口红树林国家级自然保护区、广西北仑河口国家级自然保护区。

知识点 37

中国红树林资源最为丰富的省份（自治区）是广西壮族自治区。

知识点 38

中国建立的第一个国家级红树林自然保护区位于广东省。

知识点 39

1986 年广西沿海发生特大风暴潮，合浦县经济损失得以减小的主要原因是红树林。

知识点 40

海平面上升可分为绝对海平面上升和相对海平面上升。前者是由全球气候变暖导致的海水热膨胀和冰川融化而造成的。后者是由地面沉降、局部地质构造变化、局部海洋水文周期性变化以及沉积压实等作用造成的。

知识点 41

近 50 年来,中国沿海海平面平均上升速率为 2.5 毫米／年。

知识点 42

全球气候变暖,莱州湾是中国沿海海平面上升速率最大的地区。

知识点 43

《中国海洋灾害公报》从 1989 年开始发布,从 2006 年开始将海啸灾害加入,从 2008 年开始将海水入侵与土壤盐渍化加入。

知识点 44

根据《2005 年中国海洋灾害公报》,2005 年发生的台风中,造成直接经济损失最大的是台风"海棠"。根据《2007 年中国海洋灾害公报》,中国 2007 年共发生 13 次台风风暴潮过程。根据《2012 年中国海洋灾害公报》,海洋灾害直接经济损失最严重的省份是浙江省。

知识点 45

国家海洋环境监测中心成立于 1979 年。

知识点 46

中国近海捕捞过程中出现渔获量降低、鱼个体小等现象的主要原因是过度捕捞使渔业资源严重衰退。

知识点 47

世界海洋渔获量最多的国家是中国、日本。

知识点 48

山东昌邑国家级海洋生态特别保护区的主要保护对象是以柽柳为主的多种滨海湿地生态系统和各种海洋生物。

知识点 49

据统计,全世界平均每年约发生 62 个热带风暴,集中于 8 个特定的海域内,即东北太平洋、西北太平洋、孟加拉湾、阿拉伯海、西南印度洋、澳大利亚西北海面、西南太平洋及西北大西洋(包括墨西哥湾和加勒比海)。其中西北太平洋有 22 个,占全球的 36%。

知识点 50

赤潮是海水中某些微小浮游藻类、原生动物或细菌在一定的环境条件下突发性的增殖，引起一定范围一段时间的海水变色现象。赤潮按成因和来源可分为原发型（赤潮生物在该海域暴发性繁殖）和外来型（赤潮生物是由风、流等作用带来的）。按赤潮发生的海域可划分为外海型（外洋型）赤潮、近岸型赤潮、河口型赤潮和内湾型赤潮。赤潮发生的条件主要包括海域水体的富营养化、海域中存在赤潮生物种源、适宜的水温和盐度、合适的海流作用和天气形势。赤潮发生时，海水的颜色取决于发生赤潮生物的种类和密度，并不都是红色。赤潮生物主要是浮游藻类，如硅藻中的中肋骨条藻、甲藻中的裸甲藻和原甲藻等。叶绿素 a 含量是藻类细胞生物量的一个指标，也是海区富营养化的一项指标。一般认为，当监测中发现叶绿素 a 含量超过 10 mg/m³ 并有继续增高的趋势时，就预示赤潮可能即将发生。

赤潮的长消过程，大致可分为起始、发展、维持和消亡 4 个阶段。

赤潮是一种世界性公害，全世界约有 30 个国家和地区受频繁的赤潮影响。全世界受赤潮影响最严重的国家是日本。

中国的赤潮研究起步较晚，赤潮最早被报道是在 1933 年。

根据 2010～2014 年的《中国海洋环境质量公报》赤潮灾害统计结果，甲藻和鞭毛藻赤潮发生的比例增加趋势明显，东海原甲藻、夜光藻、米氏凯伦藻、锥状斯克里普藻、赤潮异弯藻等藻类是引发赤潮的主要藻种。其中，东海原甲藻引发赤潮的次数最多，5 年来高达 77 次，远远多于其他种类赤潮。

根据《2007 年中国海洋环境质量公报》，2007 年中国全海域共发生赤潮 82 次，东海和南海分别发生 60 次和 10 次。

2001～2014 年，东海赤潮年均暴发 45 次，远高于其他海区。

在南海虽终年可见赤潮发生，但以 3～5 月份发生频率最高；东海主要发生在 5～8 月份，但象山冬季也常发生；渤海、黄海大多发生在 7～9 月份。

中国渤海辽东湾在 1999 年 7 月发生了有记载以来规模最大的一次赤潮。

2012 年中国出现较大面积赤潮的城市是深圳。

根据《2017 年中国海洋灾害公报》，2017 年中国海域共发现赤潮 68 次，累计面积 3 679 km²。中国东海海域发现赤潮次数最多且累计面积最大，分别为 40 次和 2 189 km²。

治理赤潮的方法主要有化学法、生物法、物理法。

可利用黏土矿物对赤潮生物的絮凝作用和黏土矿物中铝离子对赤潮生物细胞的破坏作用来消除赤潮。利用黏土治理赤潮具有很多优点：对生物和环境无害，有促进生态系统的物质循环和净化作用；黏土资源丰富，且是底栖生物和鱼贝类幼仔的饵料；操作简便易行，可以大范围使用。

利用黏土微粒对赤潮生物的絮凝作用去除赤潮生物，撒播黏土浓度达到 1 000 mg/L 时，赤潮藻去除率可达到 65% 左右。

采用硫酸铜等化学试剂直接灭杀赤潮藻类的方法，特别适于应急除藻。限制这种方法大面积应用的主要因素是对非赤潮生物的毒害大。

知识点 51

海洋赤潮毒素是由有毒赤潮生物产生的天然有机毒物,其对人体的危害多通过人们食用含有这些毒素的贝类海产品表现出来。

知识点 52

英国海军军官、水文地理学家和气象学家菲茨罗伊是暴风警报系统的最早设计者。

知识点 53

世界上日本率先实施"深海环境研究计划"。

知识点 54

联合国政府间海事协商组织于 1971 年正式提出了"全球海洋环境污染调查计划",并列为"国际海洋考察十年计划"的一项重要内容。

知识点 55

2014 年,国家海洋局在山东寿光、浙江温州、福建连江和广东惠州大亚湾 4 个地方启动了海洋减灾综合示范区建设。

知识点 56

截至 2017 年,中国沿海海堤与岸线比值较高的省市有上海、广东、河北、浙江和江苏,其中上海的比值为 100%,广东在 90% 以上。

知识点 57

海岸侵蚀是指在海洋动力作用下,导致海岸线向陆迁移或潮间带滩涂和潮下带底床下蚀的海岸变化过程。以波浪作用为主形成的砂质海滩,主要分布在山地丘陵海岸的开敞海湾和较平直的浅弧形海岸岸段,如辽东半岛、辽西和冀东、山东半岛、福建、广东、广西、台湾西部和海南等地区。中国 70% 左右的砂质海滩遭受不同程度的侵蚀。引起海岸侵蚀的原因有两种:一是自然原因,如河流改道或入海泥沙减少、海面上升或地面沉降、海洋动力作用增强等;二是人为原因,如滩涂围垦、大量开采海滩沙、珊瑚礁,滥伐红树林,以及不适当的海岸工程设置等。整体而言,河流供沙减少、海岸带采沙、海平面上升和海岸工程是中国目前海岸侵蚀加剧的主要原因。

知识点 58

中国的海洋航空遥感监测系统和全国近岸海域环境监测网是 1984 年建立的。

知识点 59

海洋环境质量标准一般分为 3 类:海水水质标准、海洋沉积物标准、海洋生物体残毒标准。

知识点 60

《海水水质标准》是由国家环境保护局于 1997 年 12 月 3 日批准,1998 年 7 月 1 日实施的。

根据中国现行的《海水水质标准》,按照海域的不同、使用功能和保护目标,海水水质分为 4 类：第一类，适用于海洋渔业水域、海上自然保护区和珍稀濒危海洋生物保护区；第二类，适用于水产养殖区、海水浴场、人体直接接触海水的海上运动或娱乐区，以及与人类食用直接有关的工业用水区；第三类，适用于一般工业用水区、滨海风景旅游区；第四类，适用于海洋港口水域、海洋开发作业区。

根据《海水水质标准》，第一类海水中化学需氧量（COD）的值不得大于 2。

根据《海水水质标准》，海水水质分析中，对石油类进行检测的方法有环己烷萃取荧光分光光度法、紫外分光光度法、重量法。

知识点 61

用于海洋工程建设项目环境影响评价的海水水质资料应满足 3 年的时限性要求。

知识点 62

中国的四大海区近岸海域中，东海的水质最差。中国的各大海湾中，杭州湾的水质最差。

知识点 63

《海洋沉积物质量标准》是由中华人民共和国国家质量监督检验检疫总局于 2002 年 3 月 10 日发布，2002 年 10 月 1 日实施的。

《海洋沉积物质量标准》控制的项目有废弃物及其他、色臭结构、大肠菌群、粪大肠菌群、病原体、铬、镉、汞、铅、锌、铜、砷、有机碳、硫化物、石油类、六六六、滴滴涕、对氯联苯。

知识点 64

《海洋生物质量标准》是由中华人民共和国国家质量监督检验检疫总局于 2001 年 8 月 28 日发布，2002 年 3 月 1 日实施的。

《海洋生物质量标准》中，第三类海洋贝类生物质量要求总汞的标准值不得大于 0.30 mg/kg。

知识点 65

热导法可用于有机碳海洋沉积物的质量分析。

知识点 66

海洋排污项目建设必须评估对浮游生物资源造成的损害。

知识点 67

海洋生物质量调查时，采用水平拖网法的调查船低速前进，连续拖网 10 min 后起网记录。

知识点 68

根据《中华人民共和国海洋石油勘探开发环境保护管理条例》，对固定式和移动式平台的防污设备的要求为：① 应设置油水分离设备；② 采油平台应设置含油污水处理设备，该设备处理后的污水含油量应达到国家排放标准；③ 应设置排油监控装置；④ 应设置残油、废油回收设施；⑤ 应设置垃圾粉碎设备；⑥ 上述设备应经中华人民共和国船舶检验机关检验合格,并获得有效证书。

根据《中华人民共和国海洋石油勘探开发环境保护管理条例》,固定式和移动式平台的生活垃圾,需要在距最近陆地 12 n mile 以内投弃的,应经粉碎处理,粒径应小于 25 mm。

知识点 69

风暴潮是来自海上的一种巨大的自然界灾害现象,系指由于强烈的大气扰动,如强风和气压骤变所招致的海面异常升高的现象。它结合了通常的天文潮,特别是若恰好赶上了高潮阶段,则往往会使其影响所及的海域水位暴涨,乃至海水浸溢内陆、酿成巨灾。

诱发风暴潮的大气扰动类型包括热带气旋、温带气旋、寒潮或冷空气。

在中国,风暴潮一般具有以下特点:四季发生,发生次数多,风暴潮位高度较大,风暴潮规律复杂,特别在潮差大的浅水区,天文潮与风暴潮具有较明显的非线性耦合效应。

在中国,风暴潮根据风暴的性质,通常分为由台风(热带气旋)引起的台风风暴潮和由温带气旋引起的温带风暴潮两大类。台风风暴潮多见于夏、秋季节。

台风强度、移动速度和路径,以及是否遭遇天文高潮,尤其是天文大潮的高潮,是风暴潮致灾的关键因素。

风暴潮灾害的轻重,与风暴增水、天文潮位、受灾地区的地理位置、海岸形状、海底地形、社会经济等情况有关。

风暴潮通常由天气系统命名。如 1980 年 7 号强台风(Joe)引起的称为 8007 台风(或 Joe)风暴潮。

利用计算机准确预报海平面在风暴影响下的变化对于预警风暴潮灾害极为重要。1972 年 Jelesnianski 研制了一个用于美国沿岸的实时风暴潮业务模式 SPLASH,在此基础上又发展出了更先进的 SLOSH 模式。

风暴潮警报从低到高分为蓝色、黄色、橙色和红色 4 个级别,由海洋预报机构通过电视、广播、网络、短信等向社会发布。

风暴潮灾害的灾情指标包括受灾人口、海水养殖损失、沉损船只数量、受灾农田、经济损失等。

风暴潮灾害防御措施包括加固堤坝、种植红树和修建避风港。

知识点 70

荷兰因其地形低洼,极易受风暴潮灾的影响。

知识点 71

有"白色灾害"之称的海冰,是海洋 5 种主要灾害之一。

海冰的形成可以开始于海水的任何一层,甚至于海底。在水面以下形成的冰叫作水下冰,也称为潜冰。黏附在海底的冰称为锚冰。由于深层冰密度比海水密度小,当它们成长至一定的程度时,就将上浮到海面,使海面上的冰不断地增厚。渤海水深较浅,海冰的形成从海面到海底几乎是同时进行的。

受寒潮侵袭的影响,中国渤海和黄海北部海面,每年冬季都有不同程度的海冰生成,其中,渤海的辽东湾冰情最为严重。

根据历史资料记载和现场观测资料分析,渤海和黄海北部曾发生过 3 次特别严重的冰封:① 1936 年一、二月渤海大冰封;② 1947 年春辽东湾严重冰封;③ 1969 年春渤海特大冰封。其中,1969 年的冰封最为严重。

为了满足结冰海区海上生产的需要,中国根据结冰范围和冰厚等资料研究制定了海冰冰情划分等级,并将这些等级作为海冰预报标准,称为《中国海冰冰情预报等级》。该等级标准共将中国的海冰冰情划分为 5 级,即冰情轻年、偏轻年、常年、偏重年和重年。

知识点 72

海浪是海洋中由风产生的波浪,包括风浪及其演变形成的涌浪。海浪会引起海上船只损坏和沉没、航道淤积、海岸工程损毁、海水养殖业受损和人员伤亡等。

知识点 73

在海浪预报或海浪观测中,用有效波高的大小来判定海浪的大小级别,这个级别称为波级。波级分为 0～9 级。为使波级更为通俗易懂,0～9 级波级分别对应一个名称,再向公众发布。这些名称分别是无浪、微浪、小浪、轻浪、中浪、大浪、巨浪、狂浪、狂涛、怒涛。波高小于 0.1 m 为微浪,0.1～0.5 m 为小浪,0.5～1.25 m 为轻浪,1.25～2.5 m 为中浪,2.5～4.0 m 为大浪,4.0～6.0 m 为巨浪,6.0～9.0 m 为狂浪,9.0～14.0 m 为狂涛,14.0 m以上为怒涛。有效波高大于等于 4 m 的海浪称为灾害性海浪。

知识点 74

海浪的颜色警报:蓝色,浪高为 2.5～3.9 m;黄色,浪高为 4.0～5.9 m;橙色,浪高为6.0～8.9 m;红色,浪高为 9 m 以上。

知识点 75

现行的海浪预报和警报发布标准中规定:受热带气旋或温带天气系统影响,预计未来 24 h 沿岸受影响海域出现 4.5～6.0 m(不含)有效波高,或者 130°E 以西的中国近海海域出现 9.0～14.0 m(不含)有效波高时,应发布海浪 Ⅱ 级橙色警报。

知识点 76

中国具有 100 多个海洋站组成的海洋站观测网,用以连续业务化观测沿海的海水温度、盐度、气温、风速、风向等海洋和气象要素,为海洋防灾减灾提供数据和信息支持。

知识点 77

海洋灾害是指源于海洋的自然灾害,是海洋自然环境发生异常或激烈变化,导致在海上或海岸发生的灾害。典型海洋灾害包括风暴潮、海啸、海冰、赤潮、海水入侵、溢油、海平面上升等。海冰、风暴潮属于受海水扰动或状态骤变而引发的灾害;海底地震、海底火山喷发、海啸属于海底岩石圈震动引发的灾害。

海洋灾害可以按照发生时间的缓急分为突发性海洋灾害和缓发性海洋灾害；如风暴潮、海啸、赤潮、海冰、海浪等属于突发性的，而海平面上升、海岸侵蚀、咸潮入侵、海水入侵则是缓发性海洋灾害。造成直接经济损失最多的海洋灾害是风暴潮。

影响中国的海洋灾害包括风暴潮、海浪、海冰、赤潮、绿潮、海岸侵蚀、海水入侵与土壤盐渍化、咸潮入侵等，其中以风暴潮灾害最为严重。

中国目前开展的海洋灾害风险评估和区划工作包括风暴潮、海啸、海浪、海冰、海平面上升 5 个灾种。

知识点 78

咸潮入侵又称咸潮上溯，是发生在河流入海口区域内的一种自然水文现象。冬季或干旱季节，当河道内淡水水量不足时，海水倒灌，高盐度的海水沿河上溯，咸淡水混合造成上游河道水体变咸，即形成咸潮。三角洲地区河海交汇处河道纵横交错，受径流和潮流共同影响，水流往复回荡，易受咸潮威胁。咸潮入侵对居民生活用水、农业用水乃至城市工业生产及其发展都有相当大的影响。咸潮入侵已成为长江三角洲和珠江三角洲地区严重的环境问题之一。

知识点 79

中国海水入侵最严重的两个省份是山东和辽宁。

知识点 80

中国海水入侵的主要原因是地下水开采。

知识点 81

中国盘锦地区和莱州湾海水入侵最远距离分别达 68 km 和 45 km。

知识点 82

国家海洋局北海分局监测中心于 2011 年 8 月在蓬莱 19-3 油田平台安装了首套雷达溢油监测系统，并于 2012 年投入正式业务化运行，开创了中国海洋行政主管部门全面推进石油平台溢油立体全天候监视监管业务化运行的先河。

知识点 83

绿潮是在特定的环境条件下，海水中某些大型绿藻暴发性增殖或高度聚集而引起水体变色的一种有害生态现象。2007 年以来，中国黄渤海海域连续暴发了浒苔绿潮。中国浒苔暴发主要发生在江苏和山东沿海。绿潮是中国 21 世纪以来新确认的新型海洋自然灾害。

2007 ~ 2016 年，绿潮灾害最大分布面积和最大覆盖面积最大的年份是 2009 年。

知识点 84

2008 年对山东近岸造成严重经济损失的浒苔起源于江苏海域。

知识点 85

工业革命以来，人类活动释放的二氧化碳超过 1/3 被海洋吸收，海水中二氧化碳浓度升高会导致海水 pH 下降,即海洋酸化。

知识点 86

一般将密度大于 4.5 kg/cm³ 的金属归属为重金属。环境污染所指的重金属主要是汞、镉、铅、铬和类金属砷等生物毒性极强的化合物。大部分重金属如汞、镉等对生物体完全无益,少部分重金属如铜、铬则是生物体必需的微量元素,在维持机体正常生理功能中起着重要的作用。但这些人体必需的重金属微量元素的量超过生物耐受限度时,会引起中毒反应。重金属污染具有累积性、持久性,被动物摄入体内后,可沿着食物链逐级传递、富集,并可与有机物结合成毒性更大的化合物。

水生生物通过呼吸、摄食、体表渗透等将重金属富集于体内。

重金属在鱼体不同组织和器官中的蓄积程度差别很大。实验表明,鱼类内脏富集重金属的能力明显高于肌肉。在脑、眼、皮、肉、鳔和生殖腺等可食用部分中,脑和生殖腺是重金属富集的主要器官,肌肉中重金属含量较低。

知识点 87

20 世纪 50 年代日本熊本县水俣镇,一家生产氯乙烯和醋酸乙烯的公司使用的催化剂氯化汞和硫酸汞随废水排到附近的水俣湾,在底泥中某些细菌的作用下生成毒性十分强烈的甲基汞,在海湾的生物体内大量富集。人食用受污染生物后受害。

知识点 88

中国是世界上海洋地质灾害最为严重的国家之一。常见的海洋地质灾害主要有海岸侵蚀、海水入侵、浅层气、海底土液化、海底滑坡以及活动断层等。其中海岸侵蚀、海水入侵属于典型海岸带地质灾害,与人类活动密切相关,受人类地质作用影响明显。目前,研究海洋地质灾害常用的物探仪器设备主要有地层剖面仪、侧扫声呐、磁力仪、重力仪以及多波束系统等。其中,侧扫声呐主要用于探测海底表面地质灾害类型,地层剖面仪主要用于探测海底地层中的地质灾害类型。

知识点 89

2011 年 3 月 11 日,日本福岛第一核电站反应堆所在建筑物爆炸,核泄漏事故等级提高至 7 级。日本福岛核泄漏事故等级与苏联切尔诺贝利核电站核泄漏事故等级相同。

知识点 90

2010 年 4 月 20 日,"深水地平线"钻井平台在美国路易斯安那州附近墨西哥湾海域爆炸沉没,大量原油泄漏。浮油面积随后扩大至美国东海岸地区,影响到路易斯安那、阿拉巴马、佛罗里达等州。此次漏油事故超过了 1989 年阿拉斯加埃克森公司瓦尔迪兹油轮的泄漏事件,是美国历史上最大的环境灾难之一。

知识点 91

在海上引起灾害的海浪叫灾害性海浪,通常指海上波高达 6 m 以上的海浪。灾害性海浪对航行在世界各大洋的绝大多数船只构成威胁,它常能掀翻船只,摧毁海洋工程和海岸工程,给航海、海上施工、海上军事活动、渔业捕捞带来灾难。

灾害性海浪最常发生在夏季。

知识点 92

根据现行的海洋灾害应急预案的要求,影响中国近海的灾害性台风浪过程应提前 48 h 发布海浪消息。

知识点 93

温室气体包括水蒸气、二氧化碳、甲烷、臭氧等,其中水蒸气的含量最大,但最受关注的是二氧化碳。这是因为工业化以来,碳排放大量增加,导致大气中二氧化碳的含量变化最为显著。

知识点 94

2004 年,20 世纪福克斯影片公司制作的电影《后天》上映,引发了热烈的讨论。这是一部灾难科幻电影,其科学背景是全球变暖、冰山融化、海洋环流变异等,提醒人类要关注环境变化、保护海洋。

知识点 95

GMDSS(Global Maritime Distress and Safety System)为全球海上遇险和安全系统。

知识点 96

经国务院批准,自 2009 年起,每年 5 月 12 日为全国"防灾减灾日"。

2014 年 5 月 12 日是中国第六个防灾减灾日,其主题是"城镇化与减灾"。

知识点 97

中国海洋减灾网正式运行时间是 2014 年 7 月 22 日。

知识点 98

中国第一届海洋防灾减灾学术交流会于 2014 年 12 月 17 日召开。

环境保护

知识点 1

环境容量是指自然环境或环境组成要素对污染物质的承受量和负荷量,它受环境空间尺度、环境要素特征、污染物物理与化学性质等影响。

知识点 2

环境承载力是环境承受人类经济活动的能力,具有客观性及主观性、区域性与时间性、动态性及可调控性特点。

知识点 3

海洋资源的开发活动主要受海洋环境和生态系统的制约。

知识点 4

1913 年,美国和英国签订了一项保护北极和亚北极候鸟的协议。

知识点 5

继《南极条约》之后,各协约国在 1972 年签订了《南极海豹保护公约》。

知识点 6

1975 年建于澳大利亚的大堡礁自然保护区,是世界最大、最长的珊瑚礁群。它纵贯于澳洲的东北沿海,北从托雷斯海峡,南到南回归线以南,绵延伸展 2 011 km,最宽处 161 km。

知识点 7

1998 年 12 月 8 日,浙江南麂列岛成为中国第一个世界级海洋自然保护区。

知识点 8

象山韭山列岛国家级自然保护区位于舟山群岛最南端。

知识点 9

厦门这座美丽的海滨城市被称为"鹭岛",以三角梅作为市花。鼓浪屿是位于厦门西南隅的海岛,美名"钢琴之岛""音乐之乡"。2000 年国务院批准建立厦门海洋珍稀物种国家级自然保护区,主要保护生物有文昌鱼、中华白海豚、白鹭等。

知识点 10

海洋污染主要来源于陆地污染物排放、海洋上的生产活动和生活垃圾、海上养殖自身污染以及大气沉降等。海洋污染会导致水体富营养化,引起某些藻类暴发性增殖,消耗溶解氧,使鱼、虾、贝类因缺氧而大量死亡,生物多样性急剧下降,破坏旅游区的环境质量,且污染物通过食物链进入人体而威胁人类健康。

知识点 11

中国海洋污染方面的综合性调查是 1972 年 6 月至 1973 年 10 月间进行的。

知识点 12

水质监测是监视和测定水体中污染物的种类、各类污染物的浓度及变化趋势,评价水质状况的过程,是海洋调查的重要组成部分。水质监测有一定的采样时间和采样频率,一般来讲,每年水质监测的频率为 2 ~ 4 次。如果每年水质监测进行 2 次,应选择丰水期和枯水期;如果每年监测 4 次,应按四季进行采样。

知识点 13

世界上首次超级油轮溢油事件发生在 1967 年 3 月,载运 12 万吨原油的利比里亚籍油轮"托雷·卡尼翁"号从波斯湾驶往美国米尔福港,该轮行驶到英吉利海峡触礁,造成船体破损,在其后的 10 d 内溢油 10 万吨。当时英国、法国共出动 42 艘船只,使用了 1 万吨清洁剂,英国还出动轰炸机对部分溢出原油进行焚烧,全力清除溢油污染,但是溢油仍然造成附近海域和沿岸大面积的严重污染,使英、法两国蒙受了巨大损失。

知识点 14

海底石油烃类渗漏到海面后或海上发生漏油事故时会形成海水表面油膜,从而改变海水表面张力和光滑程度。合成孔径雷达能够探测海水表面的光滑程度,是识别海水表面油膜最常用的方法之一。合成孔径雷达航测系统主要通过安装在飞行器上的合成孔径雷达成像系统发射微波并对接收到的反射波进行分析,其优势在于它所发射的微波束能量密集,能穿透云层、雨水、烟雾、灰层或薄霾,从而使该系统能够在任何气象条件下采集资料。合成孔径雷达航测系统还可以使用电磁辐射照亮海面,因此,不论是在白天还是在夜晚都可以进行测量。

知识点 15

海洋遭受汞污染将对人类与生态产生巨大的危害。不同形态的汞毒性差别较大。甲基汞毒性大于苯基汞。一般来说,有机汞毒性大于无机汞。

知识点 16

持久性有机污染物(Persistent Organic Pollutants, POPs)是指人类合成的、能持久存在于环境中、通过生物食物链(网)累积且对人类健康造成有害影响的化学物质。持久性有机污染物不仅具有致癌性、致畸性、致突变性,而且使内分泌系统失衡,对人类健康和自然环境危害较大。首批列入《关于持久性有机污染物的斯德哥尔摩公约》受控名单的 12 种持久性有机污染物：滴滴涕、氯丹、灭蚁灵、艾氏剂、狄氏剂、异狄氏剂、七氯、毒杀酚、六氯苯、多氯联苯、二噁英（多氯二苯并－对－二噁英）、呋喃（多氯代二苯并呋喃）。

知识点 17

白色污染指难降解的塑料垃圾（多指塑料袋）污染环境的现象。塑料垃圾，是用聚苯乙烯、聚丙烯、聚氯乙烯等高分子化合物制成的各类塑料制品使用后被弃置的固体废物。塑料垃圾是中国近岸海域海洋垃圾的主要类型，占 40%～80%。最常见的塑料垃圾包括塑料袋、塑料饮料瓶、烟头、塑料渔线和渔网、风化破碎后的塑料碎片等。

知识点 18

海洋垃圾，是指存在于海洋和海岸环境中被丢弃的、具有持久性的、人造的或经加工的固体物质，包括故意弃置于海洋和海岸的已使用过的物体，由河流、污水、暴风雨或大风直接携带入海的物体，等等。

知识点 19

海洋酸化指的是由于海水溶解更多的大气二氧化碳而导致的海水 pH 降低的过程（也就是氢离子浓度升高的过程）。科学家估计，从工业革命至今，表层海洋的 pH 已降低了 0.1，即氢离子浓度已上升了近 30%，如果继续按目前的化石燃料消耗量和大气二氧化碳浓度升高的趋势发展，则到 21 世纪末 pH 可能会下降 0.3～0.4，海水中氢离子浓度会比工业革命前上升 100%～150%。

知识点 20

重金属对生物危害程度强弱排序：汞＞镉＞锌＞铜。

知识点 21

疏浚物生物毒性监测，检测项目包括水相疏浚物毒性、固相疏浚物毒性、疏浚物中化学污染物质的生物蓄积。

知识点 22

营养盐排入海洋后，物理净化作用不能改变海洋中的营养盐总量，但可以改变局域的营养盐浓度；而化学和生物净化作用可以起到减少营养盐总量的作用。

知识点 23

中国在"九五"末，运用海岸基／平台基／海床基海洋环境自动监测系统、高频地波雷达海洋环境监测系统、综合水质监测系统、卫星遥感海洋环境监测应用系统和数据集成处理服务系统，建立了第一个海洋环境立体监测和信息服务系统示范区。

知识点 24

在海洋与全球气候变暖方面，人们除了关注海洋对二氧化碳的固定作用以外，还关注海底天然气水合物失稳分解释放的甲烷所引起的温室效应。

全球气候变暖使得北极海冰减少，反照率降低，进而吸收的短波辐射增加。

知识点 25

珊瑚白化就是珊瑚颜色变白的现象。珊瑚美丽颜色来自体内的共生海藻。海藻通过光合作用向珊瑚提供所需的大部分能量。当发生海水温度过高等环境变化时,共生海藻离开(包括珊瑚会把海藻排出体外的情况)或死亡,珊瑚白化。珊瑚与海藻之间的这种共生关系被打破,珊瑚将失去营养供应而死亡。

知识点 26

滨海湿地为陆地生态系统和海洋生态系统的交错过渡地带。

目前中国滨海湿地主要受围垦与基建占用、污染、过度捕捞和采集以及外来物种入侵 4 类威胁因子影响,其中基建占用和围垦无论是在影响频次和受影响面积上看,都是最为严重的。

知识点 27

《全球生物多样性展望》(第三版)中指出,全球 80％调查数据的海洋区域,鱼类群系均因过度捕捞而正迅速衰退。

海洋国际合作

知识点 1

1993 年 2 月，联合国教科文组织政府间海洋学委员会第 17 届大会通过了一项关于号召各国共同举办"国际海洋年"的决议，并向联合国大会提请建议。1994 年 12 月联合国第 49 届大会通过了这项由 102 个成员发起的决议，宣布 1998 年为"国际海洋年"。1997 年 7 月，联合国教科文组织通过了将"海洋——人类的共同遗产"作为"国际海洋年"主题的建议。2008 年 12 月 5 日第 63 届联合国大会决定自 2009 年起，将"世界海洋日"定为每年的 6 月 8 日。2008 年 7 月 18 日是中国首届"全国海洋宣传日"，主题为"海洋与奥运"，活动主场设在山东青岛。从 2010 年起，中国的"全国海洋宣传日"也调整为每年的 6 月 8 日，当年活动主场设在天津，主题是"关爱海洋——我们一起行动"。

知识点 2

科学家为探索地球深部而实施的国际大型海洋科学钻探计划至今已有近半个世纪的时间。1957 ～ 1966 年，莫霍面钻探计划实施；1968 ～ 1983 年，深海钻探计划实施；1985 ～ 2003 年，大洋钻探计划经过一个短暂的过渡期后，开始了综合大洋钻探计划；2013 年 10 月起，国际大洋发现计划（IODP）进入了新的阶段。

知识点 3

国际海上人命安全公约（International Convention for Safety of Life at Sea）的英文表达简写为 SOLAS。

知识点 4

第一个国际海洋科学组织 —— 国际海洋考察理事会（International Council for the Exploration of the Sea，简称 ICES）成立于 1902 年。

知识点 5

1951 年建立世界气象组织（World Meteorological Organization，简称 WMO）。

知识点 6

国际物理海洋学协会（IAPO）于 1967 年改名为国际海洋物理科学协会（IAPSO）。

知识点 7

中国早期对热液硫化物的研究仅停留在理论研究层面。1988～1990 年,中德合作对马亚安纳海槽的热液硫化物进行了专项调查,填补了中国在这方面的空白。

知识点 8

国际海底管理局是管理国际海底区域及其资源的权威组织,成立时间为 1994 年,总部设在牙买加首都金斯顿。

知识点 9

ARGO 是"地转海洋学实时观测阵"（Array for Real-time Geostrophic Oceanography）的英文缩写,它是新一代覆盖全球的海洋实时观测系统。2001 年 10 月 12 日,经国务院批准,中国正式加入国际 ARGO 计划。

知识点 10

2007 年,美国和俄罗斯正式签署双边协议——《北极熊条约》。

知识点 11

2008 年 12 月,"武汉"号驱逐舰（舷号 169）、"海口"号驱逐舰（舷号 171）以及"微山湖"号补给船（舷号 887）组成编队,从三亚起航赴索马里海域护航,承担了中国首批索马里护航任务,并于 2009 年 4 月返回三亚。

知识点 12

2010 年 5 月中国大洋协会正式向海底管理局申请勘探西南印度洋多金属硫化物资源矿区,同年 7 月 20 日,国际海底管理局理事会核准了这一申请。

知识点 13

国际海底管理局 2013 年批准了中国大洋矿产资源研究开发协会提出的西太平洋富钴结壳矿区勘探申请。

知识点 14

"国际海洋生物普查计划"（Census of Marine Life, CoML）是主要由 Sloan 基金会赞助推动的一项国际合作计划,希望在全球海洋生物学家的共同努力下,来回答"海洋中到底居住着哪些生物"的问题,进而了解它们的多样性、分布及丰度等基础数据。2000～2010 年,共计有来自 80 多个国家的 2 700 多位科学家一同参与,设计了 17 个不同的调查计划,开展了 540 次野外调查。

知识点 15

北极大学（University of the Arctic）是一个主要由北极国家大学和研究组织共同组建的大学联盟,在北极理事会领导和支持下于 2001 年 6 月 12 日成立。北极大学多年来致力于北极研究与教育,目标是通过合作研究,推动环北极地区的可持续发展和原居民文化的保护。北极大学的成员包括两类:一类是正式成员,来自北极八国;另一类是准成员,来自非北极国家或地区。截至中国海洋大学申请之前,北极大学共有143个成员,包括138个正式成员、5个准成员。2013年6月,中国海洋大学成为第一所加盟北极大学的中国高校。

知识点 16

目前已实施和正在实施的国际合作海洋研究计划有"全球海洋通量联合研究"(JGOFS)、"海岸带海陆相互作用"(LOICZ)、"全球变化研究计划"(IGBP)、"上层海洋 - 低层大气相互作用研究"(SOLAS)、"海洋痕量元素与同位素的生物地球化学循环研究"(GEOTRACES)等。

知识点 17

1991年由政府间海洋学委员会、世界气象组织、国际科学联合会理事会、联合国环境规划署等组织发起建立的全球海洋观测系统(Global Ocean Observing System, GOOS),实现了以全球为基础对海洋物理、化学和生物学等方面进行全面综合观测。

海洋权益与维护

在战斗舰艇类中,中国通常将排水量大于 500 t 的称为舰,小于 500 t 的称为艇。

水面舰艇部队是海军中历史最悠久、类型最多、任务最重的兵种,是海军区别于其他军种的重要标志。在 19 世纪以前,水面舰艇是海军编成中的唯一兵力,是完成海上作战任务的唯一战斗力量。到 19 世纪末和 20 世纪初,潜艇、航空兵相继出现并逐渐承担了过去由水面舰艇担负的部分任务。按舰种分类,战斗舰艇可进一步分为航空母舰、巡洋舰、驱逐舰、护卫舰、扫雷舰、潜艇等。

航空母舰,简称航母,是以舰载机为主要武器并作为舰载机海上活动基地的大型水面战斗舰艇。航空母舰按排水量可分为重型、中型和轻型。重型航母排水量 6 万～ 10 万吨,中型航母排水量 3 万～ 5 万吨,轻型航母排水量 1.5 万～ 3 万吨。1917 年 3 月,英国海军决定将一艘正在建造中的大型巡洋舰"暴怒"号改建为飞机母舰。"暴怒"号的前主炮被拆除,在舰体的前半部加装了 69.5 m 长的飞行甲板,铺设了木制的飞行跑道。改装后的"暴怒"号被称为"飞机载舰",标准排水量 19 153 t,航速 31.5 kn,共搭载 10 架飞机:6 架"幼犬"式战斗机和 4 架"肖特 184"式水上飞机。日本于 1922 年底建造的"凤翔"号航空母舰,是世界上第一艘直接设计和建造的航空母舰。"小鹰"号航母是美国海军小鹰级航母的首舰,是在福莱斯特级常规动力航母的基础上发展而来,于 1961 年进入现役。小鹰级航母在总体设计上沿袭了福莱斯特级航母的设计特点,其舰型特点、尺寸、排水量、动力装置等都与福莱斯特级航母基本相同,但小鹰级航母在上层建筑、防空武器、电子设备、舰载机配备等方面均做了较大改进。"竞技神"号是采用全新理念设计的航空母舰,有全通式飞行甲板和封闭式的舰艏,具有较强的抗浪性。将舰桥、桅杆和烟囱合并成大型舰岛,位于全通式飞行甲板右侧舰体右舷,这是航空母舰首次采用岛式上层建筑设计。英国的"勇敢"号是世界上第一艘被击沉的航母。1957 年 12 月,美国开始建造核动力巡洋舰"长滩"号。这是世界上第一艘核动力水面舰艇,也是第二次世界大战以后美国建造的第一艘新式巡洋舰。该舰排水量 1.7 万吨,以 20 kn 速度可连续航行 16 万千米。它可以与核动力航空母舰协同作战,成为航空母舰警戒舰艇的核心,能够远离基地,长期在海上活动。"企业"号是世界上第一艘核动力航空母舰。航空母舰固定翼舰载机的起飞方式有 3 种:滑跃起飞、弹射起飞和垂直起飞。

知识点 4

1620 年,荷兰物理学家德雷布尔别出心裁地制造了一条似鱼非鱼、似鲸非鲸的木制潜水船,成为公认的"潜艇之父"。潜艇按所担负的作战任务,可分为战略导弹潜艇和攻击潜艇。世界上噪声最低的潜艇是美国海狼级核潜艇。美国"鹦鹉螺"号核潜艇是世界上第一艘核动力驱动的潜艇,1952 年 6 月开工建造,1954 年下水。俄罗斯的 941 型战略核潜艇,浮航状态排水量为 21 500 t,潜航状态排水量为 26 500 t,是目前世界上吨位最大的核潜艇。天津机器局于 1880 年制造出中国第一艘潜艇。1968 年 10 月,中国首艘核潜艇在辽宁葫芦岛开工建造;1970 年 7 月潜艇核反应炉启动,12 月下水;经过几年试航后于 1974 年 8 月 1 日交付海军使用,被命名为"长征一号"。1988 年 9 月 14 日至 27 日,中国进行了第一次自行研制核潜艇在水下发射运载火箭的试验并取得成功,标志着中国国防尖端技术又提升到一个新水平。中国继苏联、美国、法国、英国之后,成为世界上第五个拥有核潜艇水下发射运载火箭能力的国家。

知识点 5

所谓"无限制潜艇战"是第一次世界大战时德国海军部于 1917 年 2 月宣布的一种潜艇作战方法,即德国潜艇可以事先不发警告而任意击沉任何开往英国水域的商船(包括非交战中立国船只),其目的是要对英国进行封锁。"狼群"战术是德国海军潜艇战法,即将潜艇以集群方式投入作战海区,巡弋的某艘潜艇一旦发现目标便马上通知其他潜艇前来,协同袭击对方运输舰只。1939 年 10 月,德国海军 U-47 号潜艇秘密潜入位于斯卡帕湾的英国皇家海军基地,一举击沉"皇家橡树"号战列舰并成功撤离,是大战开始后英国海军伤亡最惨重的一次打击。

知识点 6

1936 年 7 月 1 日,"俾斯麦"号战列舰在德国汉堡港的布隆 - 富斯造船厂正式开工建造。1940 年 8 月 24 日,"俾斯麦"号战列舰正式服役于德国海军。1940 年德国为防止英国突袭瑞典耶利瓦勒,断绝其铁矿石供应,于同年 4 月 9 日派遣 10 艘驱逐舰突袭占据纳尔维克,并在第一次纳尔维克海战中击败英国海军的袭击;但在第二次纳尔维克海战中不敌英国战列巡洋舰分队,10 艘驱逐舰全部被击沉。

知识点 7

在南大西洋靠近阿根廷东南沿海海区,有一片被阿根廷称为马尔维纳斯群岛、被英国称为福兰克群岛的岛屿群。人们习惯简称这群岛屿为马岛。为争夺马岛主权,英国和阿根廷之间爆发了世界瞩目的马岛海战。马岛海战中,由于卫星电话的使用,英军"谢菲尔德"号驱逐舰舰载电子战系统无法工作,丧失了对抗"飞鱼"反舰导弹的时机,导致"谢菲尔德"号驱逐舰被击沉。

知识点 8

露梁海战是公元 1598 年明朝与朝鲜两国水师联军在朝鲜南部露梁海域与日本舰队进行的一场大规模海战。

知识点 9

1942 年 4 月 18 日,在"珍珠港"事件 4 个月之后,美军杜立特敢死队的 16 架 B-25 轰炸机从"大黄蜂"号航母上起飞,对日本东京进行了轰炸。

冲绳岛战役是美、日两军在太平洋岛屿作战中规模最大、时间最长、损失最惨重的一次战役。

塔萨法隆格海战是美、日海军在瓜达尔卡纳尔岛争夺战中的重大海战之一。美军在雷达指引下开火,击沉日驱逐舰 1 艘。日舰以发射鱼雷进行还击,20 分钟后即撤离战区。美军 3 艘巡洋舰受创,1 艘巡洋舰被击沉。

维拉湾海战是美国在夜间鱼雷战中的首次胜利。此次海战后,日本海军由于驱逐舰短缺,已无力支援科隆班加拉岛上的陆军部队。而美国人则于 1943 年 8 月 15 日跳过科隆班加拉岛,直接在韦拉拉韦拉岛上登陆。

神风特别攻击队是在第二次世界大战末期,日本为了抵御美国军队强大的优势,挽救其战败的局面,利用日本人的武士道精神,按照"一人、一机、一弹换一舰"的要求,对美国舰艇编队、登陆部队及固定的集群目标实施自杀式袭击而成立的特别攻击队。日军在 1944 年的莱特湾海战中首次投入神风特攻队,共出动"神风"自杀机 55 架,击沉美军护航航空母舰 1 艘、巡洋舰 1 艘、驱逐舰 4 艘。

中途岛海战是第二次世界大战的一场重要战役,是一次航母战斗群对航母战斗群的战争,也是美国海军以少胜多的一个著名战例。该战役于 1942 年 6 月 4 日展开,美国海军不仅在此战役中成功地击退了日本海军对中途岛环礁的攻击,还得到了太平洋战区的主动权,因此成为二战太平洋战区的转折点。日本海军坚持"以战列舰作为海战决战的决定性力量,把航空母舰当作辅助性力量使用",忽略了航空兵力的作用,这是导致其中途岛海战失败的原因。这场海战也使海军航空兵在现代海战中的重要作用得以凸显。中途岛(Midway Island)位于太平洋中部,在檀香山西北 2 100 km 处,属波利尼西亚群岛,是美国无建制领地。

知识点 10

特拉法尔加海战是帆船海战史上以少胜多的一场漂亮的歼灭战,也是 19 世纪规模最大的一次海战。指挥特拉法尔加海战的英国将领纳尔逊在这场海战中敢于突破陈旧的战斗序列理论,运用灵活的机动战术,使法国和西班牙联合舰队一败涂地。

知识点 11

驱逐舰是一种可以装备对空、对海、对潜和对陆攻击等武器,具有一定综合作战能力的中型水面舰艇，有"海上多面手"称号。其多样化作战目标，要求驱逐舰船体构造必须保证纵向强度。现代级导弹驱逐舰是一种先进的大型水面战舰。该级第一艘"现代号"由俄罗斯圣彼得堡的北方船厂制造，20世纪末俄罗斯向中国出口了4艘改进型号的该级驱逐舰。

鞍山级导弹驱逐舰是1949年后中国海军装备的第一级驱逐舰，原系自苏联购入的鱼雷驱逐舰。1954年和1955年，苏联原驻符拉迪沃斯托克（海参崴）的4艘07型驱逐舰被分两批卖给中国，后被改装为导弹驱逐舰："鞍山"舰（舷号"101"）、"抚顺"舰（舷号"102"）、"长春"舰（舷号"103"）、"太原"舰（舷号"104"）。这4艘军舰曾被誉为早期中国海军的"四大金刚"；在服役40多年后，均已退役。

知识点 12

福州船政学堂是中国近代第一所海军学校，它的创办和船政局的建立几乎为同时，创始人是左宗棠。19世纪60年代兴起的造船购舰热潮，使沿海各省云集起一批近代军舰，迫切需要编队，成立一个全国性的领导机构。1885年清政府成立海军衙门，统一海军指挥权。1894年清朝水师分为北洋水师、南洋水师、福建水师和广东水师等4支水师舰队，成立最早的是福建水师。北洋水师实力最为强大。北洋水师于1875年开始筹建，至1888年正式成立，水师衙门设在北洋水师主要基地威海港刘公岛。1888年，《北洋海军章程》颁布，标志着北洋水师正式成军。北洋水师成军时，拥有在编军舰25艘，排水量4万多吨，官兵4 000多人，实力称冠亚洲。统领这只舰队的是被称为"海军提督第一人"的丁汝昌。除定远、镇远两艘铁甲舰外，还有巡洋舰7艘（致远、经远、济远、来远、靖远、超勇、扬威），炮舰6艘（镇东、镇西、镇南、镇北、镇中、镇边），鱼雷艇6艘（左一、左二、左三、右一、右二、右三），教练船3艘（威远、康济、敏捷），运输船1艘（利运），成为当时亚洲最强大的海上力量。黄海大战中，北洋海军先后列出犄角鱼贯小队阵、犄角雁形小队阵两种阵形，首先发炮的是定远舰。北洋水师建立的三大水师基地在天津大沽、旅顺、威海。旅顺为北洋水师军舰维修保养之地，被称为"远东第一要塞"。北洋水师军火的主要生产基地和舰队的第一个维修基地在天津。威海卫则为北洋水师舰队的锚泊之所，北洋水师的最高军事指挥机构——水师提督署就设在威海湾中的刘公岛上。在刘公岛最东端有北洋水师遗留下来最大一处炮台——东泓炮台。刘公岛上有清代炮台6座，分别是黄岛、麻井子、旗顶山、迎门洞、东泓、南嘴，均由德国人汉纳根设计。在刘公岛西部有一段废弃的铁轨，是当年北洋水师向码头运送煤炭和弹药而建的专用轨道。定远舰和镇远舰是北洋水师旗舰，由德国伏尔铿造船厂制造，舰长94.5 m，宽18 m，排水量7 335 t，航速14.5 kn，为亚洲第一大舰。舰上装备精良，设施完备，装备鱼雷发射管4具和海水淡化设备，每日造淡水可供300多人饮用。

知识点 13

中日甲午战争为19世纪末日本侵略中国和朝鲜的战争，是日本以伊东祐亨为司令的联合舰队对清政府发动的侵略战争。按中国干支纪年，战争爆发的1894年为甲午年，故称甲午战争（日本称日清战争，西方国家称第一次中日战争/First Sino-Japanese War）。甲午战争以1894年（清光绪二十年）7月25日丰岛海战的爆发为开端，至1895年4月17

日《马关条约》签字结束。这场战争以中国战败、北洋水师全军覆没告终。甲午战争主要战役有平壤战役、黄海海战、辽东之战和威海卫保卫战,陆战主要是平壤战役,海战主要是黄海海战,发生于北黄海。在平壤战役中左宝贵牺牲,这是甲午战争期间牺牲的第一位清军高级将领。1894 年 9 月 17 日黄海海战爆发。在北洋水师主力舰之一——致远号巡洋舰不幸受伤、舰身倾斜、弹药耗尽后,管带邓世昌下令开足马力冲向敌旗舰"吉野"号巡洋舰,以求同归于尽。但致远号不幸中敌鱼雷,邓世昌壮烈牺牲。中国清朝政府迫于日本军国主义的军事压力,签订了丧权辱国的不平等条约——《马关条约》。北洋水师是在洋务运动中建立的一支近代化海军舰队。北洋水师在甲午中日战争威海卫战役中全军覆没,标志着洋务运动的失败。

知识点 14

山本五十六原名高野五十六,日本帝国海军将领,第二次世界大战期间担任日本海军联合舰队司令长官,是偷袭美军珍珠港和发动中途岛海战的谋划者。1943 年 4 月 18 日在视察部队途中,其座机被美军飞机击落而毙命。1943 年 4 月,美军情报人员破译了日军的密码,获悉山本五十六将于 4 月 18 日乘中型轰炸机,由 6 架战斗机护航到前线视察的消息。罗斯福总统亲自做出决定进行截击。

知识点 15

日德兰海战是第一次世界大战期间规模最大的海战,也是世界海战史上最大一次战列舰编队交战。

知识点 16

世昌舰以甲午海战民族英雄邓世昌的名字命名,是中国目前唯一一艘具有平战结合功能的万吨级国防动员舰,舷号"82"。

知识点 17

第一颗触发水雷是 1637 年明朝末年制造的"混江龙"水雷,该雷通过与舰船直接接触引爆。

知识点 18

1986 年 3 月,荷兰海军一次派出了 5 艘舰艇到中国上海进行访问,创下了来访舰艇最多的纪录。

知识点 19

俄罗斯北方舰队是俄罗斯海军 4 支舰队中最大的。

知识点 20

中国海事系统吨位最大、装备最先进的海上巡视船——"海巡 31"于 2005 年 2 月正式列入交通部海事局巡船队,其满载排水量达到了 3 000 t。

知识点 21

信号旗按尺寸大小,可分为 1 号旗、2 号旗、3 号旗、4 号旗和 5 号旗 5 种。

知识点 22

世界大多数国家海军都有自己的海军旗。在有些国家,国旗即为海军旗,如美国、加拿大、菲律宾等。另有一些国家,将国旗设计在海军旗的左上角,如英国、印度等。还有的国家,海军旗的设计基于国旗的变形,如日本、芬兰、挪威、瑞典等。中国人民解放军的海军旗采用在原"八一"军旗下部加三条蓝杠白底的制式。

知识点 23

1917 年 11 月 7 日晨,"阿芙乐尔"号巡洋舰上的电台向全世界播发了俄国革命军事委员会的通告和列宁的《告俄国公民书》。也是这条军舰于当晚 21 时 45 分,用空炮弹发出攻打冬宫的信号,这也是正式发动"十月革命"的信号。

知识点 24

马尾海战又称马江海战,是中法战争中的一场战役。清光绪十年(1884 年),法国远东舰队司令孤拔率舰 6 艘侵入福建马尾港,伺机攻击清军军舰。七月初三,法舰首先发起进攻。清军主要将领畏战,弃舰而逃。福建水师各舰群龙无首,仓皇应战,舰只还没来得及起锚,便被法舰的炮弹击沉 2 艘,重创多艘。战斗不到 1 个小时,11 艘兵船俱损,福建水师几乎丧失了战斗力。初九,法舰全部撤出闽江口。

知识点 25

中国人民解放军海军是中国的海上武装力量,以舰艇部队和海军航空兵为主体,主要任务是独立或协同陆军、空军防御敌人从海上入侵,保卫领海主权,维护海洋权益。1949 年 4 月 23 日,华东军区海军领导机构在白马庙成立,张爱萍任司令员兼政委,人民海军从此诞生。1949 年萧劲光出任海军司令,成为人民海军的第一任司令员。1949 年 5 月初,中央军委决定成立中国人民解放军安东(现丹东)海军学校,后以安东海军学校为基础,在大连创办了中国人民解放军海军学校。中国人民解放军海军作战部队除了海军总部直辖外,分布于北海、东海、南海 3 支舰队中。中国人民解放军海军共分为五大兵种:海军潜艇部队、海军水面舰艇部队、海军航空兵、海军陆战队、海军岸防部队。海军潜艇部队主要用于消灭敌方大中型运输舰船和作战舰艇,破坏敌方海上交通线、保护己方海上交通线,破坏摧毁敌方基地、港口和岸上重要目标。1960 年 8 月 1 日,海军北海舰队在青岛成立。

知识点 26

1959 年,根据中苏两国协议,苏联将旅顺军港交还中国。旅顺军港是中国北方最优良的深水不冻港。

知识点 27

1985 年 11 月 16 日,由海军 132 号导弹驱逐舰和 X615 远洋油水综合补给船组成的中国海军舰艇编队,在东海舰队司令员聂奎聚率领下,从上海吴淞军港出发,应邀前往巴基斯坦、斯里兰卡、孟加拉国进行友好访问。这次编队出访途经 5 个海区,穿越 7 个海峡,总航程 1 万多海里,历时 65 d。这是中国海军第一次出访。

知识点 28

2002 年 5 月 5 日,中国海军舰艇编队首次进行环球航行访问。舰艇编队由青岛号导弹驱逐舰和太仓号综合补给舰组成,横跨印度洋、太平洋、大西洋,远涉亚洲、非洲、欧洲、南美洲和大洋洲,总航程 33 000 多海里。

知识点 29

舰名是国家或海军授予舰艇的名称,用以确立舰艇在海军中的序列位置,以便指挥和管理。中国的驱护舰是以大中型城市来命名。辽宁号航空母舰,简称辽宁舰,舷号"16",于 2012 年 9 月 25 日交付海军。

知识点 30

防空识别区是一国基于空防需要,在本国领空之外的公共空域划定的特别区域。划定防空识别区是一种扩大预警空间、保证拦截时间的通行做法。

知识点 31

1937 年 9 月,国民党海军在长江的"东大门"——江阴进行了一场激烈的对日海空作战,史称江阴抗战。这是抗日战争中国海军规模最大的一次抗战。

知识点 32

1946 年 12 月 12 日,林遵率领"太平""中业"两舰到达南沙主岛——黄山马岛。他们以太平、中业两舰的名称,将黄山马岛和铁峙岛分别改称为太平岛和中业岛。在太平岛上,他们在所建的接收南沙纪念碑前举行了接收仪式。

知识点 33

1954 年 11 月 14 日,在浙江以东的舟山群岛高岛海域,中共华东军区海军鱼雷艇部队成功实施了一次海上伏击战,一举击沉国民党海军的第七大舰太平号,创造了海军鱼雷艇部队的首次成功战例。

知识点 34

1955 年的江山岛战役是中国人民解放军首次出动海陆空三军协同作战的战役,由华东军区参谋长张爱萍统一指挥。通过此次作战,我军获得了继续解放沿海岛屿的重要作战经验,初步探索了三军协同配合实施登陆作战的基本原则。

知识点 35

1965 年 8 月 6 日爆发的八六海战,是 1949 年后的第一次大海战。此次战斗中国人民解放军海军由护卫艇、鱼雷艇组成突击编队,击沉国民党海军章江号、剑门号两艘猎潜舰。1974 年 1 月,中国人民解放军海军、陆军进行西沙自卫反击战,全歼南越入侵军队,收复了被南越侵占的甘泉岛、珊瑚岛、金银岛。1988 年 3 月 14 日,中国与越南因南海部分岛礁的主权之争爆发的一场小规模战争,被称为赤瓜礁之战。

知识点 36

中国海军战略是"近海防御,远海护卫"。经过数十年的发展和建设,今天的中国海军已经拥有水面舰艇部队、潜艇部队、海军航空兵、海军岸防兵、海军陆战队等多个兵种和各种专业勤务部队,成为一支初具现代化规模的海上作战力量。

知识点 37

中国海军装备的护卫舰有 053 系列、054、054A、056 等型号;装备的驱逐舰有 051 系列、052 系列等型号,052 系列包括 052C、052D 等。

知识点 38

苏联研制的 SS-N-2A "冥河" 舰对舰导弹,在 1967 年第三次中东战争中首次用于实战。埃及用 "冥河" 导弹一举击沉了以色列的 "艾拉特" 号驱逐舰,开创了舰对舰导弹战成功的先河。

知识点 39

精确制导武器是指采用精确制导技术,直接命中概率较高的武器,如各类导弹,以及制导炸弹、制导炮弹、制导鱼雷等。

"哈姆" 导弹的精度为几米,携带它的飞机无须冒险,在几十千米之外,在上万米高空发射,就能直接命中目标,所以该导弹被称为 "冷面杀手"。

知识点 40

深水炸弹,简称深弹,能在水中一定深度爆炸,是主要用于攻击潜艇的水中武器。深弹于 1915 年开始装备使用。在第二次世界大战以前,深弹是唯一的反潜武器。

知识点 41

1991 年 2 月 18 日,美国海军两栖攻击舰 "特里波利" 号和宙斯盾巡洋舰 "普林斯顿" 号被伊拉克布设的水雷炸伤,造价仅为数千美元的水雷武器使美国受到上亿美元的损失。

知识点 42

依据联合国安理会有关决议并参照有关国家做法,中国政府决定派适当的军事力量赴亚丁湾和索马里海域护航。2008 年 12 月 26 口,由南海舰队第 169 号、第 171 号驱逐舰和微山湖号综合补给舰组成的编队奉命从海南三亚港出发,2009 年 1 月 6 日到达索马里亚丁湾海域,正式开始护航。其主要任务是保护中国航经亚丁湾、索马里海域船舶、人员的安全,保护世界粮食计划署等国际组织运送人道主义物资船舶的安全。这是中国首次使用军事力量赴海外维护国家战略利益,履行国际人道主义义务。2009 年 9 月 18 日,中俄护航编队在亚丁湾西部海域进行 "和平蓝盾-2009" 联合演习。2014 年 12 月 2 日,中国海军第十九批护航编队从青岛某军港解缆起航,奔赴亚丁湾、索马里海域接替第十八批护航编队执行护航任务。第十九批护航编队由导弹护卫舰 "临沂" 舰、"潍坊" 舰和综合补给舰 "微山湖" 舰组成,编队含 2 架舰载直升机、数十名特战队员,共 700 余人。其中,"临沂" 舰、"潍坊" 舰是首次执行护航任务。

知识点 43

俄罗斯 "暴风" 超空泡鱼雷水下速度可达到 370 km/h (约 200 kn),是传统鱼雷的 3

倍多,是目前速度最快的水下攻击兵器。

知识点 44

2006 年 9 月,中美海军首次在美国圣迭戈西北海区举行了海上联合搜救演习,中方参演的舰艇分别是青岛号导弹驱逐舰和洪泽湖号综合补给舰。

知识点 45

2012 年 9 月 25 日,中国第一艘航空母舰——"辽宁"舰(舷号"16"),在中国船舶重工集团公司大连造船厂正式交付海军。胡锦涛向海军接舰部队授予军旗。海军 88 舰(徐霞客号)是在 2011 年建造的舰员训练综合保障舰。"徐霞客"号是"辽宁"舰的生活综合保障舰,可容纳 2 500 人,排水量 23 000 t,自给力 30 d。"徐霞客"号不仅有精良的武器装备和直升机,而且有非常先进的生活保障设施,塑胶跑道、篮球场、健身房、散打擂台、网吧、超市等一应俱全。它不仅负有保障航母人员居住、休息、训练的任务,而且负有海外大规模撤侨和作为超大型航海实习舰的使命。

知识点 46

由中国船舶重工集团公司七〇一所设计的中国海军第一代具备相控阵雷达、垂直发射系统的防空型导弹驱逐舰,被誉为"中华神盾"。首舰于 2003 年下水,2005 年正式服役。兰州号是中国第一艘装备相控阵雷达及导弹垂直发射系统的驱逐舰。

知识点 47

19 世纪时,攻击敌方舰船的主要武器是鱼雷艇。为应对鱼雷艇的威胁,英国于 1893 年建成了被称作"鱼雷艇驱逐者"的军舰,对抗鱼雷艇的战绩颇佳。此后,这种武器被称作"驱逐舰"。

知识点 48

中国政府 2013 年 11 月 23 日发表声明,宣布划设东海防空识别区,并发布航空器识别规则公告和识别区示意图。

知识点 49

钓鱼岛位于中国东海大陆架的东部边缘。中国有关钓鱼岛的最早文献出自明朝永乐元年(1403 年)的《顺风相送》,称该岛为"钓鱼屿"。自那时起,钓鱼岛就已成为中国的领土。1895 年 4 月 17 日,日本强迫清政府签订了不平等条约《马关条约》,中日之间关于钓鱼岛的主权争端遂由此产生。摘自《中华人民共和国外交部声明》:"钓鱼岛等岛屿是中国人最早发现、命名和利用的,中国渔民历来在这些岛屿及其附近海域从事生产活动。早在明朝,钓鱼岛等岛屿就已经纳入中国海防管辖范围,是中国台湾的附属岛屿。""1895 年,日本在甲午战争末期,趁清政府败局已定,非法窃取钓鱼岛及其附属岛屿。随后,日本强迫清政府签订《马关条约》,割让台湾全岛及所有附属各岛屿。""1972 年中日邦交正常化和 1978 年缔结和平友好条约谈判过程中,两国老一辈领导人着眼大局,就'钓鱼岛问题放一放,留待以后解决'达成重要谅解和共识。"

知识点 50

南沙群岛是中国固有领土。但近年来,南海周边国家都对南沙群岛提出了主权要求,特别是菲律宾、越南侵占了中国南沙的多个岛礁,加剧了南海紧张形势。菲律宾学者萧曦清的《南沙争端》一书,承认"历史充分证明了中国首先发现、开发和管辖了西沙群岛和南沙群岛。中国政府对诸岛不间断的管辖已经持续了 1 000 多年,中国是这些群岛无可争辩的主人"。中国从汉朝就逐步完善了对南海、特别是南沙诸岛礁以及相关海域的管理,至今有 2 000 多年。南海九段线通常被称为传统南海海域疆界线,一直以来都是中国政府主张其在南海各项权益边界的依据。

知识点 51

扫雷舰是一种海军水面舰艇,专门用来清扫海中的水雷,以保护船只航行航道安全。扫雷舰一般属于第二线的作战舰艇,船上的武装以自卫为主。扫雷舰的作业方式是在疑似有水雷出现的海域来回航行,利用舰上的扫除设备清除与引爆水雷。扫雷舰与猎雷舰作业形态最大的差异是扫雷舰不会先侦测个别水雷的位置,因此扫雷舰在清除过程中航行的路线与涵盖的范围就很重要,以确保清除过的水域没有危险。扫雷舰有舰队扫雷舰、基地扫雷舰、港湾扫雷艇和扫雷母舰等,主要担负开辟航道、登陆作战前扫雷,以及巡逻、警戒、护航等任务。扫雷舰艇是由俄国开始首先建造的。

知识点 52

"蓝岭"号两栖指挥舰是美国海军海上综合作战指挥能力最强的战舰,为第七舰队的旗舰。该舰舷号 19,1967 年 2 月 27 日动工建造,1969 年 1 月 4 日下水,1970 年 11 月 14 日服役。它是二战以来设计的最大的指挥舰,在两栖作战中,能提供海、空、陆综合指挥控制设施。

知识点 53

平远号巡洋舰,原名"龙威",是中国历史上自行设计建造的第一艘钢质的装甲巡洋舰。负责舰只建造的是福建船政学堂后学堂首届毕业生,曾经留学法国的魏瀚。1886 年,魏瀚前往法国购买建舰所需钢材。同年 12 月 7 日,舰只被安放龙骨,1888 年 1 月 29 日首次下水,并被命名为"龙威"。这艘军舰在建造过程中"不用一洋员洋匠,脱手自造",其成功标志着福建船政,乃至中国造船业的技术水平迈上了一层高的台阶,反映了当时中国造船的最高水平。

知识点 54

1910 年法国的费勃成功地解决了水上飞机的起降问题,制成世界上第一架水上飞机。

1918 年 2 月,中国首家正规的飞机制造厂——马尾船政局海军飞机工程处成立。1919 年 8 月,制造成功了中国第一架"甲型一号"双翼水上飞机。它是一种利用水面滑行继而升空的飞机,性能一点也不低于同时代欧美各国的产品。

知识点 55

1874 年在抗击日本侵台行动中,以福州船政早期所造舰艇为主体,组建了中国第一支海军舰队——福建海军。

知识点 56

1942 年，太平洋战争期间，日本将一批英国战俘运往日本。"里斯本丸"货轮航行到中国东海舟山海域东极岛，被美国潜艇鱼雷击中后沉没。附近渔民冒着生命危险救援，并保护三名战俘辗转回到英国。

知识点 57

《南京条约》是中国近代史上外国侵略者强迫清政府签订的第一个不平等条约。《南京条约》规定，中国开放广州、福州、厦门、宁波、上海为通商口岸，准许英国派驻领事，准许英商及其家属自由居住。

海洋文化教育

知识点 1

台湾与大陆有着悠久的联系。早在旧石器时代，距今 3 万年前的左镇（今高雄左营）人就是由大陆地区迁往的。当时，台湾、大陆连成一片，东山"陆桥"是海峡两岸古人交往的通道。

知识点 2

贝丘遗址是以文化层中包含人们食余弃置的大量贝壳为显著特征的古代遗址类型，年代主要为新石器时代，分布在沿海、内陆滨湖和临河地带。所含贝类基本上分为海生和淡水两大类。其堆积层中往往发现文化遗物、鱼骨和兽骨等，有的还有房基、窖穴和墓葬等遗迹。周口店遗址位于北京市西南房山区周口店镇龙骨山北部，是世界上材料最丰富、最系统、最有价值的旧石器时代早期的人类遗址，共发现不同时期的各类化石和文化遗物地点 27 处，发掘出土代表 40 多个"北京人"的化石遗骸，10 多万件石器，近 200 种动物化石及大量的用火遗迹等。丁村遗址在山西襄汾县丁村附近的汾河两岸，是中国华北地区旧石器时代中期的遗址，也是中国最重要的旧石器文化遗址之一。丁村遗址出土有属早期智人阶段的丁村人牙齿化石 3 枚，旧石器 2 005 件，哺乳动物——梅氏犀、披毛犀、野马、纳玛象、斑鹿、方氏鼢鼠、原始牛等的化石 28 种。大汶口遗址位于泰安城南 30 km 处的大汶河畔，1959 年首次发现并挖掘，为距今 4 000 ～ 5 000 年的新石器时代晚期父系氏族遗址，有墓葬、房址等遗存。出土文物有造型美观的背壶、钵型鼎、镂孔豆、高柄杯、彩陶豆以及磨制精细的石斧、石锛、石铲、石凿、骨器等。

知识点 3

从距今约 18 000 年的北京周口店龙骨山山顶洞遗址中发现的由野藤穿着磨孔的海蛎壳所组成的"项链"可推知，至迟从那个时代起，中国人已开始与海洋发生了接触。

知识点 4

浙江省舟山市定海区马岙镇（今马岙街道）出土的文物有夹砂红陶、泥质红灰陶、夹炭红陶残片，饰有绳纹和划纹；可辨器形有釜、鼎、罐、钵等；石器有斧、锛、镞、凿、镰、纺轮、刀、破土器,通体磨制。有一些土墩可能是海岛居民为了防止潮水侵袭和野兽攻击或者用来种植粮食的。文物专家认为,这一发现与余姚境内的河姆渡古文化遗址互相佐证,被称为"海上河姆渡"。

知识点 5

2001 年,杭州市萧山区发掘跨湖桥新石器时代遗址。这里出土了一艘距今7 500 ~ 8 000 年的独木舟。萧山跨湖桥独木舟,是中国唯一的新石器时期的独木舟。

知识点 6

划船所用的木桨,也就是古人所称的楫。目前考古发现最早的楫是余姚市河姆渡遗址出土的一个 7 000 年前的古楫,残长约 63 cm,翼宽约 12.2 cm。它用一根整木制成,做工比较细致,还刻有线型图案。

知识点 7

中国古代造船起步于原始社会的新石器时代,历史悠久,源远流长。广船、鸟船、沙船、福船合称为"中国四大古船"。

知识点 8

沙船是中国古代近海运输的海船中的一种优秀船型,也叫作防沙平底船,是"中国四大古船"之一。在唐宋时期,它已经成型,成为中国北方海区航行的主要海船。因其适于在水浅多沙滩的航道上航行,所以被命名沙船。

知识点 9

福船是福建、浙江一带沿海尖底海船的通称,是"中国四大古船"之一,为中国古代著名海船船型。

知识点 10

独木舟是人类最古老的水域交通工具之一,是用单根树干挖成的小舟。独木舟的操纵主要靠板状的船桨,在这里船桨的主要功能相当于现代客船上的船舵和螺旋桨。

知识点 11

在中国古代,人们常把船帆挂在船桅上利用风力使船前进,是船舶主要的推进器。随着船舶工业的不断发展,现代船舶已配备了多种不同种类的推进器。

知识点 12

贝币是中国最早的钱币。它是一种由热带、亚热带浅海贝类加工而成的货币,产生于原始社会末期至夏代初期,距今已有 4 000 多年的历史。

知识点 13

最早提出殷人东渡美洲设想的是 19 世纪英国翻译家梅德赫斯特。他在翻译中国古典文献《尚书》时,提出周武王伐灭殷纣王时可能有殷人渡海逃亡,途中遇到暴风,被吹到美洲的说法。1967 年,美国学者迈克·周发表论文指出,在墨西哥东海岸的拉本塔发现的美洲最早文明——奥尔梅克文明受殷商影响显著。

知识点 14

最早提出"官山海"理论的是春秋时期的齐国相管仲。他在回答齐桓公关于如何治理国家的问题时说"唯官山海为可耳"(《管子·海王》),意指可由国家控制山林川泽之利。

知识点 15

发生在公元前 485 年春的吴齐黄海海战,是中国历史上有确切文献记载可以考证的第一场大规模海战,也是东亚和太平洋地区第一场大规模海战,在中国乃至世界海战史上都具有重要的历史意义。

知识点 16

元气自然论潮论思想可追溯到《周易·坎卦》:"习坎:有孚维心,亨。行有尚。"

知识点 17

《山海经》是记录海洋神话最早、内容最丰富的一部典籍。其中,解释了海水为何永不枯竭。"南极"一词最早见于《山海经》:"有神名曰因因乎,南方曰因乎,夸风曰乎民,处南极以出入风。"

知识点 18

蓬莱,亦称蓬莱山、蓬壶、蓬丘,是汉族先秦神话传说中东海外的仙岛。在《西游记》中,蓬莱被认为是福、禄、寿三星仙居之地。

知识点 19

秦始皇二十八年(前 219 年),秦始皇迁 3 万户百姓到琅琊,免除他们的徭役 12 年,使琅琊地区的人民得以休养生息。因为劳动力富足,大片因战争荒芜的土地重新被开垦利用起来,农业出现了前所未有的繁荣局面,国库盈满,家家余粮。农业的发达为大规模酿酒提供了坚定的物质基础。

知识点 20

秦始皇东巡,前后两次登临成山头。

知识点 21

汉武帝元狩三年(前 120 年),汉武帝下令在长安城西南挖建了方圆 40 里的昆明池,在池中建造楼船。楼船因船上能起高楼而得名,是汉代重要的战船船型。后来,楼船成为水军的代称和对战船的通称。

知识点 22

海上丝绸之路创于汉元鼎六年(前 111 年),汉武帝削平南越之后。它以九郡之一的合浦郡为起点,在海上经过印度南部黄支国(今印度康契普腊姆),至己程不国(今斯里兰卡)。

知识点 23

《封禅书》出自司马迁所著史书《史记》,其中记录了方丈、蓬莱、瀛洲 3 座仙山。

知识点 24

《论衡》是中国东汉年间无神论者王充撰写的一部具有朴素唯物主义思想的著作。在书中，王充论述了海洋学相关内容。书中记载："涛之起也，随月盛衰，大小满损不齐同。"这是中国第一次提出潮汐周期与月亮盈亏关系的学说。

知识点 25

东汉许慎《说文解字》载："海，天池也。以纳百川者。从水，每声。""海"的原意是靠近大陆，比洋小的水域；后引申为数量之多、上海等意。

知识点 26

汉唐期间，随着佛教的传入和逐渐兴旺，除了四海龙王取代中国早期海神外，中国第一位女性的海神，即东海女神南海普陀观世音也同时诞生了。观世音是中国海神信仰中第一位女性海形，位列中国女性海神之首，并且逐渐压倒四海龙王，进一步取而代之。

知识点 27

中国古代第一首咏海诗为汉末文学家曹操的《观沧海》。

观沧海

东临碣石，以观沧海。

水何澹澹，山岛竦峙。

树木丛生，百草丰茂。

秋风萧瑟，洪波涌起。

日月之行，若出其中；

星汉灿烂，若出其里。

幸甚至哉，歌以咏志。

知识点 28

福建人自古就擅长造船航海。三国时期吴国有意识地把福建建设成为重要的水师基地。据文献载，孙皓建衡元年（269 年），孙吴在东冶置典船校尉，掌管刑徒造船，船坞设在今福州开元寺东直港。同时，吴国还在沿海许多地方，如吴航、温麻采，用类似屯田的方式，征集当地工匠建立了更大规模的造船基地——船屯。这些地方所造航船的数量很大，航船形制也很多。在这个时代，福建开始大规模地制造民用航海船只，这就是温麻船屯所造的海船——温麻五会船。"会五板以为大船"，所以以"五会"为名。这些海船材料考究，多用"豫章楠"等上好硬木制成，极为坚固。吴国因地制宜——造船与航海本就是闽人的天性，闽人与吴国的国策需求不谋而合，促进了当地造船业的勃兴。

知识点 29

根据中国史籍记载，卫温、诸葛直奉吴帝孙权之命航行台湾，是中国文献记载中大陆第一次大规模航行到台湾的活动。

知识点 30

成语"沧海桑田"的典故出自晋代葛洪写的《神仙传》："麻姑自说云：'接侍以来，已见东海三为桑田……'"

知识点 31

法显于晋安帝隆安三年(399 年),从长安出发,沿着陆上丝绸之路,前往印度取经。晋安帝兴元二年(403 年),才到达北天竺南境。之后,便开始在印度全境游。晋安帝义熙五年(409 年)初冬,从印度恒河三角洲的多摩梨(今印度塔姆卢附近),乘海船到了师子国(今斯里兰卡)。在此停留了两年以后,义熙七年八月初,从师子国搭乘海船,从海路回国。义熙八年回到青州长广郡,在今青岛地区登陆。

知识点 32

晋安帝义熙十二年(416 年),法显根据其长达 10 年的海外旅行经历,撰写了纪实性的名著《法显传》(又称《佛国记》《佛游天竺记》《历游天竺记传》等)。该书是研究 5 世纪初亚洲历史的珍贵资料,也是中国第一部关于远洋航行的纪实性文献。

知识点 33

民国《滦县志》卷二《地理志上•河流》记载:"曹妃甸在海中,距北岸四十里。上有曹妃殿,故名。"距离唐山市区 80 km 南部沿海的曹妃甸之名由来相传与李世民有关。据说,唐朝初年,当时还是秦王的李世民率兵跨海东征。随军中有位能歌善舞的妃子曹娴,长得花容月貌,一路上伴着李世民赋诗、对弈,深得李世民宠幸。但娇小虚弱的曹妃不堪军旅之苦,染上重疾离世。李世民下令将船停在滦南县海域的小岛上,厚葬曹妃,并下旨在岛上建三层大殿,内塑曹妃像,赐名曹妃殿。曹妃从此也被人供成海神,祈求保佑出海平安。许多渔民都到此祈拜曹妃,殿内常年香火旺盛,小岛也因此得名"曹妃甸"。

知识点 34

《春江花月夜》是唐代诗人张若虚的作品。此诗以富有生活气息的清丽之笔,创造性地再现了江南春夜的景色,同时寄寓着游子思归的离别相思之苦,素有"孤篇盖全唐"之誉。

知识点 35

《望月怀远》是唐代诗人张九龄的作品。全诗语言自然浑成而不露痕迹,情意缠绵而不见感伤,意境幽静秀丽,构思巧妙,情景交融,细腻入微,感人至深。其中,"海上生明月,天涯共此时"已成为脍炙人口的佳句。

知识点 36

唐代著名诗人李白自称"海上钓鳌客",表达了李白豪放阔达的胸怀。此说法出自北宋赵令畤撰写的《侯鲭录》。

知识点 37

《行路难》是唐代著名诗人李白的名篇,抒发诗人在政治道路上遭遇艰难后的感慨。其诗歌中有这样的名句:"行路难!行路难!多歧路,今安在?长风破浪会有时,直挂云帆济沧海。"

知识点 38

鉴真原姓淳于,14 岁时在扬州出家。唐天宝元年(742 年),他应日本僧人邀请,先后 6 次跨海东渡,历尽千辛万苦,终于在唐天宝十二载(753 年)到达日本。他留居日本 10 年,为传播唐朝多方面的文化成就做出了不懈努力。

知识点 39

8 世纪,窦叔蒙的《海涛志》论述了潮汐的日、月、年变化周期,建立了现知世界上最早的潮汐推算图解表。

知识点 40

《长恨歌》是唐代诗人白居易的一首长篇叙事诗。全诗形象地叙述了唐玄宗与杨贵妃的爱情悲剧,感染了千百年来的读者。在这种诗歌中,"忽闻海上有仙山,山在虚无缥缈间"一句生动传神地记录了海市蜃楼的景象。

知识点 41

唐代中国去日本的商人、日本来华的僧人等多从明州港进出,横渡东海,直达日本值嘉岛(今平户岛与五岛列岛)。

知识点 42

在福建海洋文明的发展史上,王审知是一位值得浓墨重彩、大书一笔的人物,后人称他为"开闽王"。他鼓励工商、发展海洋贸易,使福建社会经济获得了空前发展。

知识点 43

海洋贸易的快速成长为福建的经济结构带来了深刻的变革。占城稻是出产于中南半岛的高产、早熟、耐旱的稻种,是闽人往返占城、安南引入福建的。占城稻的引进,对缓解福建的粮食问题发挥了重要作用。

知识点 44

唐宋时期至明清时期,海上丝绸之路贸易进一步发展。总体而言,当时通过海上丝绸之路往外输出的商品主要有丝绸、瓷器、茶叶和铜铁器(含铜钱)四大宗,往国内运的主要是香料、宝石、象牙、犀牛角、玻璃器、金银器(包括白银)、珍禽异兽等。

知识点 45

宋代释普济在《五灯会元》写道:"看风使舵,正是随波逐流。"其解释为,根据风向来操纵船舵,比喻看风向转动舵柄而改变方向。舵是船舶操纵装置,对于船舶的作用主要是控制船舶的航行方向。

知识点 46

11 世纪,燕肃在《海潮论》中分析了潮汐与日、月的关系,潮汐的月变化以及钱塘江涌潮的地理因素。

知识点 47

指南针是古代汉族劳动人民在长期的实践中对物体磁性认识的结果。作为中国古代"四大发明"之一,它的发明对人类的科学技术和文明的发展,起了无可估量的作用。指南针应用在航海上,是全天候的导航工具,弥补了天文导航、地文导航之不足,开创了航海史的新纪元。同时,航海活动也进一步促进了指南针的发展。指南针在北宋时期的航海中得到了应用,为保障航道的准确性提供了良好的条件。中国航海由海岸航行转变为大洋航行,使宋人对海洋和海道的认识达到了一个新境界。随着指南针在航海上的广泛应用,指南针本身装置也得到了改进。南宋时开始把磁石与分方位的装置组装成一个整体,这就是罗盘。罗盘应用于航海,说明中国导航技术在宋代居世界领先地位。指南针在中国被用于导航不久,就被阿拉伯海船采用,并经阿拉伯人传到欧洲,改变了整个世界的航海面貌。指南针的发明和传播为西欧大航海时代的到来创造了前提条件,为全世界的文明做出了重大贡献。

知识点 48

柳永,北宋词人,婉约派代表人物。柳永创作的《煮海歌》非常严肃、深刻地探讨了社会问题,对劳动人民充满了深切同情,同时也展示了当时海盐生产的技术水平。

知识点 49

范公堤被称为千里海堤。它北起江苏连云港,南至浙江仓南,规模宏大,历史悠久,可以防御海水倒灌、海浪越顶,对沿海地区起到了重要的保护作用。

知识点 50

中国宋代张君房在《潮说》中,最早定出潮时逐日推迟数为3.363刻。燕肃则提出潮汐"随日而应月,依阴而附阳"的理论,并改进理论潮时的推算。沈括坚持"应月说",最早对"平均高潮间隙"下了明确的定义,并主张用高潮间隙来修改地区性潮汐表。沈括因提出"高潮间隙"理论以及海陆变迁等规律,被称为中国古代海洋学家。

知识点 51

北宋著名科学家沈括所撰写的《梦溪笔谈》,是一部集前人和他本人科学业绩之大成的辉煌巨著,被人誉为"中国科学史上的坐标"。沈括在世界上最早科学地论证了海陆变迁现象。

知识点 52

"登州海中,时有云气,如宫室、台观、城堞、人物、车马、冠盖,历历可见,谓之'海市'。或曰'蛟蜃之气所为',疑不然也。欧阳文忠曾出使河朔。过高唐县,驿舍中夜有鬼神自空中过,车马人畜之声一一可辨。其说甚详,此不具纪。问本处父老,云:'二十年前尝昼过县,亦历历见人物。'土人亦谓之'海市',与登州所见大略相类也。"这是有关登州海市最早的记录,出自北宋沈括的《梦溪笔谈》。

知识点 53

苏轼,字子瞻,又字和仲,号东坡居士,自号道人,世称苏东坡、苏仙,宋代重要的文学家,宋代文学最高成就的代表。其诗题材广阔,清新豪健,善用夸张比喻,独具风格,与黄庭坚并称"苏黄";其词开豪放一派,与辛弃疾同是豪放派代表,并称"苏辛"。苏轼一生坎坷,曾因"乌台诗案"被贬黄州,后在62岁时被贬海南岛儋州。他把儋州当成了自己的第二故乡,曾云:"我本儋耳氏,寄生西蜀州。"

知识点 54

钱塘江大潮是世界三大涌潮之一,是由天体引力和地球自转的离心作用,加上杭州湾喇叭口的特殊地形,所造成的特大涌潮。从古至今,许多文人曾用作品描绘过钱塘江大潮的壮阔场面。如苏轼的《八声甘州·有情风万里卷潮来》云:"有情风万里卷潮来,无情送潮归。问钱塘江上,西兴浦口,几度斜晖!"

知识点 55

蓬莱阁位于山东蓬莱城北的丹崖山巅,历来为文人雅士的雅集地。"东方云海空复空,群仙出没空明中。"北宋文豪苏轼曾用这样的诗句描绘如梦如幻的蓬莱仙境。

知识点 56

宋哲宗元祐二年(1087 年),在泉州设立市舶司,掌管国家对外贸易的征税管理等事务。以后,又设立了接待"远人"的"来远驿",设立供外商外侨居住的"蕃坊"。泉州的商业和对外贸易事业迅速勃兴,各国商人云集。

知识点 57

宋代朝廷认识到"市舶之利最厚",并由此而大力支持"市舶",这是中国历史发展的一个重要节点——认同海洋贸易、商业经济为"裕国"之本。纵观两宋,朝廷都把海上贸易当成是增加税收的最佳来源,并大力扶持。

知识点 58

宋神宗元丰三年(1080 年),朝廷在外贸重镇广州率先施行了《广州市舶条》,这是中国历史上第一个航海贸易法规。

知识点 59

市舶司是中国在宋、元与明初在各海港设立的管理海上对外贸易的机构,相当于现在的海关,是中国古代管理对外贸易的机关。

知识点 60

《宣和奉使高丽图经》中明确记载了船队驶入大洋后使用指南针导向的情形,是世界航海史上使用指南针的首次航行记录。

知识点 61

"神舟"是北宋官方所建造的出使高丽的外交使船,是在当时流行的福建远洋客舟的基础上建造而成的。其"长阔高大,什物、器用、人数,皆三倍于客舟"。当它抵达高丽时,引起"倾国耸观,而欢呼嘉叹"。

知识点 62

中国在宋代就已在登州设刀鱼寨,并在沙门岛(今庙岛)驻兵 300 余人,以防契丹贵族的侵袭。元代,又分兵驻守牟平一带。明朝,对海防建设采取"卫所制度"。每卫官兵 5 600 人,由指挥使一员统领;卫下设千户所 5 个,每个千户所有官兵 1 120 人,由千户一员统领;每个千户所设 10 个百户所,每个百户所有官兵 120 人,由百户一员统领。根据军事需要,在沿海险要之处还设有寨、巡检司、营堡、烽堠。为便于统一指挥,联若干卫设一都指挥使司,负责这个战略地区的海防守卫。当时北起辽东,南到海南岛共设有 54 个卫、127 个千户所,形成了辽东、北平、山东、直隶、浙江、福建、广东等组织结构严密的几个大战略区。

知识点 63

宋高宗建炎三年(金太宗天会七年,1129 年),金朝军队在兀术的统率下,追击立足未稳的南宋政权。为了避敌,宋高宗的御船从台州入海,大约有半年时间就在温州一带徘徊。《宋史》上面把它叫作"己酉航海"。

知识点 64

妈祖信仰最早的记载见于宋高宗绍兴二十年(1150 年)廖鹏飞撰的《圣墩祖庙重建顺济庙记》,里面记载着妈祖信仰起源于湄洲屿。

知识点 65

宋高宗绍兴三十一年(1161 年),世界海军史上第一次使用火药兵器的海战在中国黄海海域展开。南宋将领李宝率水师 3 000 人、战船 120 艘,直扑山东黄岛的金军水师大本营。南宋水师依靠先进的火器装备,击败了金军水师舰队。

知识点 66

宋理宗宝庆元年(1225 年),泉州市舶提举赵汝适撰成《诸蕃志》一书。该书"乃询诸贾胡,俾列其国名,道其风土,与夫道里之联属,山泽之畜产。译以华言,芟其秽渫,存其事实"。由于赵汝适是掌管海外贸易的官员,直接得自中外贸易商人的实际报告,掌握情况较真实,又参考大量文献资料,故可信性较强。

知识点 67

伶仃洋,亦称作零丁洋,位于广州珠江口。宋代大臣文天祥在宋帝昺兴祥二年(1279 年)经过零丁洋时,曾作《过零丁洋》。其中的"人生自古谁无死,留取丹心照汗青"一句表现了慷慨激昂的爱国热情和视死如归的高风亮节,以及舍生取义的人生观。

知识点 68

明州港、广州港、泉州港、杭州港被称为宋代四大港。

知识点 69

宋朝重视通过航海贸易增加收益以资国用,积极推行鼓励海商出海和外商来华的政策。特别是指南针用于航海以后,使海商航行跨入崭新的定量航行阶段,从而带动了海上贸易的繁荣,促进了港口引航设施的改善,推动了自宋及其后历代各港的导航塔标建设,如福建的晋江六胜塔、晋江姑嫂塔、福建三峰寺塔、福建罗星塔、太武山延寿塔等。

知识点 70

两宋时期,福建的造船航海技术有了质的飞跃,"海舟以福建为上"的优势地位就是在宋代确立的。造船和航海技术的革新使闽人的航迹得以拓展到更远的海域,航线的拓展和港口的经营使福建的海洋商业有了长足进步。海商开始作为一个独立的群体登上历史舞台,并在社会生活中显示出不可取代的重要作用。

知识点 71

宋代的海上航线大体可分为海外航线和国内航线两大类,分别针对海外和国内两大市场。其中,海外航线又分为南海航路、西亚航路和东洋航线。

知识点 72

祈风习俗,由来已久。由于古代航海技术水平所限,人们对海上气候的变化不能完全掌握,于是把航路的安全寄托于神灵的保佑,因而在中国沿海一带,民间盛行祈风习俗。

知识点 73

民间盛行祈风习俗,市舶司也希望借助神灵的保护,发展海外贸易,因此举行祈风仪典。宋代泉州市舶司祈风的地点在南安九日山延福寺的通远善利广福祠。祈风的日期为每年夏、冬两次。夏季祈风时间为农历四月。夏季刮南风,商舶从南蕃回航,祈回港顺风。冬季祈风时间为农历十月、十一月或十二月。冬季刮北风,商舶顺风南下,祈出发顺利。

知识点 74

泉州南安九日山有全国最多的祈风石刻。现存宋代祈风石刻十方,是泉州市舶司官员举行祈风仪典后留下的珍贵文字记载,堪称中国古代海上丝绸之路的丰碑。这些石刻是古泉州海外交通的重要史迹,是中国与亚非各国人民友好往来的历史见证。

知识点 75

"南海Ⅰ号"是南宋初期一艘在海上丝绸之路向外运送瓷器时失事沉没的木质古沉船。其沉没地点位于中国广东省阳江市南海海域。"南海Ⅰ号"于 1987 年在阳江海域发现,是国内发现的第一个沉船遗址,距今 800 多年。"南海Ⅰ号"是迄今为止世界上发现的海上沉船中年代最早、船体最大、保存最完整的远洋贸易商船,它将为复原海上丝绸之路的历史、陶瓷史提供极为难得的实物资料,甚至可以获得文献和陆上考古无法提供的信息。试探发现,船上载有文物 6 万~ 8 万件,且有不少是价值连城的国宝级文物。

知识点 76

泉州自中古时期开始,就是中国对外通商、贸易往来的主要港口。宋元时期,泉州港更是成为世界上大港口之一。南宋末期,阿拉伯人后裔蒲寿庚担任泉州提举市舶司之职,擅番舶利者 30 年。元代,泉州港成为世界上最大的贸易港。泉州由于海内外商人集聚,各种外来思想、宗教并存,相互影响,逐渐成为中国东南沿海地区一处具有浓厚商业和海外贸易气息,中外文化并存、交融的独特的文化区。

知识点 77

《南宋海图》是南宋金履祥为了直捣元朝首都大都所专绘的海图,可惜未被朝廷采纳。后来,元军伯颜在临安得此图,发现其准确无误。

知识点 78

最晚在宋代,中国人已经发明了"干船坞"。15 世纪末,英国的朴次茅斯港在西方首先使用了此技术。

知识点 79

崖山海战是宋帝昺兴祥二年(元世祖至元十六年,1279 年)宋朝军队与元朝军队在崖山进行的大规模海战,也是古代中国少见的大海战。这场战役直接关系到南宋的存亡,因此也是宋元之间的决战。战争的最后结果是元军以少胜多,宋军全军覆灭。南宋灭国时,陆秀夫背着少帝赵昺,投海自尽,许多忠臣追随其后,10 万军民跳海殉国,场面极为悲壮。此次战役之后,赵宋皇朝陨落,元朝统一中国。

知识点 80

《马可·波罗行纪》记述了马可·波罗在中国的见闻,激起了欧洲人对东方的向往,对以后新航路的开辟产生了巨大的影响。

知识点 81

《真腊风土记》是一部介绍位于柬埔寨地区的古国真腊历史、文化的中国古籍。《真腊风土记》由元代人周达观所著,它对研究真腊及吴哥窟起了非常重要的作用,是现存与真腊同时代者对该国的唯一记录。

知识点 82

元人汪大渊长期留居泉州,曾两次从泉州港出发,历数十国,从事海外贸易。汪氏将自己的亲历见闻,写成《岛夷志略》一书。该书"非其亲见不书,则信乎其可征也",史料价值很高。书中记录了汪大渊周游 99 个国家及 220 个地区的亲历亲见,是世界上首次介绍澳洲的历史文献。据《岛夷志略》记载,福建海外贸易除了与赵汝适《诸蕃志》所记地方有相同的外,还增加了今中南半岛、印度尼西亚、南亚、西亚等 10 多个国家的 30 多个地方。

知识点 83

《张生煮海》,全名《沙门岛张生煮海》,元代杂剧作品,李好古著。作品反映了古代劳动人民征服大自然的幻想,表现了青年男女勇于反对封建势力、争取美满爱情的斗争精神。

知识点 84

天津是一座由于南北漕运而发展起来的城市,妈祖崇拜在元代由闽人传入天津,成为天津当时最重要的民间信仰。在天津,妈祖被称为"娘娘"。因此,有了"先有娘娘宫,后有天津卫"的说法。

知识点 85

航路的开辟使得福建和琉球的交往更加便利,往来的次数也更加频繁。为了帮助琉球发展海上交通,明太祖洪武年间(1368—1398),特"赐闽人三十六姓善操舟者,令往来朝贡",史称"闽人三十六姓使琉球"。

知识点 86

目前所见最早记载钓鱼岛、赤尾屿等地名的史籍，是成书于明成祖永乐元年（1403年）的《顺风相送》。有关钓鱼岛的记载还大量出现在中国使臣撰写的报告中，如陈侃所著《使琉球录》（1534 年）、郭汝霖所著《使琉球录》（1562 年）、徐葆光所著《中山传信录》（1719 年）、李鼎元所著《使琉球记》（1800 年）、齐鲲和费锡章所著《续琉球国志略》（1808 年）等。

知识点 87

明成祖永乐三年（1405 年），明成祖朱棣派遣著名航海家郑和率领庞大的武装船队首次通使西洋。船队从浏家港（今江苏太仓浏河镇）起航，途经占城（今越南中南部一带）、爪哇、苏门答腊、锡兰（今斯里兰卡）、柯枝（今印度科钦）、旧港（今印度尼西亚巨港）等地。永乐五年，船队胜利归国。郑和于明成祖永乐三年至明宣宗宣德八年（1433 年）7 次出使西洋，经东南亚、印度洋到达红海和非洲，遍及亚洲、非洲 30 多个国家和地区。其中，第五次下西洋即永乐十五年五月至永乐十七年七月，到达的地方最远：从刘家港出发，经东海、南海，抵达越南南部、印度尼西亚，穿过马六甲海峡，到达孟加拉湾、印度西南海岸、波斯湾、红海沿岸和非洲东海岸，往返行程近 2.2 万千米。

知识点 88

郑和出使的船队，最多时由 9 种船型、200 多艘船组成。船队按其船舶的大小和作用大致可分为：宝船、马船、运输船（粮船与水船）、坐船、战船等 5 种。

宝船是船队中最大的船，也叫"帅船"，长达 44 丈（约 138 m），宽达 18 丈（约 56 m），9 桅 12 帆，桅杆高耸入云。该船是 4 层结构的宫廷式建筑，精美豪华，是船队的旗舰，被称为"海上城堡"。宝船上有大量的喷筒、火铳和火炮等新武器，具有很强的作战能力。郑和的宝船排水量达 1 万多吨，是当之无愧的世界第一艘万吨船。巨型宝船主要由南京宝船厂（龙江造船厂）建造。此外，福建长乐、泉州也是宝船建造的基地。

知识点 89

郑和下西洋时，每次都要先到福建闽江出海口的太平港。郑和当年在长乐刊立的《天妃灵应之记》碑上铭记："若长乐南山之行宫，余由舟师累驻于斯，伺风开洋。"据史料记载，长乐是郑和下西洋船队在远航出国前停泊的最后一个补充给养、招募水手的基地。在 28 年中，郑和船队至少 6 次驻扎于此，短则 2 个月，长则 10 个月。由此可见，如果说南京是郑和下西洋的决策地、策划地，长乐就是驻泊基地和开洋起点。

知识点 90

中国航海家郑和曾说："国家欲富强，不可置海洋于不顾，财富取之于海，危险亦来自海上。"

知识点 91

《郑和航海图》原名是《自宝船厂开船从龙江关出水直抵外国诸番图》，因其名冗长，后人简称为《郑和航海图》。原图呈"一"字形长卷，收入《武备志》时改为书本式，自右而左,有序 1 页、图面 20 页,最后附"过洋牵星图"2 页。该图是郑和下西洋的伟大航海成就之一。它是在继承前人航海经验的基础上,以郑和船队的远航实践为依据,经过整理加工而绘制的。这本图集是世界上现存最早的航海图集。

知识点 92

明宣宗宣德八年(1433 年),郑和在第七次下西洋返航途中客死于古里,王景弘成为船队的实际指挥者。他继承了郑和未完成的事业,顺利地完成了下西洋的任务。王景弘成为明朝继郑和之后航海事业的顶梁柱,曾于宣德九年奉命独自率领船队再次出使苏门答腊。

知识点 93

王景弘是福建省漳平市赤水镇香寮村许家山自然村人。他是中国历史上著名的航海家,和郑和同为正使下西洋。他先后多次出使西洋,历 30 余国、60 多个地区。他与郑和同为海上丝绸之路领军人物,促进中国与亚洲各国间的经济、文化和科技交流,增进友谊。王景弘晚年潜心整理航海资料,撰有《赴西洋水程》等书。

知识点 94

戚继光,字元敬,号南塘,晚号孟诸,明朝杰出的军事家、书法家、诗人、民族英雄。戚继光在东南沿海抗击倭寇 10 余年,扫平了多年为虐沿海的倭患,确保了沿海人民的生命财产安全;后又在北方抗击蒙古部族内犯 10 余年,保卫了北部疆域的安全,促进了蒙汉民族的和平发展。他的名言是"封侯非我意,但愿海波平"。近代作家郁达夫曾写过"拔剑光寒倭寇胆,拨云手指天心月"来评价戚继光。

知识点 95

戚继光写了中国古代专门训练水军的兵书《纪效新书》,它是戚继光在东南沿海平倭战争期间练兵和治军经验的总结。

知识点 96

《三宝太监西洋记》又名《三宝开港西洋记》《三宝太监西洋记通俗演义》,简称《西洋记》。作者罗懋登将明代郑和 7 次奉使西洋的史实描绘成神魔小说,希望借此激励明代君臣勇于抗击倭寇,重振国威。

知识点 97

李贽,号卓吾,又号宏浦、温陵居士,泉州晋江(今属福建)人。李贽出生于封建社会末期资本主义萌芽开始出现的时代,成长于具有浓厚商业意识的东南沿海城市泉州,有世代为商的家庭背景。他的思想和著作深受时代、环境和家庭的影响。他提出"人必有私"的命题,直接冲击了封建正统思想;他重视商人的作用,替商人辩护,为商人的致富讴歌,提高了资本主义生产关系出现的重要条件——商人的社会地位;他支持竞争,鼓励兼并,为资本主义萌芽的发展制造了舆论。时代造就了李贽,李贽的思想又促进了时代的进步,促进了封建社会中资本主义萌芽思想因素的发展。这就是李贽思想所以会高出时代、高出他人、在中国封建社会思想史上具有独特地位的原因。李贽的思想也深刻地影响了闽南人。

知识点 98

定海神珍铁，出自《西游记》，曾为东海龙王龙宫的镇海之宝，后被孙悟空"借"走，成为孙悟空的贴身武器。在《西游记》中，定海神珍铁威力无穷，有"唬得老龙王胆战心惊，小龙子魂飞魄散，龟鳖鼋鼍皆缩颈，鱼虾鳖蟹尽藏头"的神力。

知识点 99

高产作物番薯是福建人陈振龙从海外吕宋国引进的。明万历二十一年（1593 年）六月初一，长乐县生员陈经纶在接到父亲陈振龙从海外携归的番薯藤苗后向巡抚禀告。同年十一月，试种成功。陈经纶再次禀告说："缘纶父久在东夷吕宋国，深知朱薯功同五谷，利益民生，是以捐资买种，并得岛夷传授法则，由舟而归。"番薯是西班牙人占领吕宋后，从美洲中部引进栽种的。吕宋的自然条件十分适合番薯的生长，数年之内，番薯被野连山。陈振龙在吕宋看到遍地种植番薯，知道其功同五谷，为民生所赖，便产生引种回国的念头。但当时吕宋政府严禁薯种外流，据说陈振龙巧妙地取番薯藤绞入汲水绳中带回福建。福建巡抚金学曾对番薯的种植采取了积极而科学的方法，先试种，获得成功，再逐步推广。薯种引入的第二年，福建大旱，野草无青，幸而耐旱的番薯仍可亩收数千斤，福建人"以当谷食，足果其腹，荒不为灾"。番薯的引进和种植，既是福建农作物生产多样性的体现，也是福建人面向海洋，敢于从海外吸收外国新的作物品种的开创精神的体现。

知识点 100

《哪吒闹海》是取自于明代神魔小说《封神演义》（又名《封神榜》）中的神话故事，因其主角人物——哪吒的天真烂漫与不畏强权精神，备受人们喜爱。由于此篇故事脍炙人口，几经改编造就了一批动画影视作品。

知识点 101

中国是一个海洋大国，拥有着长达 18 000 多千米的大陆海岸线。中国历史上的外患，长期来自游牧民族奔驰的铁骑。直到明朝，海防才成为国家对外防御的重点。

知识点 102

《朝天录》所收朝鲜使节的行止记录。除记述其使命完成情况外，还记载有其往返所经之地的地理远近、墩台设置、器用物价、风俗习惯等。涉猎极为广博，有的记述甚至可以补正史之缺。因此，《朝天录》不仅是中朝关系史研究者的必读之书，而且是研究明代中国、朝鲜政治史、经济史、社会文化史以及地理诸问题的不可或缺的重要史料。

知识点 103

"海五商"是郑氏海商集团设在厦门及附近各地的仁、义、礼、智、信海商机构。"陆五商"是指郑氏海商集团设在浙南地区的金、木、水、火、土陆上采购团队。

知识点 104

在明末清初的社会大动荡年代，以福建安平港（今晋江市安海镇）为发祥地的郑芝龙海商集团控制了东中国海的制海权，与日本和东南亚各国进行频繁的海上贸易。郑芝龙出生于福建安平港。郑芝龙海商集团为了称霸海上,垄断对日本和东南亚的海上贸易,与荷兰等西方殖民者进行了长期的不屈不挠的斗争。明朝崇祯六年(1633年),以郑芝龙为先锋的明朝水师,在金门料罗湾打败了荷兰舰队。料罗湾海战是一场在中国海战历史上有重大意义的胜利,荷兰人遭到了他们殖民亚洲时期最惨痛的一场失败。

知识点 105
南明永历十五年(清世祖顺治十八年,1661年)三月,郑成功率兵25 000人、战舰近500艘,从金门料罗湾出航,经澎湖直抵台湾西海岸。在台湾人民的支持下,经过9个月激战,在永历十六年正月,迫使占据台湾达38年之久的荷兰侵略者投降撤离。郑成功收复了宝岛台湾。

知识点 106
明清时期福建人大量移居台湾,以至今日台湾80%的居民祖籍地为福建,福建的闽南话成为台湾的主要通行语言。

知识点 107
清初40年,实行严厉的禁海政策。清朝统一台湾后,清政府开放4个港口,作为对外通商口岸。后来,下令只开广州一处作为通商口岸,并规定由政府特许的广州"十三行"统一经营管理贸易。

知识点 108
清康熙二十三年至二十四年(1684—1685),清廷先后在广州、漳州、宁波、上海4处设立海关,正式名称分别为粤海关、闽海关、浙海关、江海关。"海关"之称,从此开始。

知识点 109
郁永河的《裨海纪游》是一本描写台湾景象的书,作者在游记中作诗略述他在台湾的见闻及感想。

知识点 110
《海国闻见录》是鸦片战争前中国最高水平的世界史地著作,是清人陈伦炯撰写的一部介绍中国沿海地理形势和世界地理的综合性海洋著作。

知识点 111
《海潮辑说》是中国古代潮汐研究专集。此书刊于清乾隆四十六年(1781)。编纂者俞思谦,字秉瀟,号潜山,浙江海宁人。全书3万余字,分上、下两卷。上卷辑录有关潮汐成因的史料,计6章。下卷辑录有关河口潮汐、外国潮汐,以及中国的应潮泉和应潮(动)物方面的史料,计14章。

知识点 112
18世纪早期的法国,年轻的孟德斯鸠迎来了一位对他影响终身的福建莆田人——黄嘉略。1721年,孟德斯鸠创作出版了《波斯人信札》一书,书中主人公于斯贝克便是以黄嘉略为原型塑造的。其后,他撰写出版的另一巨著《论法的精神》一书中,直接引用黄嘉略谈话内容有 6 次之多。法国能够成为"欧洲汉学中心",与黄嘉略不无关系。

知识点 113

随着两岸贸易的迅速发展,闽南和台湾沿海的重要港埠相继出现了经营对方生意的同业公会性质的组织——郊行。如清嘉庆年间(1796—1820),厦门就已有台郊(即台湾郊)和鹿郊(鹿港郊),泉州则有鹿港郊。台湾经营大陆等地生意的郊行组织以台南"三郊"最为有名。"三郊"即北郊、南郊和糖郊。

知识点 114

《镜花缘》是清代李汝珍所作一部长篇神魔爱情小说。该书前半部分描写了唐敖、多九公、林之洋等人乘船在海外(包括女儿国、君子国、无肠国等)游历的故事。

知识点 115

中国近代维新思想的先驱林则徐说:"海纳百川,有容乃大;壁立千仞,无欲则刚。"他提醒自己要广泛听取各种意见,才能把事情做好;必须杜绝私欲,才能刚正不阿地挺立世间。他曾任湖广总督、陕甘总督和云贵总督,两次受命为钦差大臣。因其主张严禁鸦片、抵抗西方的侵略、坚持维护中国主权和民族利益,深受全世界华人的敬仰。

知识点 116

中国第一艘西方船只是林则徐购买的。

知识点 117

《海国图志》是魏源受林则徐嘱托而编著的一部荟萃世界地理历史知识的综合性图书。全书详细叙述了世界舆地和各国历史政制、风土人情,主张学习西方的科学技术,提出"师夷之长技以制夷"的中心思想。

知识点 118

"十三行"是鸦片战争前广州港口官府特许经营对外贸易的商行之总称。"十三行"对官府负有承保和交纳外洋税饷、规礼,传达政令及管理外洋商务人员等义务,也享有对外贸易特权。1842 年《南京条约》签订后,"十三行"专营对外贸易的特权被取消,乃日趋没落。

知识点 119

徐继畬通过向厦门、福州的西方传教士和商人了解各国国情,并与聚集在厦门港、福州港的商人进行交流收集关于海外的第一手资料,1848 年于福建抚署出版了《瀛寰志略》。全书共 10 卷,约 14.5 万字,内含插图 42 张。除了关于大清国疆土的皇清一统舆地全图以及朝鲜、日本的地图以外,其他地图都是临摹欧洲人的地图所制。《瀛寰志略》这本书与魏源的《海国图志》同为中国较早的世界地理志。它是向近代中国人系统介绍世界史地知识的名著,同时也是近代先进人物向西方学习的启蒙读物。

知识点 120

赫德,英国人。1859 年,任粤海关副税务司。1861 年,代理海关总税务司职务。1863

年 11 月,正式任海关总税务司,掌权长达 45 年。1908 年,休假离职回国,仍挂总税务司的头衔。在主持中国海关的近半个世纪中,赫德不仅在海关建立了总税务司的绝对统治,而且其活动涉及中国的军事、政治、经济、外交以至文化、教育各个方面。

知识点 121

在鸦片战争之后,清政府已经意识到旧式水师的落伍,无法对抗西方的坚船利炮。在英国人李泰德和赫德的建议下,清政府在英国买兵船组建舰队。1863 年,清政府购得阿思本舰队,终因双方矛盾不可调和解散,白白耗费了 67 万两银子。清政府期望通过进口外国舰船,组建近代海军的第一个梦破灭了。

知识点 122

洋务运动筹划海防,创办了北洋、南洋和福建 3 支水师。

知识点 123

江南制造总局是中国最早开始制造轮船的近代企业,也是洋务派兴建的规模最大的近军工企业之一,它的前身是旗记铁厂。

知识点 124

近代中国兴办最早、规模也最为宏大的专门从事船舶修建的企业是福州船政局(今福州马尾造船厂)。福州船政局,又名福建船政局、马尾船政局,1866 年,由闽浙总督左宗棠创办,是中国近代最重要的军舰生产基地,李鸿章赞其为"开山之祖"。福州船政局规模宏大,设备齐全,下有 13 个分厂,员工最多时达 3 000 余人。后在继任船政大臣沈葆桢的苦心经营下,福州船政局成为当时远东最大的造船厂。福州船政局是中国近代船舶制造的发祥地,"伏波"号、"开济"号、"超武"号等都为福州船政局所造。

知识点 125

中华民国海军学校,亦称马尾海校,前身为福州船政学堂,是清末建立最早的海军学校。1866 年,福州船政学堂由闽浙总督左宗棠在福州马尾创办,后由前江西巡抚沈葆桢总司其事。初名"求是堂艺局",后改称"福州船政学堂"。其分为前、后学堂:前学堂习法文、学造船,后学堂习英文、学驾驶,两学堂均学算法、画法等。福州船政学堂,培养了大量船政和海军人才,福州船政是"中国近代海军的摇篮"。孙中山先生称赞福州船政"足为海军根基"。詹天佑、邓世昌、严复等都毕业于福州船政学堂。

知识点 126

1866 年 4 月,中国第一艘有实用价值的蒸汽船"黄鹄"号在南京举行首航典礼。它的设计师是徐寿、华蘅芳。

知识点 127

"万年清"号炮舰是福州船政局建造的一艘蒸汽化军舰,1868 年 1 月 18 日开工,1869 年 6 月 10 日下水。1869 年 10 月 1 日,由船政提调吴大廷监督北上接受清政府验收,宣布竣工。

知识点 128

中国近代最早的灯塔是台湾鹅銮鼻灯塔。该灯塔位于台湾岛的最南端，距离鹅銮鼻半岛南端海岸约 140 km。该灯塔于 1881 年动工，1883 年建成，100 多年来一直作为夜航的指标。

知识点 139

严复是中国第一代官派留学生。甲午战争后，严复在天津的《直报》发表了《原强》，明确指出，现代海军制度是现代经济制度扩增和政治体制改革的产物。

知识点 130

山东省威海市的刘公岛是中国近代第一支海军——北洋水师的诞生地和指挥机关所在地，也是 1894 年中日甲午战争威海保卫战的重要战场。北洋水师提督署，又称北洋水师衙门，坐落在刘公岛上，是北洋水师的军事指挥中心，是目前中国唯一保存完整的清代军事衙门。

知识点 131

北洋水师，或称作北洋舰队、北洋海军，是中国清朝后期建立的一支近代化海军舰队，同时也是中国清代政府建立的 4 支近代海军中实力最强、规模最大的一支。它的实力曾是东亚第一、世界第六［这里采用当年《美国海军年鉴》的排名，前五名分别为英、法、俄、普（鲁士）、西］。北洋水师 1888 年 12 月 17 日于山东威海卫的刘公岛正式成立。在 1894 ～ 1895 年的甲午战争中全军覆没。北洋水师的全军覆没，标志着洋务运动的失败，清政府也因此签订了中日《马关条约》。

知识点 132

威海水师学堂，位于刘公岛，建于 1890 年。威海水师学堂共开办 4 年，有毕业生一届，共 30 名驾驶生，是目前国内唯一一处有迹可循的水师学堂。

知识点 133

李鸿章为北洋水师题联："三山海日照来龙虎云雷，万里天风永靖鲸鲵波浪。"

知识点 134

1894 年，日本悍然发动了甲午侵华战争。经过近 9 个月的激战，北洋水师全军覆没，清政府于 1895 年 4 月 17 日与日本签订了丧权辱国的《马关条约》。中日之间关于钓鱼岛的主权争端遂由此产生。

知识点 135

甲午战争的导火索是朝鲜"东学党"起义。

知识点 136

甲午战争主要分为以下 3 个阶段进行。1894 年 7 月 25 日至 9 月 17 日为第一阶段。在此阶段中，战争是在中国境外的朝鲜半岛及黄海北部进行，陆战主要是平壤战役，海战主要是黄海海战。从 1894 年 9 月 17 日到 11 月 22 日为第二阶段。在此阶段中，战争在辽东半岛进行,有鸭绿江江防之战和金旅之战。从 1894 年 11 月 22 日至 1895 年 4 月 17 日为第三阶段。在此阶段中,主战场扩大,除却辽东半岛外,又增加了山东半岛,包括了威海卫之战和辽东之战。其中,威海卫之战是保卫北洋水师根据地的防御战,也是北洋水师的最后一战。

知识点 137

甲午战争既有陆战又有海战。陆战主要有平壤之战、鸭绿江之战、金旅之战、威海卫保卫战,海战主要有丰岛之战、黄海大战。

知识点 138

刘公岛甲午战争纪念地共有 17 处纪念遗址,均属全国重点文物保护单位。

知识点 139

刘公岛甲午战争博物馆镇馆之宝是济远号巡洋舰前双主炮。济远号巡洋舰是北洋大臣李鸿章通过中国驻德国公使李凤苞向德国坦特伯雷度的伏尔铿造船厂订造,同时订造的还有铁甲舰定远号和镇远号。

知识点 140

邓世昌,原名永昌,字正卿,广东广府人,原籍广东番禺县龙导尾乡,清末海军杰出爱国将领、民族英雄。1894 年中日甲午战争时,为致远号巡洋舰管带。甲午海战中,在黄海大战,邓世昌率致远舰一直冲锋杀在前。在丧失战斗力后,邓世昌毅然下令撞向日舰"吉野"号,实践了"誓与战舰共存亡"的誓言。邓世昌后谥壮节,追封太子少保衔。光绪皇帝为邓世昌题写挽联:"此日漫挥天下泪,有公足壮海军威。"

知识点 141

刘步蟾,定远号管带。1894 年 9 月 17 日黄海大战中,丁汝昌负伤,刘步蟾代替指挥,奋勇抗敌。1895 年,他在威海卫保卫战中下令炸沉定远号,并于当天深夜自杀殉国,年仅 43 岁,实践了"苟丧舰,将自裁"的誓言。

知识点 142

甲午战后,台湾著名的抗日领袖丘逢甲写了《春愁》一诗:"春愁难遣强看山,往事惊心泪欲潸。四百万人同一哭,去年今日割台湾。"

知识点 143

李鸿章,晚清名臣,洋务运动的主要领导人之一,曾经代表清政府签订了《越南条约》《马关条约》《中法简明条约》等。日本首相伊藤博文视其为"大清帝国中唯一有能耐可和世界列强一争长短之人",慈禧太后视其为"再造玄黄之人"。他与曾国藩、张之洞、左宗棠并称为"中兴四大名臣",与德国宰相俾斯麦、美国总统格兰特并称为"19 世纪世界三大伟人"。梁启超曾为其写传。

知识点 144

李鸿章是"海防派"的主要代表,他向清政府递交了一份《筹议海防折》,较为系统地阐述了自己的海防思想。

知识点 145

刘铭传,字省三,自号大潜山人,因排行第六、脸上有麻点,人称刘六麻子,安徽合肥人,清朝名将,系台湾省首任巡抚,洋务派骨干之一。

知识点 146

1906 年,即胶济铁路全线贯通的第三年,青岛港贸易额超过了比它开埠早 35 年的烟台港。

知识点 147

1909 年,两广总督张人骏设立了"筹办西沙岛事务办",统筹经营西沙岛一切事务。

知识点 148

在清代,涛洛口属于沂州府,龙湾口属于青州府,女姑口属于莱州府,乳山海口、刘家旺海口属于登州府,大清河口属于武定府。

知识点 149

成山头,又称成山角、好运角、天尽头,位于山东省荣成市成山镇,因地处成山山脉最东端而得名。成山头三面环海,一面接陆,与韩国隔海相望,仅距 94 n mile,是中国最早看见海上日出的地方,自古就被誉为"太阳启升的地方",春秋时称"朝舞",有"中国的好望角"之称。清人宋绳光《成山》云:"地尽天无尽,沧波一望惊。"

知识点 150

在茫茫大海中航行,要保持一定的航向,就需要有导航技术。有了导航技术,才能保证船舶从这个港口驶到那个港口。早期的海洋导航技术,是应用岸上或海岛上的标记以及天空中星座的位置来确定舰船所在的位置,主要包括灯塔、指南针和手持六分仪等导航装置。但是它们只能在能见度良好的情况下才能使用,并且测量速度慢、精度差。随后出现的无线导航技术和卫星导航技术,才真正实现了全天时、全天候的全球导航。中国古代航海史上,历史最悠久和最古老的航海导航术是地文导航术。

知识点 151

《澳门》是闻一多于 1925 年 3 月美国留学期间创作的一组组诗《七子之歌》中的首篇。"你可知妈港不是我的真名姓?我离开你的襁褓太久了,母亲!但是他们掳去的是我的肉体,你依然保管我内心的灵魂。"其中"妈港"(葡萄牙语 Macau)是马阁的音译。

知识点 152

威海卫位于今山东半岛东北端威海市,濒临黄海,西连烟(台)蓬(莱),北隔渤海海峡与辽东半岛旅顺口势成犄角,共为渤海锁钥,拱卫京津海上门户。威海卫陷落后,被日军占领。1925 年,著名爱国主义诗人闻一多先生创作完成了《七子之歌》,把被列强租占的 7 处地方比作远离祖国母亲的 7 个孩子。《七子之歌·威海卫》:"再让我看守着中华最古的海,这边岸上原有圣人的丘陵在。母亲,莫忘了我是防海的健将,我有一座刘公岛做我的盾牌。快救我回来呀,时期已经到了。我背后葬的尽是圣人的遗骸!母亲,我要回来,母亲!"

知识点 153

《田横五百士》为徐悲鸿作于 1928 年的油画作品。它所描绘的是《史记·田儋列传》中的田横在刘邦称帝后,将到洛阳接受招安,他手下忠心的 500 名战士为他送行的情景。

知识点 154

中国最早的水族馆于 1932 年 2 月在青岛建成。青岛水族馆在普及海洋知识、提高民族海洋意识等方面发挥了不小的作用。

知识点 155

1935 年 3 月,由蔡楚生编导的影片《渔光曲》在苏联举办的莫斯科国际电影展览会上获得了荣誉奖。这是中国电影第一次在国际电影节上获奖,《渔光曲》遂成为中国第一部在国际上获奖的影片。

知识点 156

海派是与京派对立的文学流派,是沈从文在 20 世纪 30 年代挑起的一场文学争论中提出的概念。海派作家应该是指活跃在上海的作家,主要的有张爱玲、张恨水、施蛰存等,现也容纳了当代的王安忆等作家。

知识点 157

张爱玲,中国著名现代女作家,海派文学的代表性人物,其风格苍凉,常写大环境下的凡俗之事,善用参差对比手法。其代表性作品有《倾城之恋》《金锁记》《红玫瑰与白玫瑰》《心经》《半生缘》等。

知识点 158

1946 年 6 月,在英国利物浦大学博士唐世风教授和海洋生物学家汪德耀教授的共同努力下,中国第一个海洋系在厦门大学建立。

知识点 159

1946 年,中国政府将南沙群岛的辛科威岛以王景弘的名字命名,用来纪念这位闽人在中国乃至世界航海史上的光辉业绩。

知识点 160

一代文豪郭沫若于 1948 年秋由香港乘船北上,途径长山群岛时,被这里秀美的风光所吸引,欣然提笔,留下了"貔子窝前舟暂停,阳光璀璨海波平,汪洋万顷青于靛,小屿珊瑚列画屏"的诗句。

知识点 161

冰心,原名谢婉莹,福建长乐人,诗人、现代作家、翻译家、儿童文学作家、社会活动家、散文家,有着"大海的女儿"之称。笔名冰心取自"一片冰心在玉壶"。

知识点 162

小诗是一种变异的诗歌形式，也是一种即兴式的短诗，多以三五行为一首，表现刹那间的情绪和感触。冰心的小诗善于捕捉刹那间的感觉，引发独特的哲理内涵，其"大海呵！哪一颗星没有光？哪一朵花没有香？ 哪一次我的思潮里，没有你波涛的清响？"这首咏海的小诗饱含了深刻的哲学思意。

知识点 163

叶问，师承陈华顺、梁赞，为咏春拳体系的开宗立派人，于 20 世纪 50 年代开始在香港教授广东人咏春拳。其封门弟子梁挺，将咏春拳传扬国际，载誉全球。叶问是咏春拳乃至中国武术一致推崇的一代宗师。

知识点 164

华东军区海军是 1949 年后中国第一支人民海军部队，是海军东海舰队的前身。

知识点 165

1949 年 1 月 27 日，在从上海开往台湾基隆途中的上海中联轮船公司轮船"太平"轮，因超载、夜间航行未开航行灯而被撞沉，导致船上近千名达官显贵、绅士名流及逃亡难民罹难，曾被称为"中国的'泰坦尼克'号"。

知识点 166

1949 年 10 月 25 日，中华人民共和国中央人民政府海关总署宣告成立，从此结束了近百年来中国海关被帝国主义控制的屈辱历史。

知识点 167

1950 年 4 月 14 日，中共海军领导机关在北京成立，这是中共中央军事委员会领导和指挥的海军部队最高领导机关。中国人民解放军第四野战军副司令员兼湖南省军区司令员萧劲光被任命为第一任海军司令员，刘道生任副政委兼政治部主任。同年，任命王宏坤为副司令员，罗舜初为参谋长。

知识点 168

滩浒山岛是长江口南侧杭州湾中的一个小岛。1950 年 6 月，华东军区海军奉命配合陆军向该岛发起进攻。这是华东军区海军舰艇部队第一次出海作战。当时，我参战炮艇只有 25 t，原是日军侵华期间在上海制造的专门用于江河湖泊的巡逻艇。温台巡防大队大队长陈雪江身先士卒，参战官兵英勇杀敌。此次战斗，共俘敌 46 名，缴获船只 4 艘。这是人民海军使用 25 t 炮艇首次协同其他舰船渡海登陆作战取得的胜利。

知识点 169

《浪淘沙·北戴河》是毛泽东主席于 1954 年于秦皇岛北戴河开会时创作的一首词。这首词展示了无产阶级革命家前无古人的雄伟气魄和汪洋浩瀚的博大胸怀，具有比《观沧海》更鲜明的时代感、更深邃的历史感、更辽阔的宇宙感和更丰富的美学容量。

知识点 170

中国最早的海洋高等学府是山东海洋学院,后相继更名为青岛海洋大学、中国海洋大学。它是国家重点建设的 211 和 985 大学,双一流大学。

知识点 171

老舍创作了童话剧《宝船》。

知识点 172

在中国作家中,巴金和王蒙均写过以"海的梦"为题的作品。

知识点 173

1979 年,以沈振东为团长、方宗熙为副团长的中国代表团首次参加联合国教科文组织政府间海洋学委员会执行理事会竞选,中国以最多票数(65 票)当选为执行理事会成员国。

知识点 174

《鼓浪屿之歌》是 1981 年由著名作曲家钟立民作曲,张藜、红曙作词的一首歌唱祖国统一的音乐作品。1982 年,由著名歌唱家李光曦首唱。1984 年,女高音歌唱家张暴默在中央电视台春节联欢晚会上演唱。经过多年的传唱,已成为厦门的品牌之歌。如今,厦门海关的钟声就选自这首歌曲的旋律。

知识点 175

《迷人的海》为邓刚创作的中篇小说,原载《上海文学》1983 年第五期,曾获"1983—1984 全国优秀中篇小说奖"。

知识点 176

1984 年,大连、秦皇岛、天津、烟台、青岛、连云港、南通、上海、宁波、温州、福州、广州、湛江、北海 14 个沿海城市,被国务院批准为全国首批对外开放城市。

知识点 177

《中国海洋报》是国家海洋局主办、宣传中国海洋事业的综合性报纸。1989 年 9 月 27 日创刊,每周 5 期。该报宗旨是增强民族海洋意识,促进涉海各业发展,荟萃沿海经济信息,展示环宇海事风云。

知识点 178

刘公岛北侧山顶上的白色石碑是北洋海军忠魂碑,这是 1988 年为纪念北洋水师成立 100 周年而修建的。

知识点 179

1991 年 4 月 20 日,山东荣成举办了中国首届渔民节。据说这个节日源于当地渔民的传统节日谷雨节。从战国时代开始,当地每到谷雨之后,气候就开始转暖,不仅"谷雨时节,百鱼临岸",而且鱼汛也随之来到,于是就设立了这个节日。

知识点 180

歌曲《东方之珠》歌颂的城市是香港。

知识点 181

1998 年 12 月 22 日中国发行首套以海洋为主题的邮票——"海底世界·珊瑚礁观赏鱼"。同时,这套邮票也是 1999 年第 22 届万国邮政联盟大会纪念邮票。

知识点 182

中国青岛海洋节作为青岛市的重要节庆品牌,创始于 1999 年,举办时间定在每年的 7 月。海洋节依托海洋风景带,发挥青岛"中国海洋科技城"的优势,活动内容涵盖了开幕式、海洋科技、海洋体育、海洋文化、海洋旅游、海洋美食、闭幕式等几大板块。

知识点 183

中国大洋样品馆设在位于青岛的国家海洋局第一海洋研究所内,总面积 3 000 多平方米,由样品库房、实验室、展览馆等组成。样品库房包括常温库、4 ℃样品库和 −20 ℃样品库 3 类专业库房,保存了中国自 2001 年以来各个大洋调查航次所获取的富钴结壳、多金属结核、热液硫化物、海底岩石和沉积物等样品。

知识点 184

2001 年 7 月 10 日,中国科学院院士、中国国家海洋局第二海洋研究所名誉所长苏纪兰,在巴黎联合国教科文组织总部召开的第二十一届政府间海洋学委员会大会上再次当选为海委员会主席。这是中国籍科学家首次在联合国教科文组织的重要机构中连任主席职务。

知识点 185

《长恨歌》是当代中国著名女作家王安忆的长篇代表作之一,曾获第五届茅盾文学奖。小说讲述了一个女人 40 年的情与爱,其中还交织着上海这所大都市从 20 世纪 40 年代至 90 年代沧海桑田的变迁,被誉为"现代上海史诗"。

知识点 186

2004 年是民族英雄郑成功诞辰 380 周年。为缅怀这位民族英雄的丰功伟绩,由泉州市投资 1 200 万元、社会各界集资 640 万元兴建的世界最大的锻铜骑马塑像——郑成功塑像威武地屹立于泉州大坪山巅。

知识点 187

7 月 11 日是郑和下西洋首航的日期,这一天对中国航海事业具有重要的历史纪念意义。2005 年 4 月 25 日,经国务院批准,将每年的 7 月 11 日确立为中国航海日,作为国家的重要节日固定下来,同时也作为世界航海日在中国的实施日期。这既是所有涉及航海、海洋、渔业、船舶工业、航海科研教育等有关行业及其从业人员和海军官兵的共同节日,也是宣传普及航海及海洋知识、增强海防意识、促进社会和谐团结的全民族文化活动。

知识点 188

2007 年 11 月 20 日,面积为 6 000 多平方米的中国海洋档案馆新馆在天津揭牌并开馆,这是海洋档案事业发展新的里程碑。

知识点 189

青岛市,简称青,旧称胶澳,别称琴岛和岛城,位于中国北方海岸线的中部。2008 年,青岛成功举办第 29 届奥运会和残疾人奥林匹克运动会帆船比赛而成为奥运之城,同时也被誉为"世界帆船之都"。

知识点 190

2008 年,第 29 届奥林匹克帆船赛在中国青岛举行。当时中国海洋大学组建了由 49 人组成的帆船队代表国家参加比赛,是国内首次由大学组队代表国家参加的世界性大赛。此后,中国海洋大学在南海路帆船俱乐部开设帆船运动与文化课程。2013 年,中国海洋大学在奥帆中心又一次开设帆船专业课程。

知识点 191

宁波 2008 年成功举办首届"中国国际港口文化节",该活动是宁波对外展示的一张重要名片。

知识点 192

"首届中国海洋博览会暨海洋事业 60 年成就展"于 2009 年 7 月 18 日在广东珠海拉开帷幕。这是中国首个综合展示海洋产业发展的博览会。

知识点 193

《中华海洋本草》是中国海洋药物领域首部大型志书,也是一部记录中国海洋药物发展文明史并体现当代科学水平的基础资料性质的百科全书。全书 9 卷,1 400 万字,收录海洋药物 613 味,附方 3 100 余方,于 2009 年 9 月出版,是迄今为止中国收录信息量最大的海洋药物专著。

知识点 194

南岛语系是目前世界上唯一一个主要分布在岛屿上的大语系,其中包括近千种语言。使用人口在 100 万以上的语言最多不超过 20 种,其余都是小种语言。属于南岛语系的人口总共约有 2.7 亿人。南岛语系地理范畴分布在南太平洋到印度洋的上百个岛屿。这些岛屿多数人口稀少,东至太平洋东部的复活节岛,西跨印度洋的马达加斯加,北到台湾岛北端,南到新西兰南端,使用者主要居住于中国台湾、菲律宾、马来西亚、美拉尼西亚、密克罗尼西亚和波利尼西亚等地。中国大陆东南沿海地区、台湾可能是远古南岛语系的原乡。

知识点 195

2010 年,6 名南岛语族后人驾驶一艘仿古木舟,在海上漂泊了近 4 个月,历经 16 000 n mile,抵达福建,展开了一次难忘的寻根之旅。借此活动,向世人宣告南岛语族的回归——回到福建沿海最初的发源地。这次寻根活动的出发地是波利尼西亚塔希提岛。

知识点 196

2010 年 5 月，中国在印度尼西亚雅加达成立了中国海洋领域在国外建立的第一个联合研究中心——中国－印尼海洋与气候研究中心，在印尼西苏门答腊岛的巴东建立了中国在海外的第一个联合观测站——巴东站。

知识点 197

"首届三亚（国际）海洋文化节"于 2010 年 12 月 17 日～21 日在三亚市举办。此次活动由三亚市人民政府主办、三亚市海洋与渔业局等单位承办，是在国际旅游岛建设开局之年举办的一次集文化论坛、游艇展销、文艺演出和游艇体验于一体的海洋文化盛典。

知识点 198

2014 年 6 月 24 日，中国船舶重工集团公司第七一四研究所发布了"蛟龙"号载人潜水器卡通形象"龙龙"。"龙龙"以"蛟龙"号为原型，形似中国龙形象，保留了"蛟龙"号的观测窗、推进器等元素。

知识点 199

2015 年 1 月 27 日，漳平王景弘史迹陈列馆被列为"全国海洋意识教育基地"，这是全国第 41 个"全国海洋意识教育基地"。

知识点 200

海又称为大海，是指与大洋相连接的大面积咸水区域，即大洋的边缘部分。在中国古代，对海有许多别称，如"天池""巨壑""百谷王"等。

知识点 201

"丝绸之路"这一概念最早由德国学者提李希霍芬提出，而"海上丝绸之路"这一概念则由日本学者三杉隆敏最先使用。

知识点 202

黄河，中国北部大河，全长约 5 464 km，流域面积约 752 443 km²，世界第六长河，中国第二长河。黄河发源于青海省青藏高原的巴颜喀拉山脉北麓约古宗列盆地的玛曲，呈"几"字形，自西向东分别流经青海、四川、甘肃、宁夏、内蒙古、陕西、山西、河南及山东 9 个省级行政区，最后流入渤海。

知识点 203

山海关，又称榆关，位于河北省秦皇岛市东北 15 km，汇聚了中国古长城之精华，是明长城的东北关隘之一，在 1990 年以前被认为是明长城东端起点，有"天下第一关"之称，被古人誉为"两京锁钥无双地，万里长城第一关"。

知识点 204

"八仙过海"是历史上一个美丽的传说。8 位神仙个个身怀绝技，惩恶扬善，行侠仗义。"八仙过海"故事发生的地点是今山东蓬莱。

知识点 205

崂山位于青岛市东部，古代又曾称牢山、劳山、鳌山等，海拔 1 132.7 m，是中国沿海第一高峰，有着海上"第一名山"之称。当地有一句古语说："泰山虽云高，不如东海崂。"崂山是道教发祥地之一。崂山自春秋时期就云集一批长期从事养生修身的方士之流，明代志书曾记载"吴王夫差尝登崂山得《灵宝度人经》"。到战国后期，崂山已成为享誉国内的"东海仙山"。

知识点 206

相传，石老人原是居住在崂山脚下的一位勤劳善良的渔民，与聪明美丽的女儿相依为命。不料一天，女儿被龙太子抢进龙宫。可怜的老人日夜在海边呼唤，望眼欲穿，不顾海水没膝，直盼得两鬓全白，腰弓背驼，仍执着地守候在海边。后来，趁老人坐在水中托腮凝神之际，龙王施展魔法，使老人身体渐渐僵化成石。

知识点 207

泉州全市拥有国家级重点文物保护单位 20 处，省级 40 处，县（市）级 600 多处。泉州素有"世界宗教博物馆"的美誉。泉州的古城区保留大批的融合闽南、伊斯兰、欧式风格的古建筑，红砖绿瓦铭刻着古代人民的智慧。中国现存最早的伊斯兰教寺清净寺，世界唯一的摩尼光佛像石刻，中国最大的老君石刻造像，葬有唐代到泉州传教的穆罕默德门徒三贤、四贤的灵山圣墓，千年古刹开元寺及东西塔等，都极负盛名。清净寺是中国与阿拉伯各国人民友好往来和文化交流的历史见证，也是泉州海外交通的重要史迹。

知识点 208

在厦门市鼓浪屿日光岩景区设有郑成功纪念馆。

知识点 209

天涯海角游览区位于三亚市天涯区，距主城区 23 km 处，背对马岭山，面向茫茫大海，是海南建省以来第一旅游名胜。这里海水澄碧，烟波浩瀚，帆影点点，椰林婆娑，奇石林立。

知识点 210

随着两岸商业的繁荣，大陆的商业传统习惯和宗教信仰也传到台湾，为台湾商界所遵奉和沿袭。福德正神在闽南既被称为管理土地的"土地公"，又是商业守护神，因此祭祀十分隆重，称为"做牙"。《泉州府州》《漳州府志》均称："商贾皆祭福神"。农历二月初二，是福德正神的祝寿日，闽南一带商界竞备牲礼，在家庆祝，佣工皆食酒肉，名曰"做头牙"。农历十二月十六，各铺户商业及人家皆备牲礼以供神，凡商业雇工，任其豪饮尽醉，名曰"做尾牙"。"做牙"的习俗传入台湾，在台湾商人中传播并延续到现代。

知识点 211

龙王信仰源于古代龙神崇拜和海神信仰。因受中国传统文化影响，日本亦有信奉。龙王被认为掌管海洋中的生灵，在人间司风管雨，因此在水旱灾多的地区常被崇拜。大龙王有四位，掌管四方之海，称为"四海龙王"，分别为东海广德王敖广、南海广利王敖钦、西海广顺王敖闰、北海广泽王敖顺。

知识点 212

随着航海业的发展和妈祖影响的扩大,历代朝廷封妈祖为天妃、天后、天上圣母等,共 36 次褒封,逐步树立了妈祖"海上女神"的崇高地位。

知识点 213

湄洲岛位于福建省莆田市中心东南部,是莆田市第二大岛,陆域面积 14.35 km²,包括大小岛、屿、礁等 30 多个。湄洲岛素有"南国蓬莱"的美称,既有扣人心弦的湄屿潮音、"东方夏威夷"九宝澜黄金沙滩、"小石林"鹅尾怪石等风景名胜,又有妈祖信众魂牵梦萦的妈祖祖庙。全球 28 个国家和地区有 6 000 多座从湄洲祖庙分灵出去的妈祖庙,有 2 亿多人信仰妈祖。每年农历三月二十三妈祖诞辰日和九月初九妈祖升天日期间,福建湄洲岛朝圣旅游盛况空前,被誉为"东方麦加"。

知识点 214

"去番歌"是南海渔歌的一种。所谓"去番"意指华侨背井离乡,离开南海故土,赶赴南洋谋生。故而这种别离家乡的曲调里,有对亲人的依依不舍,更多的是凄婉哀怨的倾诉。

知识点 215

"帆船头,海蓝裳,红黑裤子保平安"是湄洲女最典型的打扮。妈祖生前就梳着"帆船头",因此"帆船头"被当地人称为"妈祖髻"。

知识点 216

沿海女性具有自己独特的语言体系。传统海洋社会中男人以出海打鱼为主业,女人则在家料理家务和从事农活。妇女在生产生活中创造诸如"东山歌册"的海洋族群语言体系。歌册是东山妇女日常生活的一部分,她们常在晚上或者白天一起缝补衣服、做针线、织补渔网的时候,或"一人唱,众人听",或大家一起唱念。歌册成为东山妇女爱不释手的"教科书""生活百科全书",并因此形成一道独特的民间音乐风景。由于东山歌册具有长篇叙事的特点,深受明代东山籍书法家黄道周的极力推崇,称:"吾乡海滨邹鲁,劳夫荡桨,渔妇织网,皆能咏唱歌诗。"

知识点 217

"拍胸舞"又称"拍胸""打七响""打花绰""乞丐舞",广泛流传于福建南部沿海泉州各县区以及漳州、厦门、金门、台湾等地区。"拍胸舞"是闽南地区最普遍、最具代表性的一种民间舞蹈。从舞种分布、风格特色和服装道具等方面综合考察,"拍胸舞"保留了闽南地区古闽越族原住民舞蹈的遗风。"拍胸舞"的头饰很特别,是将一条红布条与稻草混合编织成一长条,围成一个草圈,并于草圈接头前留出一段 10～20 cm 长的向上翘起的如同蛇头一样的顶端,且又使所杂入的红布条恰好在蛇头顶端露出,如蛇之吐信。蛇是古闽越族的图腾崇拜物。

知识点 218

疍民,也称为连家船民,早期文献也称他们为游艇子、白水郎、蜑等,生活于中国福建闽江中下游及福州沿海一带水上。传统上,他们终生漂泊于水上,以船为家,中国的民族识别视其为汉族一部分,以闽东语福州话为母语,但又有别于当地的福州族群,有许多独特的习俗,是个相对独立的族群。

知识点 219

在东海各渔岛,吃鱼的忌讳有:吃鱼不能翻鱼身;要保留"全鱼"。吃鱼时,一般是主人先以筷指鱼示请,请客人尝第一筷,然后宾主一道食用,甚为好客、热情。

知识点 220

甬剧,早期曾名串客、宁波滩簧。它是源于浙江宁波地区、流行于浙江东部和上海市的汉族地方戏曲剧种之一。甬剧用宁波方言演唱,属于唱说弹簧声腔,其音乐曲调丰富,约有 90 种。

知识点 221

海南菜多以海鲜为主。海南菜经历 2 000 多年的发展,源于中原餐饮,融汇闽粤烹艺,吸收黎苗食习,引进东南亚风味,其味道"博杂",是颇有发展前景的地方菜系。其四大名菜分别为文昌鸡、加积鸭、东山羊、和乐蟹。

知识点 222

在一艘新船船壳打造完工后,造船师傅总要用上好木头精制一对船眼睛,钉在船头下首两侧,这道工序俗称"定彩"。

知识点 223

浙江舟山渔民认为,船是"木龙",船头即"龙头"。

知识点 224

后人将古代有规律的春来秋往的打鱼人称为"渔雁",意思是像候鸟一样,春来秋往。

知识点 225

"蓬莱清浅在人间,海上千春住玉环"说的是今浙江省玉环市。

知识点 226

根据中国社会科学院和澳大利亚人文科学院合作编纂的《中国语言地图集》,舟山方言属于吴语。

知识点 227

希腊神话中,海神波塞冬和天神宙斯的关系是兄弟。海神波塞冬手中的武器是三叉戟。

知识点 228

大西洋的英文名为 Atlantic,这个名字源于古希腊神话中的一位英雄阿特拉斯。

知识点 229

亚特兰蒂斯(Atlantis,意为阿特拉斯的岛屿),又译阿特兰蒂(提)斯,是传说中拥有高度文明发展的古老大陆、国家或城邦之名。最早的描述出现于古希腊哲学家柏拉图的著作《对话录》里。据称其在公元前 10 000 年被史前大洪水毁灭。

知识点 230

阿里翁据说生活于公元前 7 世纪。传说阿里翁曾被所乘船上的水手抢劫,被迫跳海。一只海豚被他的歌声打动,把他救上岸。有一种说法认为,这只海豚是喜爱阿里翁的音乐之神阿波罗变的。

知识点 231

腓尼基人是地中海沿岸的一个古老民族,善于航海和经商。腓尼基人驾驶船只向北到达过法国海岸、不列颠,向南到过好望角,完成环绕非洲航行,他们经常同西非的黑人进行交易。

知识点 232

罗马于公元前 509 年建立共和国,在向地中海扩张过程中,公元前 264～前 146 年,与迦太基之间发生 3 次战争。罗马人称腓尼基人为"布匿",迦太基曾是腓尼基人在北非建立的殖民地,因此罗马与迦太基之间的战争被称为布匿战争(The Punic Wars)。第一、二次布匿战争是作战双方为争夺西部地中海霸权而进行的扩张战争,第三次布匿战争则是罗马以强凌弱的侵略战争。

知识点 233

公元前 480 年,波斯帝国对希腊发动第三次战争。9 月,波斯帝国海军与希腊海军在萨拉米斯附近海域展开激战,史称萨拉米斯海战。它是世界历史上第一次大海战,也是影响历史进程的重要战役。

知识点 234

奥德修斯是古希腊史诗《伊利亚特》和《奥德赛》中的重要人物。其中,《奥德赛》讲述了奥德修斯在特洛伊战争数年后,被海神万般阻挡,却最终历经艰险回家的故事。

知识点 235

《航海家辛巴达的故事》是阿拉伯民间故事集《天方夜谭》(又名《一千零一夜》)中最具代表性的航海冒险故事。它讲述了商人辛巴达一生中的 7 次航海冒险经历。

知识点 236

14～17 世纪,北海、波罗的海地区曾是维京海盗出没之地。对此,德意志北部及波罗的海沿岸城市结成了商业政治同盟——"汉萨同盟",旨在通过互助抵制海盗和从外国统治者手中取得特权以增进贸易。

知识点 237

1419年起，葡萄牙亨利王子多次派遣船队沿非洲海岸南下，历经40年航海探险活动，相继发现了马德拉群岛、加那利群岛、亚速尔群岛、博哈尔角、布朗角等。葡萄牙一跃成为欧洲的航海中心，开启了西方人大规模航海探险、武装殖民的时代。

知识点 238

1488年，葡萄牙著名航海家迪亚士回航经过非洲南端的海峡，海面风涛连天。他们就将其称之为"风暴角"。后来，葡萄牙国王若奥二世认为越过这个海角就可以顺利到达印度，会给葡萄牙人带来好运，就把它改称为"好望角"。

知识点 239

1492年，哥伦布奉西班牙女王之命，横越大西洋，寻求通往印度之路，最后发现了美洲。

知识点 240

15世纪末，航海家达•伽马从大西洋航行绕过好望角，进入印度洋，到达印度。从此，一条从欧洲绕道非洲好望角直达印度的海上新航路宣告开通。

知识点 241

1519年9月20日，葡萄牙人麦哲伦在西班牙国王的资助下，率领一支由5艘帆船、266人组成的探险队，从西班牙塞维利亚港起航，开始了令他名垂青史的首次环球航行。1521年3月，麦哲伦船队到达菲律宾群岛，因参与岛上部族的战争，受重伤而死。余众分乘两条船在埃里•卡诺带领下，逃离菲律宾。他们越过马六甲海峡进入印度洋。1522年9月7日，船队回到西班牙时，只剩下1艘船和18名船员了。

知识点 242

16世纪，航海家麦哲伦从大西洋航行进入太平洋到达菲律宾。航海期间，天气晴朗，海上风平浪静，他们便把所经过的这个水域叫作太平洋。

知识点 243

15世纪，欧洲最早的两个民族国家葡萄牙和西班牙，在国家力量支持下进行航海冒险：在恩里克王子的指挥下，葡萄牙一代代航海家们开辟了从大西洋往南绕过好望角到达印度的航线；在伊莎贝尔女王的资助下，1492年，哥伦布代表西班牙抵达了美洲。当麦哲伦完成人类第一次环球航行后，原先割裂的世界终于由地理大发现连接成一个完整的世界。葡萄牙和西班牙在相互竞争中瓜分世界，依靠新航线和殖民掠夺建立起势力遍布全球的殖民帝国，并在16世纪上半叶达到鼎盛时期。

知识点 244

1571年10月7日，在地中海爆发了世界海军史上最后一次以桨帆战舰为主的海上大战——勒班托海战。

知识点 245

下半旗为当今世界上通行的一种致哀方式,这种做法最早见于 1612 年。一天,英国船"哈兹·伊斯"号在探索北美北部通向太平洋的水道时,船长不幸逝世。船员们为了表示对已故船长的敬意,将桅杆旗帜下降到离旗杆的顶端有一段距离的地方。当船只驶进泰晤士河时,人们见它的桅杆上下着半旗,不知何意。一打听,原来是以此悼念死去的船长。到 17 世纪下半叶,这种致哀方式流传到大陆上,遂为各国所采用。

知识点 246

德雷克海峡是以它的发现者英国航海家德雷克的名字命名,但第一次通过这一海峡的是 1615 年斯科顿率领的探险队。

知识点 247

《暴风雨》是威廉·莎士比亚最后一部完整的杰作。本剧歌颂了纯真的爱情、友谊和人与人之间的亲善关系。其是以一场海上的暴风雨开场的。

知识点 248

在 17 世纪,世界各国间的贸易通道主要在海上。哪个国家的造船工业发达,拥有商船的数量和吨位最多,它就能控制东西方贸易,称霸海洋,从事海外殖民掠夺。船在当时就像陆路运输的马车一样,称为"海上马车"。哪个国家掌握了最多、最强的"海上马车",它就是海上的"马车夫"。在整个 17 世纪,荷兰是世界上最强大的海上霸主,因此,被称为"海上马车夫"。

知识点 249

1768 ~ 1779 年,英国库克船长进行了 3 次海洋探险。他最先完成环南极航行,并最早进行海洋科学考察,取得第一批关于大洋深度、表层水温、海流及珊瑚礁等资料。

知识点 250

《鲁滨孙漂流记》是英国丹尼尔·笛福的一部小说作品,主要讲述了主人公因出海遇难,漂流到无人小岛,解救了土著人"星期五",并坚持在岛上生活,最后回到原来所生活的社会的故事。

知识点 251

美国机械工程师罗伯特·富尔顿把蒸汽机安装到船上作动力,用明轮推进设计出汽轮船"克莱蒙特"号。1807 年 8 月 17 日,载有 40 名乘客的"克莱蒙特"号从纽约出发,沿着哈得孙河逆水而上,揭开了轮船时代的帷幕。罗伯特·富尔顿被称为"轮船之父"。

知识点 252

"拜伦式英雄"是指 19 世纪英国浪漫主义诗人拜伦作品中的一类人物形象。他们高傲倔强,既不满现实,要求奋起反抗,具有叛逆的性格,但同时又显得忧郁、孤独、悲观,脱离群众,我行我素,始终找不到正确的出路,例如抒情长诗《恰尔德·哈洛尔德游记》中贵公子哈洛尔德、《东方叙事诗》之一《海盗》中的主人公康拉德。

知识点 253

《海上劳工》是法国伟大浪漫主义作家维克多·雨果的一部与《悲惨世界》和《巴黎圣母院》齐名的小说。作品以雨果流亡时曾经居住过的英国根西岛为背景,讲述水手吉利亚特只身前往环境险恶的礁岩,与各种艰难困苦斗争,克服常人所不可能克服的困难,为船主利蒂埃利师傅救回失事轮船上的机器,并且最终为了戴吕施特的幸福而自我牺牲的故事。

知识点 254

《古舟子吟》是英国 19 世纪湖畔派诗人柯勒律治的一首长诗。全诗描绘了一个充满奇幻之美的的航海故事。全诗探索人生的罪与罚问题,诗人把万物泛神论思想和基督教思想结合起来,宣传仁爱和赎罪思想。

知识点 255

《致大海》是俄国浪漫主义诗人普希金的一首抒情诗。全诗通过海之恋、海之思、海之念这"三部曲",表达了诗人反抗暴政、反对独裁、追求光明、讴歌自由的思想感情。

知识点 256

特拉法尔加海战是英国海军史上的一次最大胜利。英法此战中的指挥者是历史上一对最著名的对手——具有传奇色彩的英国海军中将纳尔逊和法国海军中将维尔纳夫。1805 年 10 月 21 日,双方舰队在西班牙特拉法加角外海面相遇,决战不可避免。战斗持续了 5 小时。由于英军指挥、战术及训练皆胜一筹,法西联合舰队遭受决定性打击,主帅维尔纳夫被俘,21 艘战舰被俘,英军主帅纳尔逊海军中将也在战斗中阵亡。

知识点 257

出版于 1823 年的《舵手》是美国著名小说家库柏以美国独立战争期间的海军英雄约翰·保罗·琼斯船长为原型的小说。这是库柏第一部海洋小说,也是美国文学史上第一部海洋历险小说。

知识点 258

英国早期的海洋科考活动中最著名的是 1831～1836 年间进行的考察。达尔文在"贝格尔"号军舰上,作为博物学家参加了这次科考活动。他收集了海岸、海底的各种生物标本和岩石样品,基于对这些材料的分析完成了《物种起源》。

知识点 259

《白鲸》是 19 世纪美国最重要的小说家之一赫尔曼·梅尔维尔于 1851 年发表的一篇海洋题材的小说。小说描写了亚哈船长追逐白鲸莫比·迪克,最终与白鲸同归于尽的故事。

知识点 260

伊凡·亚历山大罗维奇·冈察洛夫是俄罗斯 19 世纪著名作家,著有长篇小说《平凡的故事》《奥波罗莫夫》《悬崖》及游记等。冈察洛夫的作品以高超的艺术手法及丰富的语言著称,在俄罗斯很有影响。其作品《帕拉达号三桅战舰》(又译为《环球航海游记》)出版于1858年,里面收集了他1855～1857年跟随战舰环球旅行时不同阶段的随笔,生动、风趣地描绘了他的见闻和感受。

知识点 261

斯蒂芬·克莱恩是美国著名作家,以《红色英勇勋章》《街头女郎玛吉》以及一些短篇小说闻名于世。《海上扁舟》是他最脍炙人口的短篇小说。

知识点 262

约翰·梅斯菲尔德,英国诗人、剧作家。《海恋》是约翰·梅斯菲尔德最著名的诗,由此,他被誉为"大海的诗人"。他在诗中表达了他从尘嚣中回归大海、回归大自然的豁达之情。

知识点 263

法国小说家儒勒·凡尔纳一生创作了大量优秀的文学作品,以《在已知和未知的世界中奇妙的遨游》为总名。代表作为三部曲《格兰特船长的儿女》《海底两万里》《神秘岛》,其他作品还有《气球上的五星期》《地心游记》等。其作品对科幻文学流派有着重要的影响。他与英国小说家赫伯特·乔治·威尔斯,被称作"科幻小说之父"。

知识点 264

尼摩船长是儒勒·凡尔纳《海底两万里》小说里的人物。

知识点 265

《海的女儿》,也被译为《人鱼公主》,是丹麦童话作家安徒生的代表作之一,广为流传。童话讲述了海王国美丽而善良的美人鱼为了追求爱情幸福,不惜忍受巨大痛苦,脱去鱼尾,换来人腿,最终却为了爱人的幸福,自己投入海中,化为泡沫的凄美故事。

知识点 266

《海涛》是意大利诗人夸西莫多的作品。在诗作中,夸西莫多用大海的形象,来抒发对故乡西西里岛和青年时代爱恋的少女的缅怀。

知识点 267

高尔基写的《海燕》是一篇有巨大影响的散文诗。通过对海燕在暴风雨即将来临之际勇敢欢乐的形象描写,热情地歌颂了俄国无产阶级革命先驱者坚强无畏的战斗精神,其中最著名的句子就是"这是胜利的预言家在叫喊:让暴风雨来得更猛烈些吧!"

知识点 268

对马海战是1905年日俄战争中两国在朝鲜半岛和日本本州之间的对马海峡所进行的一场海战,由日本海军大将东乡平八郎指挥的联合舰队对阵俄国海军中将罗泽德斯特凡斯基指挥的俄国第二太平洋舰队。战役以日方大获全胜而告终,日本联合舰队使用"丁"字战法歼灭俄国第二太平洋舰队。俄国第二太平洋舰队2/3的舰只被摧毁,几乎全军覆没;而日方仅损失3艘鱼雷艇。这是海战史上损失最为悬殊的海战之一。

知识点 269

"泰坦尼克"号是 20 世纪初隶属于英国白星航运公司的一艘巨型邮轮,是当时世界上最大的豪华邮轮,号称"永不沉没"和"梦幻之船"。1912 年 4 月 10 日,"泰坦尼克"号从英国南安普顿起航前往纽约,开始了这艘传奇巨轮的处女航。4 月 14 日晚,"泰坦尼克"号在北大西洋撞上冰山而倾覆,1 500 多人葬身海底,造成了当时在和平时期最严重的一次航海事故,也是迄今为止最著名的一次海难。

知识点 270

《海狼》是美国著名作家杰克·伦敦的长篇名著之一。小说描写了在一艘名为"魔鬼"的以捕猎海豹为生的帆船上发生的一场动人心弦的搏斗和刻骨铭心的爱情故事。

知识点 271

《天边外》是美国现代戏剧之父尤金·奥尼尔的成名作,奠定了他在美国剧坛首屈一指的地位,被认为是一部标准的现代悲剧。它以海上和陆地生活为对比,来探讨人在现实和理想间无法统一的人生悲剧,也反映了作者对待人生的消极态度。

知识点 272

1941 年 12 月 7 日清晨,日本海军的航空母舰舰载飞机和微型潜艇突然袭击美国海军太平洋舰队在夏威夷基地珍珠港以及美国陆军和海军在瓦胡岛上的飞机场,太平洋战争由此爆发。前期出任联合舰队司令的日本海军将领是山本五十六。

知识点 273

《老人与海》是海明威于 1951 年在古巴写的一篇中篇小说,于 1952 年出版,是海明威最著名的作品之一。它围绕一位老年古巴渔夫圣地亚哥与一条巨大的马林鱼在离岸很远的湾流中搏斗而展开讲述。圣地亚哥的那句话"人可以被消灭,但却不能被打败"是对"硬汉子"精神的高度概括。这篇小说为海明威赢得了 1953 年美国普利策奖和 1954 年诺贝尔文学奖。

知识点 274

《蓝色海豚岛》是美国作家奥台尔的小说,它被美国协会评为"1776 年以来最伟大的 10 部儿童文学作品之一",并为作者赢得了国际儿童文学奖的两项最高荣誉——纽伯瑞奖和安徒生奖。这部小说主要讲述了印第安少女卡拉娜独居海豚岛 18 年的故事,被称为"少女版的《鲁滨孙漂流记》"。

知识点 275

马尔维纳斯群岛战争,简称马岛战争,是 1982 年 4 月到 6 月间,英国和阿根廷为争夺马尔维纳斯群岛的主权而爆发的一场战争。

知识点 276

"世界岛屿文化节"于 1998 年 7 月 18 日至 8 月 13 日在韩国济州岛举办。

知识点 277

加勒比海是大西洋西部,南、北美洲之间的一片海。2003 年,戈尔·维宾斯基执导,约翰尼·德普、奥兰多·布鲁姆、凯拉·奈特莉主演的奇幻冒险电影《加勒比海盗》风靡全球。

知识点 278

《海洋》是由法国著名纪录片大师雅克·贝汉和雅克·克鲁奥德联合执导的一部以海洋为主题,令人心旷神怡、叹为观止的生态学纪录片。《海洋》耗时 4 年,动用 12 个摄制组、70 艘船,在全球 50 个地方拍摄了超过 500 小时的海洋相关素材,是目前投资最大的纪录片。

知识点 279

美国尼米兹级航母共建造了 10 艘,分别是"尼米兹"号、"艾森豪威尔"号、"卡尔·文森"号、"西奥多·罗斯福"号、"林肯"号、"华盛顿"号、"斯坦尼斯"号、"杜鲁门"号、"里根"号和"布什"号。

知识点 280

日本佐贺金立山的山顶上,有一座具有 2 000 多年历史的金立神社。社里的神就是徐福。距此不远的另一座庙宇中,供奉的女神名阿辰。传说她是当地一位土著头人的女儿,因为爱恋徐福殉情而死,被尊为阿辰观音。

知识点 281

每年 2 月 2 日,是巴西的海神节。巴西人尊敬崇拜的海神叫伊曼雅,原是非洲西部人崇拜的偶像。

知识点 282

"宝石之国"指的是斯里兰卡。该国位于印度洋,从事宝石开发已有 2 000 多年的历史。

知识点 283

4 月 22 日是"世界地球日"。1998 年"世界地球日"的主题为"海洋地质与人类"。

知识点 284

由斯维尔德鲁普、约翰逊和福莱明合著的书籍《海洋》(*The Oceans*),被誉为海洋科学建立的标志。

知识点 285

帆船运动是一项在大型水域(海洋、湖泊、江河等)开展的体育运动,主要依靠风的作用在帆上产生动力。因为帆船航行受流、浪、涌等自然综合因素影响,所以它是集竞技性、娱乐性、探险性于一体的体育运动。